U0187963

近代以来海外涉华艺文图志系列丛书

中国建筑与宗教文化之祠堂

【德】恩斯特·伯施曼 著

赵珉 译

中国画报出版社·北京

图书在版编目（CIP）数据

中国建筑与宗教文化之祠堂 /（德）恩斯特·伯施曼著；赵珉译. -- 北京：中国画报出版社，2022.6

（近代以来海外涉华艺文图志系列丛书）

ISBN 978-7-5146-2074-0

Ⅰ. ①中… Ⅱ. ①恩… ②赵… Ⅲ. ①祠堂—古建筑—建筑艺术—中国 Ⅳ. ①TU-092.2

中国版本图书馆CIP数据核字(2022)第046581号

中国建筑与宗教文化之祠堂

［德］恩斯特·伯施曼 著 赵 珉 译

出 版 人：方允仲

责任编辑：郭翠青

营销主管：孙小雨

责任印制：焦 洋

出版发行：中国画报出版社

地　　址：中国北京市海淀区车公庄西路33号 邮编：100048

发 行 部：010-88417438 010-68414683（传真）

总编室兼传真：010-88417359 版权部：010-88417359

开　　本：16开（787mm×1092mm）

印　　张：21.5

字　　数：405千字

版　　次：2022年6月第1版 2022年6月第1次印刷

印　　刷：万卷书坊印刷（天津）有限公司

书　　号：ISBN 978-7-5146-2074-0

定　　价：138.00元

出版说明

恩斯特·伯施曼（Ernst Boerschmann，1873—1949），国际学术界公认的第一位全面考察中国古建筑、第一位以现代科学方法记录中国古建筑、第一位以学术著作形式向西方社会传播中国古建筑与文化内涵、第一位在西方社会为中国晚清民国时期"硝烟战火中遭到直接毁坏的建筑"之文化遗产保护工作奔走呼号的德国建筑学家与汉学家。

伯施曼所记录的中国建筑有些已经毁于战火，有些已容颜大改，我们今天只能从伯施曼的记录中得窥这些古建筑的原貌，因此本书具有极高的史料价值和艺术价值，成为后人无法逾越的中国古建筑史领域的里程碑。中国营造学社、梁思成与林徽因等人对中国建筑史的研究，都深受伯施曼学术成果之影响，使中国建筑逐渐被纳入世界建筑史和中国艺术研究史的写作框架中。

另外，伯施曼的研究成果对中国文化在西方的传播也起到了极其重要的历史作用。他倡导的中国建筑研究，作为汉学不可或缺的分支得到了进一步的发展。

以下是本卷在编辑工作中的一些说明：

一、关于全书译、编、校方法与注释：作为一部1914年出版、由西方建筑学家躬身考察并记录的中国宗教建筑与文化巨著，本书的价值之一，即原书风貌与史料价值。限于当时的学术研究水准，原书解说文字中偶有错讹或争议之处；加之原作者以德语成书，时隔百年再译回中文（乃至古文），难度异常之大——尤其涉及史料甚少的偏远地区的风俗仪轨、器物名称、金石碑文等，只可根据作者德文描述及图片手稿进行"推断"，未敢笃定妄断"此乃何物"。为最大程度地保留文献原貌及准确性，编辑过程中借鉴了古书校勘的部分方法——不动原文，对争议之处采用注释形式加以说明，以便方家探讨研究、批评指正。

二、关于全书行政区划、地名、寺院名、建筑名、物名、风俗仪轨等用法问题，保留原书旧制，并加注释。

三、关于图文对应问题，在此次中文版的编辑过程中，尽量做了调整。

四、对于一些碑文、楹联、匾额等内容，因建筑已损坏，亦无从考证原文，故采用德文回译方式。

五、原书中年代使用不统一，并有错讹之处，本次出版对所有历史年代进行了核对，统一增加了公元纪年。

本书为国家出版基金资助项目，翻译、整理、编辑、出版是一项浩大繁重的文化工程，囿于翻译、学术、编辑等方面水平，错漏、不当之处在所难免，唯有一颗文化敬畏之心朝乾夕惕，恳请诸位明公批评指正。

序言

本书作者恩斯特·伯施曼（Ernst Boerschmann，1873—1949），是国际学界公认的第一位以现代科学方法记录、考察并著书，向西方介绍中国古建筑与文化内涵的德国建筑学家与汉学家，长期致力于我国晚清民国时期的文化遗产保护工作。他历时二十多年，行程数万里，跨越广袤的中华大地，留下了丰富的文字记录和图像资料，出版了至少六部论述中国建筑的专著。本书《中国建筑和宗教文化》（三卷），正是伯施曼关于中国古代建筑和文化研究的代表作。

伯施曼的中国考察显然不是孤立的历史事件。众所周知，19 世纪后半期以来，伴随着西方国家东进殖民的过程，各国学者也陆续来到中国内地，对各种文物古迹遗存进行考察。不可否认的是，这些考察混杂着多重动机，既包括对东方文化的兴趣，也包括对东方文物的觊觎以及向东方殖民的政治意图。以往学界较为熟悉的是当时各国在中国西北地区展开的考察活动。如德国在 1902—1913 年，由格伦威德尔 (Albert Gr ü nwedel，1856—1935) 和勒柯克（Albert von Le Coq，1860—1930）分别率领的四支吐鲁番考察队，在我国新疆地区获取大量古代艺术品和文献材料。和英国的斯坦因，瑞典的斯文赫定，法国的伯希和，俄国的科莱门兹、科卡诺夫斯基、科兹洛夫、奥登堡及日本的大谷探险队一样，他们除了获取大量中国古代文物文献之外，也留下了丰富的考察记录。除了西北考察之外，西人的考察范围也扩展到中国的其他地区。在伯施曼之前踏遍中华大地的德国学者是地理学家、地质学家冯·李希霍芬（Ferdinand von Richthofen，1833—1905），1868 年到 1872 年，他先后七次走遍了大半个中国。回国之后，从 1877 年开始，他先后发表了五卷带有附图的《中国——亲身旅行的成果和以之为根据的研究》。这套巨著是他四年考察的丰富实地资料研究的结晶，对当时及以后的地质学界都有重要影响。伯施曼的考察和研究则有不同，重点在中国古代各种建筑及其背后所蕴藏的历史文化精神。

清末的中国正经历着前所未有的巨变，身为异国人的伯施曼很早就意识到保存文化遗产的紧迫性："可是，就像强占国土一样， 白种人同样会强迫中国人接受现代化的机器与建筑，其本土文化传承由此不复存在。寺院沦为瓦砾，宝塔化为废墟，一如它们今日正在经历的这般。"更难能可贵的是，作者是站在尊重彼邦文化的立场上力图保存中华文化传统的，"感谢数千年来几乎未曾改变的内涵传承，原始而古老的素材被完好保存在中国的风俗、礼仪与建筑之中，呈现于我们眼前。我们需要做的，仅仅是认真阅读、感悟这些素材。”本书第一卷中，作者选择了观音菩萨的道场浙江普陀山，对普陀岛的概貌进行了介绍，重点对普济寺、法雨寺、佛顶寺的建筑进行了全面系统的记录，并在此基础上对各寺及岛上的宗教生活进行了详细的解说。作者在考察法雨寺玉佛殿的观音像时，就欧洲与中国在雕塑领域所秉持的艺术观作比，指出与欧洲重视艺术品本体相反，中国的佛像雕刻却具有生命内涵与现实意义。他认为，中国匠人并不完全遵照自然主义写实风格，对佛像进行一板一眼的临摹重复，而是倾向于以某种艺术风格，很多时候甚至是较为奇伟瑰丽的风格，将神祇形象与普通凡夫区分开来。在他看来，中国人是艺术风格塑造与表现领域的大师，“西方的自然主义雕塑只是丧失了创作意义与生命动力的呆滞物体，而反观中国雕塑艺术品，虽然其风格略为固化，在不同文化圈的西方人眼中稍显千篇一律，却仍然彰显着生命力与表现力，是一个富有生机的活体。这也许就是‘理念’对阵‘形式’的胜利。”作者对中华文化的热爱与尊重之情，溢于言表，类似的例子在书中多处可见。“所以，赶在这些含义深刻、样式繁多、常常令人叹为观止的中国构造建筑杰作，还未在种族交流大潮中，如明珠蒙尘般被完全抛弃湮灭之前，我们应当以绘画、文字、照片等形式，保留下它们的光芒。很遗憾，中国大地上的建筑此刻已直面消亡的威胁，因此，时不我待。对建筑师而言，这项科学研究更是一项刻不容缓的任务。”作者说出了自己的期望，“若德国人能将自己的勤奋与资金投入到这项梦幻的任务中，通过有条不紊的研究，在中国建筑艺术领域做出卓越贡献，那么这将是 1900 年远征在科学、艺术领域带来的后续影响，也将成为在建立稳固的贸易关系之外，远征结出的另一枚耀眼硕果。如果我们的政府能放眼长远，引领中国艺术史研究，世界学术界将因此受益良多，德国人民将因此受益良多。”

本书第二卷中，作者以祠堂为研究对象，参照欧洲梳理建筑及艺术文物的思路，按地域省份分类，有计划地归纳整合这些传统的中式庙宇。从早期的尧、舜、禹，到著名的历史人物介之推，三国时期的刘备、庞统、诸葛亮、赵云、关羽，从象征国家级祠堂的文庙到地方氏族的宗祠，通过作者细致入微的记录，人们得以窥见数千年来中国的民众如何从普通生活中提炼升华杰出人物与非凡事件，将其在宗教层面奉为神祇并赋予其神话色彩，得以窥见渗透进中国这片土地中的方方面面的宗教观念。这些祠堂的建造，使得古老的英雄人物至今还有血有肉地存活于大众之中，使得后世的记忆永远鲜活如新，由此整个民族本身也成为一段鲜活的历史。地方建筑如何体现“仁、义、礼、智”的国家思想学说，真实的历史人物如何被民间记忆而进一步神圣化，神圣而不可亵渎的英雄人物如何高高凌驾于众生之上接受后世膜拜，又如何维系着基层与国家之间的纽带，端赖作者如椽妙笔而再现。

在第三卷中，作者系统描述了550多座宝塔和塔群，将它们按照形制、所在区域和历史排序，勾勒出了中国宝塔建筑的大致面貌，并试图从中窥见中国佛教的历史走向，堪称“中国宝塔史第一次得到系统的梳理，呈现出它的全貌”。作者除了利用传统的文献记载和考古资料外，也利用了当时学术界的相关研究成果，如瑞典学者喜仁龙有关中国艺术的著作，日本学者常盘大定和关野贞编著的《中国佛教史迹》等，为全面展示中国大地上的宝塔建筑艺术奠定了极为深厚的基础。作者清醒地认识到系统整理不同时空宝塔资料的难度，为了避免研究可能会走上歧途，作者首先要从宝塔的形制着手，尝试将造型完全相同或近似的宝塔归在一起，从而对宝塔进行形制上的分类，将各种不同形制的宝塔由过渡的造型联系起来，同时注意到不同历史时期某些特定造型的宝塔与某些地区的景观密切相连。通过将每种形制的宝塔按照时间和空间的逻辑关系进行梳理，并为之找到相应的实例进行分析和归纳，才有可能去分析辽阔的中国大地上单座宝塔及塔群之间的相互联系，并为描绘中国宝塔的整体图景打下基础。这无疑给后来的研究者提供了切实可行的研究方法。

正如李希霍芬的《中国》是第一部系统阐述中国地质基础和自然地理特征的重要著作，直接促成了民国政府成立了地质研究所，开始了全国范围的地质调查，确立了民国地理学和地质学的基础一样，伯施曼的《中国建筑与宗教文化》系列同样具有学科奠基开拓的意义。由于战火硝烟、历史变迁等导致的古迹消逝，伯施曼的照片、拓片及临摹的图画，成为中国诸多文物古迹、偏远地区少见甚至是唯一的原始资料，给当时的中国学者提供了一个按图索骥和继续研究的目录，成为后人无法逾越的中国古建筑史领域的里程碑。中国营造学社、梁思成与林徽因等人对中国建筑史的研究，都深受伯施曼学术成果之影响。今次，中国画报出版社组织翻译出版本套书，可谓独具慧眼，而译者认真细致的翻译与补缺工作，尤其值得表彰。自 2005 年以来，海德堡大学艺术史专家雷德侯教授领衔开展了新一轮的中国佛教石刻调查与研究，主编《中国佛教石经》系列书籍，正陆续面世，而本书的出版发行无疑正续写着中德学术交流的华章。中国画报出版社委托敝人作序，何敢妄言？唯不揣简陋，聊赘数语，以志期盼与敬仰。

张小贵

2022 年 3 月 31 日于暨南大学

目录

第四章　文庙

第五章　宗祠

前言

1911 年 11 月，第一卷《普陀山》面世。我的研究得以迈出第一步，离不开约瑟夫·达尔曼（P. Joseph Dahlmann S. J.）先生的鼎力支持，这一点已在第一卷引言部分强调说明。

本卷以祠堂为研究对象。这一类建筑的建造，寄托了人们对历史伟人或是家族祖先的追思及神化崇拜。同首卷《普陀山》主要着墨于对佛教祭礼场所的描述相比，本卷完全在中国传统思想范畴内进行阐述。之后的卷本则将以相等的笔墨，对中国建筑艺术所蕴藏的佛教及中式传统思想的基本意象群组进行互有关联的交替描述，从而体现这两股精神源流合二为一的最终状态。正是植根于这一交汇融合，中国宗教文化才萌芽生长。

本卷所描述的祠堂及各地纪念建筑数量庞大，覆盖类型全面，无论具体与否，至少都有涉及。本系列著作后续还将着眼于更多数量的此类纪念建筑，它们同历史上的伟大人物及其相关真实事件息息相关。它们的建造，使得某一块土地永远烙刻上这些历史，使得后世的记忆永远鲜活如新。中国文人墨客在游历自己这个广袤的国度时，总会细致观察其间的历史名胜，并忠实记录下它们的具体地点。对他们而言，寻访古迹是一种享受。且同欧洲文人相比，中国文人墨客或许能从中明显感受到更为强烈的乐趣，其原因便在于，无论是受过教育的中国文士还是普通百姓，都对历史、文献中的重大事件与英雄人物记忆鲜明，而这种耳濡目染的群体氛围在欧洲则弱得多。此外，中国的历史遗迹虽然在地理意义上限定于某一处，但可探源回溯至一个极为宏大的过往。在德国，大众所了解的只有那些历史事件——甚至说相对而言并不遥远的历史事件——发生地最基本的信息，绝大多数民众所知道的不过是一段模糊的历史记忆、一片灰色的传承空白。我们不得不前往古罗马、古希腊遗址现场，或是埃及、美索不达米亚等地，以发掘某段辉煌历史过往的见证者。这些地区的历史遗存就其宏伟程度而言远超中国的相应建筑，但它们的传承火种在民众中间已完全熄灭，只有学者还有能力并努力从曾经或许存在的废墟中，捡拾搭建起一个大概轮廓。而在中国，古老的英雄人物们至今还有血有肉地存活于大众之中。人们为他们建起陵墓、祠堂，关于英雄的记忆从未褪色。由此，整个民族自己也成为一段鲜活的历史。即使是粗通文墨的旅人，在游历过程中，也能感受到这一点，也能从普通大众中了解感知过往的历史。综上所述，寻访古迹对中国人的吸引力之大绝非我等可以比较。

由此，一个想法自然而然地形成了：我想参照欧洲梳理建筑及艺术文物的思路，按地域省份分类，有计划地归纳整合中国的历史遗迹。虽然有时为了完整地呈现历史图景，我会添加纯文字注释，但工作的重中之重，仍是通过描述文物古迹来探究历史遗址面貌。1909 年我于北京停留期间，经弗雷德里克·马克密[1]引荐，受“中国古物保存会”（The China Monuments Society）所托，为《皇家亚洲文会北华支会会刊》[2]汇编整理中国古迹文物大全。这是我在该领域的第一次探索尝试，虽然称不上完美，却也是在正确道路上迈出的第一步，值得肯定。若想深入研究中国建筑艺术及宗教文化，前提条件之一便是对中国古迹进行大规模的概要梳理。中国地名历经朝代变化，大多数古地名如今已不为人所知。经典如沙畹[3]著作，力求将古今地名对应标明。但很遗憾，并非所有问世的有关中国的研究都能够做到这般程度。在地理位置上证实文献中的地点所在，通常困难重重。在此情况下，我们反方向思考，先探实该地的文物古迹及祠堂，精准考证，然后以此为基础，进行历史研究。厘清历史关系，又是掌握建筑学全景知识及其发展脉络的必要前提。相比之下，欧洲人接触西方艺术史时，可以不费吹灰之力接触到大量历史研究成果。我们几乎从不考虑，若仅仅依赖于对艺术文物实体的研究，将会面临怎样的难题。而这样的问题如今在中国出现了：中国大量的历史原始资料，仅有极少数被翻译成欧洲语言。但凡对历史欠缺了解，艺术史的研究便根基不稳。若历史学家并未完成必要的前期工作，艺术学者便几乎无法进行深入的艺术史探究。面对中国这一具体情况，我们有必要对以上思考作一些强调。

1　弗雷德里克·马克密（Frederick McCormick，1870—1951），美国亚洲文艺会书记，“中国古物保存会”负责人。——译注

2　《皇家亚洲文会北华支会会刊》，*Journal of the North-China Branch of the Royal Asiatic Society*，为“皇家亚洲文会北华支会”所创，以研究中国及其周边国家现状与历史为主旨。会刊于 1858 年创刊，1948 年停刊。2013 年，上海科学技术文献出版社对其刊历年刊物重新编辑出版。——译注

3　埃玛纽埃尔 - 爱德华·沙畹（Emmanuel-èdouard Chavannes，1865—1918），法国学者，数次来华考察，被誉为“欧洲汉学泰斗”。——译注

本卷选取“祠堂”一词，以对某一类特定庙宇建筑作一全新的综合定义。这些庙宇为纪念历史英雄人物而设，立庙举动本身再次力证，宗教观念渗透进了中国这片土地的方方面面。他们把杰出人物与非凡事件从普通生活中提炼升华，并赋予其神话色彩。就这一内在联系而言，祖庙宗祠也当属于祠堂类别。事实上，我在筹划中国之旅时，并未将祠堂作为一个特殊类别来观察。这种概念随后才逐渐产生，所以本卷存在诸多关键性的漏洞。书中未列举那些充满神话色彩的远古时代，因而出现了整个际代的建筑空缺，也未涉及一些重要的特定庙宇。坦诚而言，本卷并不一味追求对研究主题进行面面俱到的详细阐述。鉴于中国宗教建筑艺术是一个相对独立而自成一体的特殊领域，本卷虽内容丰富，却也只是研究之路上迈出的第一步。不过这恰好可以有力地证明，这一领域还有巨大的探索空间。我主要根据自己旅途中所探访记录到的建筑物来编排本卷内容，并对其一一具体描述，后者是全书写作的基本原则，这一点在首卷引言中也已提及。虽是如此，我也并未放弃尝试系统划分与处理主题，希望可以由此清晰地呈现主要内容的知识点，并为之后的继续研究提供立足点。

为达到以上目的，除了阅读有关中国的基础文献之外，一定数量的原始资料研究也必不可少。我在实地探访过程中便寻到若干中文书籍，其中部分书名将在下文提及。不过，即使是这些文献也极少甚至根本不为人所关注。比如其中有一本书详细介绍了勉县的诸葛亮祠堂，可它却如明珠蒙尘般无人问津。此外，柏林各图书馆中藏有大量中文典籍、百科全书、各大小地方志及山岳寺院专著，其中尤以德国皇家图书馆为甚。这些文献均对外开放，内含大量相关珍贵资料，可它们同样未能得到基本的利用。若想将以上资料全部翻译完成，那么本卷成书将遥遥无期。基于这一情况，本卷在探索各具体祠堂建筑时，并不着眼于纤悉无遗的阐述，即使是在略为详细的第二、第三两章中亦是如此。书中更多的是呈现我所获取的原始材料（据称），并同时将其加工完善，以求以整体统一形式展现研究对象。毫无疑问，对中国文献的深入研究还会大大加深对于建筑目的与建筑形式的理解。作为本卷作者，我比任何人都清楚，我们对于建筑构件领域的研究，甚至仅仅是对单纯的建筑构件术语的研究，还处于一个初级水平。希望在不远的将来，我们能对此有更为全面的了解，它必将以一个不同的表现形式，启迪人们打开新角度、拓展新思维。很多事物目前还只处于初级阶段，提“目标”一词更是遥远。这种认识虽然令人不爽，但绝不应成为我们放弃研究中国建筑艺术的理由。一如此时，我们在首卷创作过程中已遇到许多内在困难，但仍应继续前进的脚步。文中多处详细介绍了历史情况，第一章第二节及第二章尤其明显，这其中若干信息来源于中文原始资料或是当地文字记载，其他的则摘自欧洲文献，后者会出现在参考文献页中。遵循全书撰写的目的，我们并不过分着墨于历史英雄人物的介绍，而是判断其是否对读者理解相关建筑古迹及寺庙铭文具有必要性，进而做出选择。这种信息加工方式自然不是对历史原始素材原封不动的抄写，但由此我们可以以历史事件及英雄人物为出发点，自行选取相应的叙述框架与历史角度，从而清晰地介绍其某一方面的特定情况。

本卷只在第二章“庙台子”部分采用详细阐述这一方式，它同时也可作为如何详尽完整地描述此类祠堂的范本。在历史、地理及四周景致这些先决条件的作用下，英雄人物得到神化，供奉英雄人物的寺庙得以建立。这类祠堂建筑似脱胎升华于历史及自然，又通过内容与艺术形式再现历史与自然。这一思维过程贯穿了整卷书，它不仅清晰地存在于庙台子及其后第三章的叙述中，更是明显体现在第一章之中。全书内容按照我的游历路线展开，这场由遥远北国至南方边陲的旅程同时也是一场由北至南的中国艺术风格盛宴的展现。但无论何处，历史与自然景致始终是理解具体建筑的基本出发点。文中若干具体建筑的描述极为细致，或许都已深入涉及建筑构造及风格差异层面，但均遵循整体宏观这一行文准则，同精神文化、自然环境与祠堂建筑构造这三部分内容紧密相关，时间也由肃穆的远古延续至动荡的近代，地域范围由形制森严的北方拓展至充满想象色彩的南国。未来的研究也可以此为基础，着眼于建筑形式及其历史情况、地理位置的变化，并将这三者相互联系，从而梳理出中国建筑艺术于精神及宗教层面的历史变迁。当前，“未来中国何去何从”这一问题受到众人关注。在此背景下，了解历史如何演变对于这个时代有着巨大的吸引力与价值，以下将对这一点略加阐述。

在首卷《普陀山》与本书成书之间，中国国内政治情况经历了颠覆性的变革。首卷出版于1911年11月，正是在这个月，中国政局突变。清政府倒台、帝制被废除、共和制建立，这一系列事件不仅具有政治意义，同时似乎也表明中国人古老而神圣的精神信仰发生了根本性的变化。但正是这些建立在稳定传承基础上的传统思想，在我之前以及接下来的阐述中，被证明是推动包括建筑艺术构造在内的事物不断变化创新的精神动力。不过，无论是统治形式的变化，还是中国精神及艺术文化可能由此发生的变化，在本书刻画中国人这一群体时几乎均未涉及。此处我们关注与阐述的，是中国文化与艺术中那亘古传承的内核，它历经数个世纪仍几乎保有原貌。所有目光锐利又实地感受过中国近期一系列大变革的外国人一致认为，未来中国社会生活运行的先决条件与之前并无二致。无论是首都北京还是诸如南京、武昌、成都等地，即使那里的古老艺术珍宝遭到了破坏，也并不能改变以上论断。由此，潜心研究一个民族固有价值及其永恒精神艺术财富的专家可以断言，一场急剧变革所产生的影响更多的是局限在政治层面。不过虽是如此，这些历史大事件终归预示着一个新纪元的到来，这体现出中国人内心信仰及精神力量格局的一种轻微变化，也积蓄起变革的动力，这种改变最终会以各种全新的形式爆发出来，这一点是明确的。欧洲历史上也有过类似时期，事实一再证明了这一点，只不过这些影响要在很长一段时间之后才能体现出来。

在这剧烈的变革中或许蕴含着希望的种子，它将催生出焕然一新的思想，引领文化与艺术走向新的辉煌。想到这一点，我们稍感安慰。但这种代价却是大量世间独一无二的艺术瑰宝在战争炮火下灰飞烟灭。行文至此，大家首先想到的，也许是那些毁于烽火兵戈的有形文物。可事实上，更为糟糕的是随后而来的对于艺术品的冷漠、无视甚至轻视，这类塑造个体品质的无形思想如同危险的野兽被唤醒，并伴随着内心的动荡不安、精神的贫瘠、自私自利及良知的泯灭而愈演愈烈。身处多事之秋，生性淡泊之人尤其是艺术家们选择避世为逋客，世间缺乏创造及欣赏艺术作品所需的深刻、虔诚和独立之风气，创造新作甚至仅仅是维护旧物的意义不再。更有许多欧洲人丧尽天良，对文物大肆掠夺破坏。文物贩子和收藏家们或因狂热丧失了理智，或出于满足自己本土收藏的自私目的，肆无忌惮地摧毁文物，或是唆使一些中国人为己所用，以达到自己的罪恶目的。最近又爆出一桩骇人听闻之事件，强盗们把大名鼎鼎的摩崖石刻像的脑袋切下，运到欧洲这个美其名曰“保护建筑及艺术文物”之伊甸园。如此暴行或许会让关注中国艺术与文化的朋友倍感愤怒，但同时更是激发出他们内心的渴望，希冀这些可能将经历劫难的文物至少能以文字、图片的形式流传于后世。在首卷前言部分，我已表达了对于中国古迹保护的担忧，并敦促尽快对建筑文物进行全面详细的记录保存。令人痛心的是，这一忧虑已成为现实，保存工作也由此显得更为紧迫与必要。我们至少应该以当今的研究手段，保存历史，从而经得起后世的严格检验。

此处对本卷成书过程作几点说明：

在中国期间及回国后，我于中文资料加工研究过程中，得到众多中国朋友及老师的一再帮助。在此，我希望对他们表达最诚挚的感谢。

本卷的中文铅字印刷同样来源于帝国印刷厂的友情提供。

图 130、图 133、图 138 及图 148 来源于建筑师罗克格[1]以及阿梅隆（Amelung）先生的慷慨分享，其他图片除少数于中国各地购自中国摄影师之外，均为本人拍摄并加工。

1914 年 2 月 5 日于夏洛滕堡

恩斯特・伯施曼

1 罗克格（Curt Rothkegel，1876—1946），德国建筑师，1905 年来到中国，在青岛、北京等多地留下建筑作品。——译注

第一章　名人祠堂历史概览

目　录

1 上古时期的祠堂

1.1 概况

那些通过修祠建庙得以留名青史的著名人物，不外乎王侯将相抑或诗词大家。我们将这些人物分为三类，人们在探访祠堂庙宇建筑时，便能大致辨识出它们之间的差异及等级规模的区别。不过，这些差别并不十分突出。确切说来，这三类划分互有重合相通之处，所以在建筑结构布局方面，人们很难找出其相互之间的根本区别。基于这个原因，本书并未采用三分法标准，而是遵循历史顺序，为读者选取并呈现具体案例。如此，不仅确保了行文逻辑的严谨合理，还使读者可以对建筑发展史有一个较为清晰的认识。祠堂中所供奉的几乎都是那些在政治及精神领域对整个华夏民族有着深远影响的人物；退一步说，也至少是身居高位、影响覆盖较大地域范围的人物。正因如此，那些有着相同主人的祠堂即使相互之间远隔千里，但广义上也仍能被视为国家性祠堂，并且具备这类祠堂的特征。当然，这类祠堂庙宇还能始终获得政府的大量资助，而道观道长或是寺庙住持将这些钱款据为己有，中饱私囊，则是司空见惯的事情。祠堂庙宇的主人并不仅限于男性，权贵夫人、女诗人等女性人物同样被人们以这种方式尊崇与纪念，且并不罕见。

在宗教典籍里，以及在宗教上有较高造诣的学者及普通民众中间，道教与佛教的著名历史人物备受推崇，他们构成了一类特定群体。但是，即便如此，他们似乎仍未能同那些出现在正统文学典籍中的人物相比肩，获得与后者同样多的关注，至少本人至今从未寻访到一座专供其香火的祠堂。不过，很多祠堂会为他们划出一处，供奉香火，以示尊崇。而若他们与祠堂主人存在着某种特定联系，更是能享受到专属大殿的待遇。灵岩寺便是其中一例。它位于山东济南南部，因供奉有佛教玄奘高僧而闻名。北京白云观也同样如此，观中至今仍供奉的圣人之一便是真人长春子，他于公元 1221 至 1224 年远赴西域，一路行至今乌兹别克斯坦及喀布尔地区，只为觐见成吉思汗。在下文详细描述庙台子及二郎庙的章节中，我们还将继续涉及长春子。面对这些佛道两教的圣人，即使是帝王有时也要位列其后。虽然康熙及其孙子乾隆贵为皇帝，表面上看起来又是佛教的倡导者，但其地位在信众看来也仍低于佛教五百罗汉。当他们与圣人的塑像同时出现在宝殿中时，其排列位置几乎总是低于后者。不过，这所有的一切更多的是一种隐秘的“凡人神化”的特殊表现形式。这里更多的是涉及民族层面与精神层面的问题，国家权力机构出于切身利益的考虑，对此也有着一种深层的兴趣。传统而保守的华夏子民将那些被供奉于祠堂中的人物视为自己先辈中的骄傲，视自己为他们的传人，将他们的光辉与脚下的故土紧紧联系在一起。权力机构的最高统治者对已逝的圣人伟人表达敬意，实际上也迎合了民众的内心需求。在中国人看来，已逝的父母与祖先并没有死去，而是以亡灵的形式继续存活并影响着自己的家庭。就这点扩大开来，传说中的百家祖先奠定了如今的华夏民族，并塑造了整个民族的风俗礼制，虽然他们早已作古，但也仍被今人视为灵魂永存。每个中国人通过物质、精神甚至是宗教信仰的一脉传承，认为自己同百家祖先紧密地联系在一起。中国人认识中的祖先，并不局限于有正史记录的近代历史时期，而是可以追溯至洪荒时代的著名人物，他们充满神秘与传说色彩，照亮了于混沌中初现曙光的人类社会。

1.2 混沌时代

人类诞生之初，天皇、地皇与人皇为尚处混乱中的世界建立起最原始的秩序。清晰可辨的世界从混沌中孕育而出，被划分成代表阳的天空与代表阴的大地。阴阳交融，世界上的第一批居住者由此产生，只不过彼时的他们仍是一副半兽半人的模样。单从对"三皇"的称呼中便可知晓，他们更多的是反映了人们的某些宇宙观，代表了人类对于自身在宏大时空下如何发展的一些探索与看法。事实也确实如此。说到"三皇"，人们所能联想到的，只不过是一个上溯至几万年前的最原始时期的时间概念，除此之外别无其他。不过，重要的是，"三皇"这一象征性概念体现出一种具有塑造作用的思想力量，而只有当人们对于世界秩序体系的认知及逻辑思维能力达到一定高度时，才可能产生这一力量。"三皇"的概念蕴含着人们清晰的哲学观点，体现了古人对事物以艺术象征性手法进行表达的能力，而这正是中国人世代传承的特征性标志。中国文化其实从一开始便已深深刻上这一烙印。认识到这一点，无疑是令人极其兴奋的一件事。现今，"三皇"已演变为三个固定的人物形象，位列道教正统神仙体系，是各个道观的组成部分，享有自己的宝殿，甚至在很多地方还有专门的道观。最值得注意的一点是，他们还被正式列入中国帝王体系。在北京有一座规模宏大、名声显赫的庙宇，即帝王庙，庙中供奉历朝历代所有合法继承王位的帝王牌位，并对其供以祭品以示尊敬。[1] 依照时间顺序，牌位排列便始于天皇、地皇、人皇这"三皇"，终于离我们最近的朝代的帝王。

我们对"三皇"所代表的太古时期的所有哲学概念与理解，仅是建立在杜撰事件的基础之上。此后，历经漫长的岁月，人类迈入上古时期。我们对于这个时代的认知，已经不再是虚无缥缈的想象。中国人又习惯性地用特定概念与数字对这个时代中的各时期加以理解，于是，在"三皇"之后，又有了"五帝"时代。根据众多考证，这一时期为公元前2852至前2205年。鉴于"三皇"这一概念是以具体数字的形式代表原始神话中的帝皇，我们可以推导出，同样神圣的"五帝"概念或许也是对于设想中的历史发展阶段的人为归纳，中国人以五个特定统治者形象来象征这一时期。以上"五帝"概念是一个普遍认同的说法，不过，人们喜欢从某些野史及地方性传说中挖掘蛛丝马迹，另一种所谓历史真相由此应运

---

1 平面图及描述参见 Grosier 所著《中国志》（*Descripition de la China* 1785）一书中的图册第 52 幅。

而生。在这个版本中，“五帝”中的前三位与后两位之间还存在着一众较不起眼的统治者，其中一位名“少昊”，他的坟墓已被找到。这个发现对于印证以上说法非常重要。少昊墓位于今山东曲阜附近，这里也是孔子的出生地。当时，少昊自陕西而来，将都城定于此处。他的墓由一座石制金字塔改建而成，墓前设一祠堂，里面供奉着其牌位。少昊墓所在的墓葬群位于曲阜东面的一处巨大墓林中。那里古木林立，坟茔遍布，不少墓碑已倾塌，但大多数仍保留至今。树林南端有一座质朴雄浑的牌楼，其后便是一片露天墓群，墓群四周未修围墙，墓地已成废墟，荒败之景令人唏嘘。

“五帝”分别为：伏羲、神农、黄帝、唐尧和虞舜。

这五位帝王受到大众的广泛崇拜，其雕像及画像常见于祠堂及私宅之中。伏羲治辖在今天的河南省，但我并不清楚有哪些专门供奉他的祠堂。神农统治下的都城位于上文提过的山东曲阜，不过，无论是在曲阜还是在其他地方，我都未曾见过以其帝王身份出现的纪念建筑。倒是其垦荒种粮第一人的身份，让他在各地都享有祠堂和香火供奉。同样的，伏羲的臣子、创造了文字的仓颉及其助手沮诵被当作造字之神，也享有众多的祠堂及神坛香火。我在山西平阳府[1]及杭州西湖两地便看到过这样的祠堂，那里的仓颉像被塑造成上下叠放的两张嘴巴和两双眼睛的样貌。那里的人们总喜欢宣称，这些神祇曾经生活在当地。至于黄帝以及尧、舜这三位帝王，我则找到了比较具体的故事传说。而后两位又同历史上真实存在的第一个王朝夏朝的首任帝王禹一道，构成了众所周知的尧舜禹三帝合一整体，由此，该时代的“五帝”概念被再一次扩充。从这个角度我们又可以猜测，这种以数字为象征符号的体系同真实历史并无关联。下文将介绍两座祠堂（一为黄帝祠堂，一为尧舜禹祠堂），并对供奉于祠堂中的这四位帝王作进一步的详细介绍。

1.3 山西蒙城黄帝祠堂

山西的小村庄蒙城位于大型军用公路边上，四周没有城墙，距北面的平阳府约一日路程。根据当地传说，“五帝”中的黄帝之墓最早便位于此处。不过，在文献资料中，陕西桥山也被认为是黄帝陵寝所在地。蒙城黄帝墓早已消失不见，现今只留下一座小祠堂，告诉人们其可能的位置。可即使是这仅存的祠堂，也疏于维护，破败不堪。我在日记中画了下面这幅地形图，或许它可以唤醒人们对那个遥远时代的记忆。

1908年5月19日，我们于早上六点半离开池村[2]，不久到达一处高度适中、美丽且颇具特色的黄土地带。山间小路的西面崖壁并不是常见的农垦高原陡坡样貌，而是被夯筑成薄薄的一面高墙，同外部隔开来。透过一扇扇土窗呈现在我眼前的景象，让我难以忘怀。

---

1 古地名，今临汾、运城、吕梁、晋中地区。——译注

2 池村，Chihtsun，音译。——译注

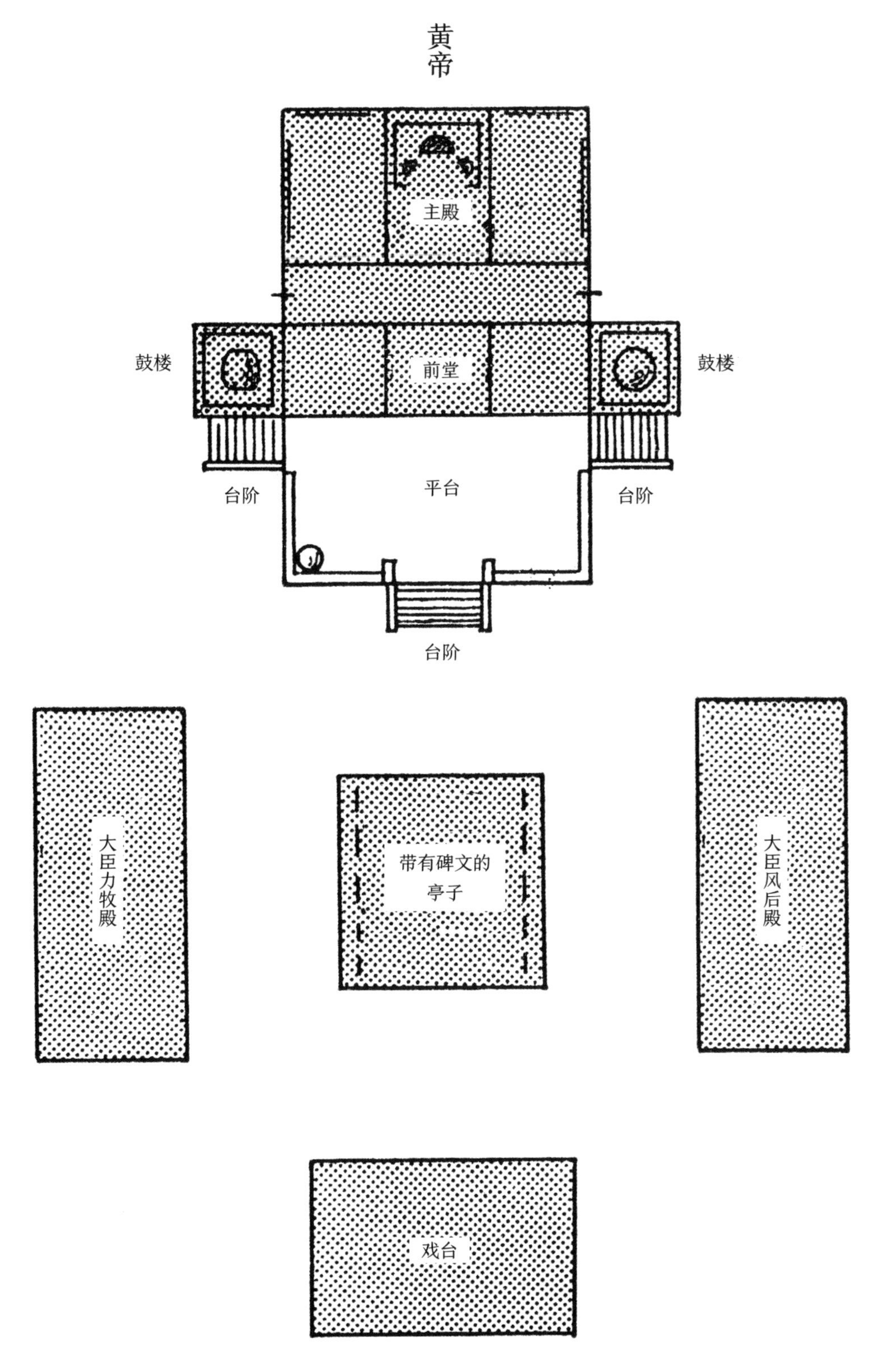

图 1. 蒙城黄帝祠堂平面图

黄土墙缺口处闪现出一个怪异的山谷，谷中到处是以各种难以想象的形态出现的黄土堆积物，或圆锥状，或波浪状，又或锯齿状。山谷后方是一处丰沃的平原，树林绿意盎然，众多村落密集排列成行，平原因此显得生机勃勃。远方蓝色的山脉从西面连接起这处平原。一路走来，周围景致时时发生着变化。前方又是一处平坦地带，但起伏的小丘陵阻挡了我们的视线，我们只能猜测，更远处还屹立有连绵的群山。从东面高山延伸出的山麓余脉土质松软，沟壑纵横，一路通向远方的汾河谷地。我们在这些小丘之间穿行了一段路程，到达蒙城附近山脉西南坡的一处风景别致之地。这里蕴藏着中国最遥远的岁月记忆。一座高大的城门如从画中闪现，石制纪念碑与牌楼成排成行，各式各样的城堡建筑写意而随性地分布于山头与山坡，这一切让此地显得令人瞩目异常。我们来到了古老的黄帝祠堂。据说在混沌的远古时代，黄帝便葬于此处。可时至今日，黄帝墓早已不见了踪影。除主殿外，祠堂各处破损严重，只有一座带明代铭文的凉亭还勉强支撑不致倾塌。几株古木、满目的侧殿废墟、精致的大殿外观，这种组合更添几分雄壮苍凉之感。沧海桑田，磨灭世间荣耀。走出祠堂，沿着平原上的一条壮观的洋槐大道，我们又回到黄土地带。凹陷的羊肠小道旁是陡峭的土坡，褶皱层叠的黄土地在正午日头的照射下晃动着亮光，眼前的世界似乎完全变成一团光影。另一处黄土沟壑同样迷人，其两旁肆意生长的葱茏翠柏从高处为它镶了两道滚边。下午，我们穿越了平原，一路上始终能够看到远方的群山。重重山峦绵延不绝，最终在南面河马村[1]附近连成一体。这块地区为柔缓起伏的平坦地块，东面群山矗立，池村至河马村中间隔着一块平地，南面又是另一座山脉。

黄帝祠建在道路边上，牌位上写着黄帝的全名：轩辕皇帝。前两个字是他的真名，其来源或与他居住地附近的某个村庄名称相关，又或者与某种由他发明的战车有关。除主殿外，祠堂还保留下一座戏台与两间侧殿（参见图1）。戏台在今日仍会偶尔上演剧目，侧殿则各有供奉的主人。其中东侧殿为风后殿，他是黄帝手下的六大臣之一，善于观察星象、预测未来。西殿为力牧殿，据描述他是一位牧人。建筑整体正中是一座亭子，里面有众多明代留下的铭文石刻。主殿前方筑有平台，平台正面依中轴线修有上下台阶，两侧角落也带台阶。平台上放置着两尊带远古风格的铁制狮子，另有一个年代久远、造型华贵的铁制香炉，其铁制炉脚极具艺术价值。平台四周围绕有一圈砖砌护栏。主殿面阔三间，内建神坛，其上供奉着一尊黄帝坐像。只见黄帝双手拿着象征皇权威严的细长笏板，头上的冠冕前部垂下九条珍珠旒。旁边的两位随从一人手持玉玺，一人手持宝剑。殿内墙壁上有四幅壁画，描绘有神龙、老虎、两位仙人和一名童子及五位老者。

主殿前堂东西两端各有一个塔状建筑，东边为钟楼，西边为鼓楼（参见图2）。这种两端塔状设计是山西地区特有的建筑风格。塔楼高度并不超过建筑主体屋顶的高度，但其正外立面较中间的前堂大幅向前突出，由此形成一种层次分明的立面视觉效果。此种建筑风格在从太原府至山西南部区域内的众多祠堂中得到广泛的运用，具有出众的艺术效果。

---

1 河马村，Homatsun，音译。——译注

图 2 蒙城黄帝祠堂，带平台及两侧塔楼的主殿

以上所述的戏台、正中带碑文的亭子、有三处台阶的平台、前堂两侧的钟鼓楼及位于中轴线上的黄帝像，都是这座黄帝祠重要的建筑特征。这些元素还会在介绍其他祠堂时进一步详细讲解，它们将为我们勾勒出中国古代祠堂建筑的发展脉络。

直到清康熙年间（1662—1722），祠堂中还有几位僧人居住。不过现在，祠堂完全空置，其周边也荒无人烟。虽是如此，人们仍时不时对祠堂进行修缮维护，主殿不久前就刚被翻修过。据说，除了此处黄帝祠之外，位于猗氏县[1]辖境、距解州西北一百三十里的猗山[2]上也有一座较为著名的黄帝祠。不过，我对于那座祠堂不甚了解。

1　古地名，今山西临猗县。——译注

2　猗山，Yishan，音译。——译注

1.4 尧王庙

山西平阳府尧舜禹祠堂
帝王尧舜禹

山西省有着传说中远古帝王留下的众多烙印，这些最为古老的华夏记忆成为这个省份的骄傲，始终以一个整体出现的尧舜禹三帝便居住在山西境内。据传尧定都于平阳府，他的女婿舜定都于山西南部的蒲州府[1]，夏朝开国君王禹则定都盐湖潞村[2]附近的安邑。安邑县有一座牌楼，上有铭文：神禹旧都。在中国文化的所有支脉中，历史记载者们均一再强调这三位帝王的重要意义，他们的显赫地位由此不可动摇，其所在的时代也被称为黄金时代。此外，他们的出现标志着充满传说色彩的混沌原始时期逐渐迎来历史的清晰曙光。据说，舜的陵墓在今天的湖南省仍能找到，两位夫人的陵墓则位于洞庭湖的一座小岛上。这两位夫人是尧的女儿。当年，她们听闻父亲去世的噩耗，便投洞庭湖而亡[3]。与洞庭湖一样，中国很多地方，包括祠堂、山川、河流等都同尧舜禹三帝有着千丝万缕的联系，其中最著名的一地便是浙江省绍兴市。早在尧的时期，该地便得名绍兴。绍兴附近有两座形制精美、远近闻名的舜祠，每逢农历六月十六舜帝诞生日及九月二十七这两日，两座祠堂会举行盛大的祭典仪式。不过，绍兴及其周边地区更多的被视为帝王禹的故乡。一提起禹，人们便会想到他治理江河的丰功伟绩，他对黄河的治理尤其彪炳千古。在水系最发达的四川，城市、村镇、乡间地头到处可见形制规格极高的禹祠。此外，大禹也常被类似同乡会的团体视为守护神。人们对于禹的关注还常聚焦于其留下的石碑，碑上的铭文信息至今未被破解。其中衡山上的石碑被认为是原碑，与长沙隔山而立的第二块石碑则被推测是一块年代久远的复刻品，而广西西江中游边上的梧州境内也有一块类似的禹王碑。除了以上三处，其他地方或许还存在着更多的禹王碑有待发现。大禹在绍兴城内构建起纵横交错的水渠网，去世之后被葬于绍兴辖内的会稽山，这座城市由此闻名。根据传说，早在其逝世不久，他的继任者就已在会稽为他举行春秋两季祭典仪式。可直到百年之后，禹陵前才修建起永久性建筑，继而逐渐发展成为今日的禹祠。公元前 211 年，秦始皇便曾登上会稽，在此吊祭大禹。

山西平阳府周边地区尤其推崇尧帝。他性情温和，睿智过人，在三位帝王中距今年代最远。他的古老宫城紧挨着平阳府南面，宫城周边修建有占地广阔的三帝祠堂。宫城东面七十里便是尧陵。因为时间有限，我无法前往尧陵实地考察，故只能从当地人那里获取一些信息。人们若要到达尧陵，可先坐三十里板车至山脚，随后徒步或骑马完成剩余的四十里山路。尧帝墓前有一座小型祠堂，里面只住着两位看守。祠堂每年举行两次祭祀活动。

1 古地名，今山西省永济县地区。——译注

2 古地名，今山西运城地区。——译注

3 此为作者原文。在中国的传说中，尧将二女娥皇、女英嫁与舜，舜逝世，二女悲恸不已，投入湘江自尽。——译注

祠堂庭院内种着七棵古柏，以此同大熊星座北斗七星相对应。祠堂外另种有柏树二十八棵，合二十八宫（或称二十八宿、二十八舍）之意。

平阳府祠堂

（参见卷末附图 30）

这里我们将借助平面图，对这个大型尧舜禹祠堂进行细致的介绍。它位于平阳府南面约十里的地方，旁边便是旷野中的主干道。辽阔的黄土平原上，植被稀疏，两侧有青山矗立。同东侧的山脉相比，西山似乎更具压迫感。在这种孤寂与空旷营造出的氛围烘托下，那些供奉早已归于尘埃的伟大统治者的神圣建筑更具感染力。祠堂南面不远处有一个村庄遗址，其生活痕迹清晰可辨。据说，历史上尧帝的后人就曾居住于此。现在，祠堂附近有几家客舍与农舍，它们组成了一个小型村落。

祠堂宽 310 米，深 360 米，占地面积达到惊人的 111000 平方米（参见附图 30）。相比之下，位于曲阜的恢宏文庙也仅有约 98000 平方米。整个祠堂四周建有围墙，总体上被划分为四个区域。这四个区之间又有墙体隔开，各区内建筑均坐北朝南。东侧的三个祠堂可能是原始建筑，西侧的则可能是后来建造的。尧舜禹三帝作为整体出现，相应建筑自然而然地依三条轴线展开，这也成为中国建筑作品最显著的特征之一。此处平阳府祠堂正中为尧王庙，他是三帝中年代最久远的一位，他的祠堂占地面积最大，宽敞的前院将祠堂一分为二。尧庙、舜庙、禹庙均可由开在围墙上的大门进入，门前守卫有带基座的石狮子一对。较为宽阔的正中前堂开有三扇双门，东西侧前堂则只有一扇双门。进了院墙大门，有一条笔直的石板主路，通往位于中轴线上的主殿，路两旁各挺立有两列苍柏，古老苍虬，傲然伟岸。尧王庙前院中有两块龟趺铭文石碑、一座木制荣誉牌楼及两处样式简单的偏殿。举行祭祀活动时，官员们便在偏殿中进行准备工作。前院筑有隔墙，墙上开有三个墙洞，通往主院。正中的大门极为高大，为三开门设计，两旁各有一尊石狮拱卫。相比之下，两侧仅是供人通行的小门。尧王庙主要建筑均各成独立整体，相互间并不连通。一路走去，人们首先会看到一座两层门楼，名光天阁（参见图 3）。其底层带厚实拱座及筒形拱顶，坚固的实心墙壁外围绕着一圈由木头柱子构成的回廊，二楼外围同样有一圈这样的围廊。不过，我没能找到通往二楼的阶梯，或许它被藏在厚实的石制墙体内部。林立的柱子与恢宏的三檐设计使得这座门楼给人留下了深刻的印象。建筑正中三间由立柱分隔的门面阔度一致，位于两端的柱间距则变窄。立柱、水平梁架及踢脚线组成了一个个框架清晰的矩形体，即使主殿立面上还有众多雀替及雕花饰带，也丝毫未能削减或模糊这种线条分明、稳重庄严的感观效果。此外，门楼的垂直与水平线条严格按照比例设计，整个建筑因此带有一种古朴风格，加之楼体墙壁高大厚实，古韵越发强烈。我在中国其他地区也接触过类似建筑，它们的建造年份距今都十分遥远。虽然缺乏该楼确切的建造时间，但我可以从建筑风格角度将它们作一比较。个人认为，仅从外观轮廓来看，该楼具备唐代建筑结构特征。这种推测也与当地传说相符。据说，此地整体性祠堂建筑的修建便是开始于公

图 3. 平阳府尧王庙的门楼光天阁

图 4. 平阳府尧王庙的井亭及主殿

元7世纪。此外，建筑中存在的明显的筒形拱顶也能印证我的推测。只有在同西方文化交流活跃的唐朝，这种源自西方的穹顶样式才会融入中国建筑之中，成为一个独特的建筑元素，但该元素的运用也仅是偶尔可见。

图5. 平阳府尧王庙，主殿前方东侧亭子中的石羊

门楼背后是两座偏殿，每座均面阔七间，里面空无一物，其原本建造用途已不可知。两座偏殿中间的中轴线上矗立着一座六角亭（参见图4），其底部带低矮基台，亭中央有一眼水井，据说几年前井中还有水。亭子小巧玲珑，墙壁内外均画着云彩与神龙图案。两座偏殿的延展部分建有两个小型的四方形亭子，亭门朝南，里面用来放置一些特殊物件，这些物件具体有何含义还有待考证。其中东面的亭子里有一尊古韵浓郁的石羊（参见图5），高1.3米，据说为隋朝（581—618）年间作品。我从一位日本学者处获悉，日本的文献资料中也有此种动物形象的记载。在山西和陕西地区的私人宅院门前及桥脚旁，我也曾发现过类似的石羊雕像。此外，在陕西首府西安的屋宅门口，也会有成对的石羊雕像。它们通常一人高，带着醒目的弯曲犄角，于左右两侧守卫着宅门。它们的功用或许同石狮相同，只不过石羊出现在普通宅邸门口，而后者则见于高等府衙及寺庙祠堂之门。同东亭相对的西面亭子中现今只放着一张空桌。1866年韦廉臣[1]考察此地时，看到这里有一尊植物造型的铁制雕像，不过他并不清楚其有何含义。

主殿前方侧边立有几块龟趺石碑。宏伟的祠堂主殿带着高大的基台，此基台长达四十八米，宽三十米（参见图6）。基台前方还依中轴线修有一个平台，带三处台阶。这种设计是典型的传统中式建筑风格，在三座配祠的主殿中也有体现。大殿内堂之外有一圈完整的围廊环绕，正面围廊内架有一口钟与一面鼓。坚固的南面围墙依着三根轴线开有大门，由此可进入主祭区。主祭坛上端坐着一尊尧帝像，其身旁有两位随侍，祭坛左右两侧还各有两尊人物像。大殿内部立柱排列整齐，共同支撑起棋格状藻井天花板。每一处藻井中都出现了象征阴阳的太极图案。这一概念在中国文化中被奉为无上真理。大殿前堂中轴线上方修有一个木制穹顶，用以突显其所处位置的特殊性。

主殿外观别具一格，稳重大气的线条与立面同繁复至极的细节融合在一起，创造出威严雄浑的艺术效果。身处孤寂的旷野之上、恢宏的祠堂之中，面对如此一座建筑，人们瞬间便回到那个风起云涌的峥嵘年代，感受着崇高艺术带来的神奇魅力。中国人便是借助这种艺术，表达出自己对于伟大的华夏民族远古统治者的推崇。虽然该建筑现有外观是几十

1　韦廉臣（Alexander Williamson，1829—1890），苏格兰传教士，曾在中国游历多年。——译注

图 6. 平阳府尧王庙，东南视角之下的雄伟主殿

年前重建的，但人们推测，其最突出的形制与轮廓仍沿袭了之前被毁原殿的样貌。据此出发，原址建筑时间距今十分遥远。所以，就这个角度而言，此刻我面对的是某一处遥远时空中的古老建筑。

同其他重要宗教祭祀建筑一样，该主殿为重檐设计。但底层屋檐为完全单坡屋顶式样，它沿着坚固的实心墙体覆盖住四面前堂，同时其上部还以宽幅水平石板饰带添加了一圈独立夹层，以此同上层主檐隔开。从外形上看，上下屋檐与这一夹层并未连成一个整体。行文至此，我们有必要对这个独特的中式重檐变体作一介绍。此屋顶设计实际上可分为三个部分，其中间夹层由环绕的单坡屋顶派生而来，它突兀地搭建在建筑物坚固的实心墙体之上，顶部同上层屋檐相连，由此形成一种特殊的重檐式样。仅以眼前的这栋建筑物为例，我认为，此等式样的出现是整体建筑形式共同发展的产物。从简易的农舍到雄伟的四层门楼或塔楼，从单纯的以建造与实用为目的、偶尔迸发出艺术效果到有意识地将艺术审美融入建筑当中，这种进步与升华都能在这三部分重檐式样中得到体现。关于这一点，我们有必要在其他文章中展开详细探讨。

我们已从前文得知，门楼光天阁由坚固的实心墙体修砌而成。相应地，此处主殿的主要墙体也由大量结实的实心砖块构成。此外，人们在实心墙体之上、两层屋檐之间还搭建起宽幅水平石板饰带，砖板一直延伸至上檐檐口处。这种大量的实心墙体的出现也可追溯至唐朝，这同时反映出当时人们对于新兴艺术流派技艺的运用情况。我目前正对中国各地众多的穹顶建筑进行梳理研究，希望可以借此了解这一外来建筑式样给中国建筑风格产生的细微影响。不过，就截至唐朝而言，穹顶式样并未使当时的中国人放弃其传统且特有的艺术理念，我眼前这座纯中式外观的建筑便是很好的证明。

除实心墙之外，屋顶又是另一个值得注意的传统中式元素。顶部主屋顶外观雄伟，鞍形屋顶檐脚略微上扬，山墙下方连接着单坡屋顶。不同寻常的是屋顶坡度较大，这种陡峭的屋顶设计拔高了建筑高度，同时又使其丧失了常见的中式大殿建筑所具有的一体性。这或许是一种极为原始的中国屋顶设计。我们尝试着将这一式样同南亚及其周边岛屿的特有建筑联系起来。它们多为悬空的干栏式建筑，轻盈小巧，屋顶坡度极大，并覆盖茅草。不过，由于此处主殿屋顶使用了瓦片，故其在坡度上受到了一定的限制。

一般而言，宏伟的中式建筑的上檐口与下方墙面连接部位会有明显的挑檐设计，但此建筑并无这一元素。这种缺失也成了主殿的一大特征。就建筑自身而言，上檐的挑檐设计其实也并无必要，因为雨水终归会从上方主屋顶滑落至下方的单坡屋顶，真正保护人们不受雨淋的其实是下檐。在建筑史发展过程中，上檐口的挑檐宽度越来越大，这无疑与人们的审美需求有关。而另一个可能的因素便是后世出现的双层檐口设计及繁复的斗拱技艺，它们使得屋檐进一步向外延伸成为可能。

从这座尧王庙所具有的鲜明年代特征出发，人们可以梳理出一个较为准确的建筑体系，并由此进一步探寻隐含其中的当时的建造背景。中国大量建筑的建造年代并不明确，且时常经历修缮翻新，所以我们只能以严谨思辨的态度，收集每一个具体建筑实例中所体现的显著特征，将其归纳总结。这是逐步厘清中国建筑史发展脉络的唯一方法。只有立足于整理分析这种大量特征的基础之上，我们才能获得希望的答案。

主殿上层屋顶挑檐的缺失使得其下方的大型水平石板饰带不受任何阴影遮挡，醒目地突显在人们视野之中。此处的水平饰带极为罕见，它位于上下屋檐之间，起到分隔作用，而大多数雕饰带出现于柱顶楣构部位，且多起到连接上下檐的作用。尧王庙主殿水平饰带从外表看近乎处于上下檐之间夹层，每一块雕饰石板上均以彩绘石膏与赤色釉土展现了大量人物及纹饰图案，其主题包括栩栩如生的神话情景描绘、骑着大象的人群、神龙、鸟禽、植物等。北面的水平石板饰带分为九块区域，两侧对称的八块是八仙造型，正中的一块则有神仙、官员及白发老者三个形象，他们象征了“福禄寿”，这一意象经常出现在艺术作品之中。南面的水平饰带由四块巨大的石板组成，每块上面都雕凿着几何纹镂空花格图案，其上各有一醒目大字，连起来为“民无能名”，意为“没有人能够用言语描绘出他的伟大”。

除南北方向外，东西两侧的山墙下方也有水平雕饰带围绕。雕饰带华美的整体造型同繁复的屋顶装饰相得益彰。山西自古以来就以出产精美的赤土釉瓦而闻名，故山西建筑屋顶的装饰大量运用这种瓦片。此外，眼前这栋主殿的正脊、戗脊及檐脚处密集排列着神龙、狮子、大象、骑士、武士等人兽形象，众多的纹饰多以倒斜切镂空浮雕工艺展现各式生动鲜活的形象。屋顶釉彩多选取近乎白色的明黄色。而建筑外部最为奇特而吸引眼球的，当属殿门上方的牌楼状建筑。它高耸于屋檐之上，将流畅的檐口线拦腰截断，其跨度占据了整个建筑的正中三间。

在这栋雄伟恢宏的建筑物正面屋顶上出现一座如此轻盈优美的牌楼（参见图7），显

图 7. 平阳府尧王庙，正面带牌楼的主殿

得比较不同寻常。这种将牌楼建在立面上的样式极为少见，我所见到的类似建筑大都位于四川，其目的在于突显大门位置并分割立面。这种将原本流畅贯通的线条割裂的做法通常并不符合中式审美，出现在此必然有其特殊原因，或许我们可以从实心部件的构建角度出发去找到答案。在牌楼占据的正中三间的底层及水平雕饰带区域均没有相应的实心墙体，建筑在这个部位出现了空缺，仅在上方以木板作临时封闭处理。当时的中国人并不能娴熟运用这一新型的实心建造技艺，无法在下方的三处入口位置砌起实心墙，所以他们索性让上方的水平饰带区域也先空置着。可这一空缺的难题总要解决。显然他们并不想遵循以往的建筑风格采用木制水平饰带，而是在水平饰带前方建起了一座以紧密拼接的木板组成的大跨度牌楼，从而把建筑正面的这个空洞补上。即便在中国人看来，这种解决方法也令人费解（从建造技术角度而言，他们完全有能力采用一个常规的方法填补这个正面缺口）。所以，促使他们采取这一式样的原因很有可能同宗教祭礼有关。我们或许可以猜测，此类入口的小门原本是紧挨着建筑正前方而建，雕饰繁复的荣誉牌坊便是它的一种变体，它们的起源可追溯至中国远古时期。时至今日，大型府衙门前或府衙及寺院内部的中轴线位置之上都还能见到它们的身影。有时，这些小门楼同其后的主体建筑之间的距离非常接近。据考证，眼前的这座主殿始建于公元 3 世纪末，当时的工匠们建成了这座祠堂，并遵循古制在其面前修起一座牌楼。在随后的唐代重建及历次翻新过程中，人们保留了这一牌楼元素，并最终将牌楼与主体建筑有机结合在一起，从而形成了我们现在看到的这个样貌。无论如何，一座宏伟祠堂主殿如此与众不同的主入口设计，在建筑史上也称得上是意义非凡。

有趣的是，在1913年北京太和殿前举行的光绪帝遗孀隆裕太后的葬礼上，太和殿正门口便临时搭建起了一座类似的门楼。

尧王庙主殿正面屋顶上的这座牌楼由木板搭建而成，为矩形框架结构。其顶部为三段式鞍形屋顶式样，中段较宽，由两段看似随意搭建于下方正中立面上的辅助立柱支撑。普遍而言，建筑各部分相互协调一致的理念在中式立柱结构建筑中体现得尤其明显，人们不仅注重使用结构，也追求艺术美感，故此处这种设计似乎不符合这一审美要求。不过，这种不一致并没有对中国的建筑大师们造成困扰。尽管轴线位置因此发生变化，但匠人们仍在辅助立柱上雕凿出华美的神龙造型，下方的龙嘴大张，朝向正中，上方的龙尾划出类似弧形的曲线。牌楼顶部纹饰的线条走向活泼灵动，立柱与柱顶楣构之间的主殿正立面一层的门楣上亦有富丽堂皇的雕画工艺。所有这一切相互映衬，建筑整体因此显得极为协调。牌楼就这样突显在下方连贯的单坡斜顶之上、灵动的水平横饰带之前，其正面上方雕凿着两个左右对称的人物像，雕像正中醒目位置悬挂有一块竖匾，匾额上方牌楼正脊的中心呈尖角造型。位于主殿立面中心位置上方的对称双龙造型并不突兀，它们是常见的一种中式建筑元素，多见于大型殿宇之上，它的存在保证了恢宏的重檐外观符合对称性这一要求。只有当飞扬的想象同缜密的构造逻辑发生碰撞时，才会迸发出艺术的火花，这几乎被视为中国艺术的根本准则。自由奔放的创作激情遇上严谨的营造法式，肆意随性的线条走向直面平衡对称的完美要求，中国人的作品经常于不经意间展现这些无解的对立，但正是这种对立体现出艺术便是生命本源的写照。

主殿平台外围连接着下行坡道、通往两侧的两座小型门坊及其后的偏殿。前院中还有

图8. 平阳府尧王庙康熙祠堂

图 9. 平阳府尧王庙，康熙祠堂最北端的亭子

一东西方向展开的横排祠堂建筑群，后面便是前院后墙墙门。主殿背后修有一条宽阔的大道，道路依着上行地势，通往此建筑群中的最后一座大殿。该殿规模较小，殿内神坛上放置着尧及夫人的坐像。建筑群的北端围墙中心位置开有一个墙门。

尧王庙两侧的舜王庙及禹王庙构造相对简单，仅由入口门楼、主殿及后殿组成，主殿神坛上供奉着舜和禹，后殿则供奉着帝王及夫人（参见附图 30）。之前这两座祠堂旁边可能还有其他建筑，但现在均已消失不见。加上之前的尧王庙，这三座帝王祠构成了整个建筑的主要部分与核心区域。这一布局清晰地体现出三重轴线的理念，它在中国建筑学中占据着一个非同寻常的突出地位。建筑群西侧部分形制较舜、禹两庙更考究，其具体区域划分同主要建筑尧王庙类似。人们穿过一处门楼，来到前院，院中立有若干纪念碑。继续往前行至一面院墙处，墙上开有三扇院门，正中较大，两侧较小。穿过院门，进入祠堂内院，院子中央坐落着一座主殿，两侧各有一座长条形独立建筑。这个建筑群在我看来类似于帝王的旧时宫殿，其宏伟的主殿被用来纪念康熙皇帝。据说，康熙帝在数次巡幸及围猎出行期间，曾在这里居住过一段时间。其牌位背后的神龛背景墙上画有一条喷水神龙。建筑檐口下方的木制水平饰带上画着十二幅王侯高官的半身像。此处建筑群建成于康熙年间，其北面小型宫殿建筑无疑也是因为这位帝王而兴建。宫殿的四周墙壁上嵌着大量铭文石碑，有些石碑上只有一两个字，有些则是整首诗，所有这些文字据说都为康熙所写。康熙和其孙子乾隆大帝在无数次的巡幸期间，于各地留下了不计其数的文赋诗歌，这些文字便被当地制成铭文石碑保存下来。该建筑群中轴线末端有一座六角亭（参见图 9），亭中立有一石碑，上刻“天子万年”四字。

我从现有资料中获得了一些关于这座尧舜禹三帝祠堂的历史信息。该祠确切的建成时间为公元 294 年，时值西晋惠帝（259—307）在位。在公元 7 世纪的唐朝，祠堂经过扩建，最终落址于如今的区域。资料也提及了祠堂最西侧建筑于康熙年间落成的这一情况。咸丰年间，建筑被整体毁坏。之后，韦廉臣花了十五年时间对该祠进行实地考察，他用“彻底摧毁”一词来描述历劫过后的建筑：屋顶全部坍塌，画像变为一地碎片，所有一切沦为瓦砾，到处弥漫着彻骨的悲哀。虽然眼前是一幅破败不堪之景，可韦廉臣仍深感“原有设计显然精妙绝伦，原本的建筑肯定富丽堂皇、气势磅礴。那些废墟、成行的参天古柏、院落的布局规划便能说明这一点……远处的山脉屹立于地平线之上，从两侧俯视着这片区域。它们吸引了我的注意力。尧帝的目光也曾落在这些崇山峻岭之上，它们或许是幸存至今的那段峥嵘岁月最后的见证者。”据说，只有坚固的两层门楼光天阁逃过了被毁的命运。当时人们想要重建祠堂，可没有足够的资金。时任平阳府总兵及太原府知府向朝廷求助，获得两万八千两白银拨款。在当时的 19 世纪 70 年代，这笔款项折合马克[1]近二十万。据我熟悉的专家说，主持重建工作的负责人并没有拿到特别多的报酬，底下工人的工钱更是少得可怜。怀着对伟大的远古帝王尧的敬意与感激，人民做出了巨大的牺牲，只为恢复其祠堂的昔日荣耀。每年农历二月及八月，这里会举行国家公祭，由朝廷高官主持祭祀仪式。

祠堂建筑特征

同介绍黄帝祠及其他重要建筑一样，此处我将从建筑历史学角度，归纳平阳府尧、舜、禹祠堂所具有的突出特征，以方便日后对中国祭祀建筑的规划与建造展开系统性研究。实际上，前文已详细阐述了相关特征，这里再次对其作一简明扼要的强调。尧王庙具体特征如下：

1. 整体建筑及各部分由完整的围墙包围。

2. 各主要轴线形制宏伟，布局呈工整矩形。

3. 建筑平面三部分依三条平行轴线展开。通往主殿的门楼、院门及殿门均开有三处通道。

4. 正面围墙上开有大门，两侧开放式偏殿正立面上开有一扇或多扇小门。这些入口式样在下文中将被统称为“中式大门”。

5. 设前院。

6. 随处可见成排成行的树木，其中柏树最多。

7. 偏殿同位于中心轴上的大殿完全分离，且偏殿东西向占地跨度大。

8. 具体建筑元素：牌楼、纪念碑、位于六角亭中的水井、位于一些特殊建筑中表示尊荣的物件（石羊、花朵）。

9. 高大坚实的平台作雄伟大殿的基座。

10. 各建筑前设祭祀平台，平台修有三处台阶，正面为主台阶，两侧角落各有一处侧台阶。有些主台阶为简单的一体式样，有些则为考究的三段式。

11. 主殿主体区域外带一圈完整回廊，上有倾斜的单坡屋顶覆盖。

---

1 德国原货币单位，1 马克 =100 芬尼，相当于人民币 0.05 元。——译注

12. 紧挨着主殿后方为尧及夫人的寝宫，两座建筑由一条宽阔走道连接。寝宫外无回廊，只设前堂，为简单的鞍形带山花屋顶设计。

13. 供奉康熙帝的主殿背后建有带一座小型凉亭的御书石刻殿，该殿从建筑布局角度看，类似于寝殿。

14. 主殿平台两侧修有平坦的下行坡道。

15. 实心建筑工艺，带实心围墙及拱顶，可能为唐朝建筑。

16. 坚固的门楼由实心材质建成，带三重屋檐，具唐朝建筑特征。

主殿：

17. 设单坡屋顶与主屋顶，从美学角度而言，这是日后雄伟的中式重檐建筑的雏形。

18. 主屋顶坡度极大。

19. 上层主屋顶为包檐设计。

20. 醒目的水平饰带被拦腰截断。

21. 以牌楼填补正立面的空缺。

22. 屋顶装饰采用华丽的山西釉瓦。

23. 建筑回廊上方带类似于横帘式样的华丽木制花板。

24. 柱础被分成多个部分。

1.5 山西介休介之推庙

周朝

禹作为王朝创立者，开启了夏朝（约前2070—前1600），夏之后便是商（约前1600—前1046）。周武王（前1046—前1043年在位）创建了周，他追谥自己已故的父亲为“文王”。这对父子一文一武两个尊号成了后世推崇的典范。此二字分别代表同文明开化有关的“文韬”与同军事有关的“武略”，这在中国被视为个人及公共生活的基石，此后被人们创造出的文曲星与武圣两个形象便是这两个概念的化身。关于这一点，我们将在介绍被视为武圣及忠义化身的关羽时作进一步说明。自这一确切历史初始，真实存在的这两个帝王以自己的尊号确定下这一概念，或许更多的是一个偶然，却意义深远。中国历代统治者的谥号中经常出现

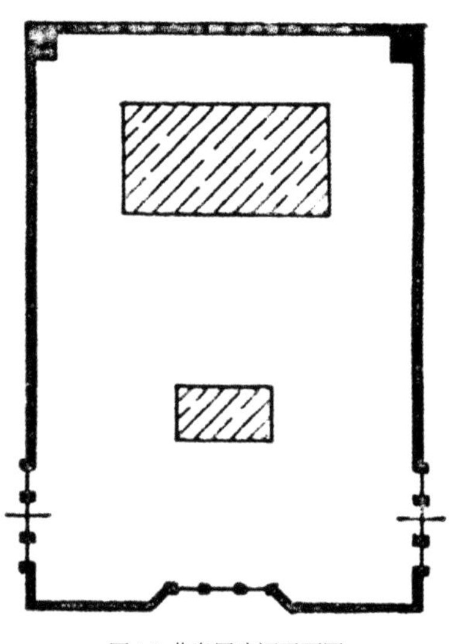

图 10. 曲阜周公祠平面图

“文”“武”二字[1]，其中最具代表性的是元朝创立者忽必烈，他的庙号“世祖”之后还有两个谥号“文”“武”，后世对他的全称为“世祖文武皇帝”。类似观点极大地推动了中国神祇体系的构建与祠堂建筑的发展。中国人热衷于并且善于从历史中截取单独片段，将精神生活及国家生活中的具体部分以一定的固有模式作清晰拆分，继而组合成另一个整体。宗教概念与形象所具有的象征意义，连同其在造型艺术领域的体现，便是以中国人的这种需求与能力为前提条件的。

周武王的弟弟姬旦是周朝著名人物，史称“周公”，受武王封地于鲁，即今日的山东。那里亦是孔子出生地。周公居住在已多次被提及的著名城市曲阜，其后世乡亲孔子称赞他为“智勇之典范”。曲阜当地建有一座祠堂，祠堂内供奉着备受推崇的周公雕像。祠堂外部有一圈四方围墙环绕，围墙北面角落还留有旧时塔楼的痕迹。建筑南面正中及东西两侧立有三座石制牌楼，其木制大门紧闭。院中种满了柏树、白蜡树与洋槐等古木苍虬。角楼及作为整体一道出现的三扇大门这两个建筑元素同文庙相似，这一点将在第四章中继续涉及。

周自英明神勇的武王起，立朝近九百年。但就本质而言，周只是一个可号令其他诸侯国的宗主国，不过它至少使中国西部地区成为一个统一整体。正是在周朝，圣人孔子出现，其学说得以创立。本卷将专辟一章，具体介绍这位声名最为显赫的中国人的祠堂。此处的主角是那个时代来自其他诸侯国的另一位伟大人物——介之推，以下便是介之推祠堂介绍。

介之推祠

介休县位于山西首府太原西南偏南方向，两地之间行程约三天。介休县为中等规模的县城，其附近的黄土地上屹立着成因独特的绵山。这一带的人们十分推崇介之推，众多的介之推祠堂便能生动地印证这一点。下文我将从实地考察所得的当地人口述资料出发，结合前辈梅辉立及翟理斯的研究，对这一人物及其命运作一简要介绍。

介之推为介休当地人，是公子重耳的忠实追随者。重耳即后来的晋国国君晋文公（前636—前628年在位），当时的晋便在今日山西地区。受父亲宠妃骊姬的迫害，重耳被迫逃亡偏远异乡。流亡途中，重耳身边一直伴随着几位忠实追随者，介之推便是其中之一。历经十九年的去国离乡，重耳最终战胜所有阻碍，回到晋国，登上王位。事毕，他要对自己的追随者行功论赏，其中介之推的功劳尤其巨大。可介之推却辞绝一切，甚至回到家乡，躲进绵山的茫茫丛林之中。在史书及民间资料记载里，旧时许多伟大人物都与介之推有相似的做法。一旦他们认为自己已经完成了作为臣子的使命，无法再为君主做更多贡献，便会选择归隐山林以让贤。在下文介绍张良一节时，我们将对这一思想作专门的阐述。此思想理念在介之推的身上得到了尤其鲜明的诠释，他的所作所为反映出士大

1　据考证，周武王的“武”并非其死后谥号，而是生前臣子对他表达尊崇的美称。——译注

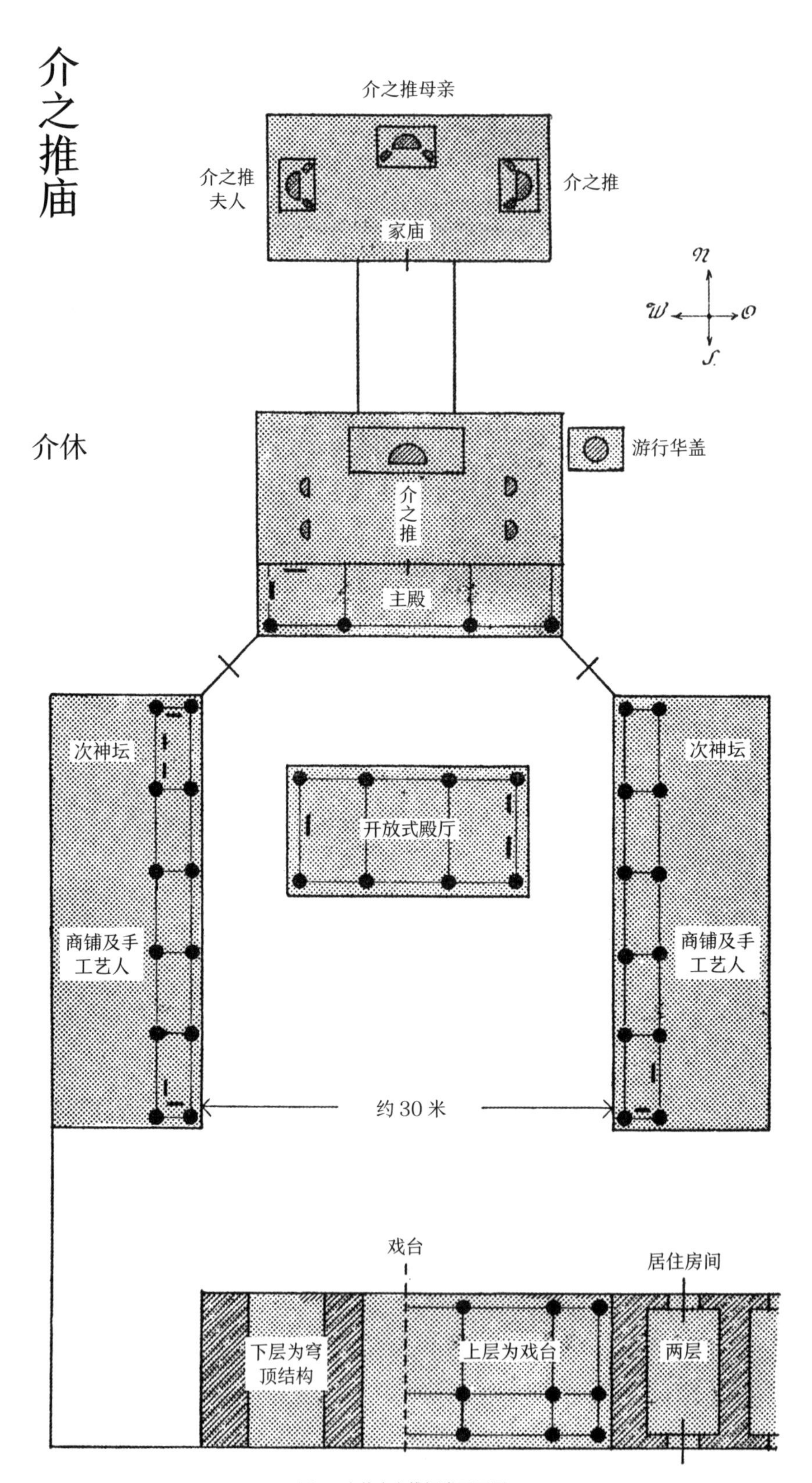

图 11. 介休介之推祠堂平面图

夫克己、谦逊的高洁品格。晋文公只得四处张贴告示，找寻他的下落，并下令其亲友劝他重新出世，可一切都是徒劳，介之推始终避而不见。人们只知道，他同老母亲一起藏身于绵山的密林之中。晋文公因此下令围山放火，只留一处宽阔走道供母子二人出山。不知是因为没有找到这条走道，还是情愿赴死，介之推及母亲被烧死在山中，只留下两具遗骨。在其亡故后，晋文公说道："介之推曾是我的第一谋士，为国家作出了巨大贡献，现在他仍是我的一等公卿。"

面对这一悲剧，晋文公还下令，每年清明前 两天，家家户户不得生火做饭，只能吃诸如彩蛋[1]之类的冷食，并在家门上方悬挂柳枝，以示纪念。这便是古老的寒食风俗之由来。虽然早在公元5世纪，不得生火的规定便被废除，但插柳枝的风俗一直延续至今。我考察山西这一带时正值五月中旬，城市村镇的大街小巷中到处飘荡着绿色的柳条。这种植物意象通常与求雨联系在一起，在春季干旱时节，山西及陕西等地便常出现这种柳条装饰。不过，如我们所见，柳条还同介之推有关。人们认为，他的魂魄保佑着这片土地雨水充沛、庄稼兴盛。

介休县因介之推而得名。自古以来，它便一直被称为介休，只在北魏（386—534）时被短暂更名。不过，大约在同一时期，其州府汾州[2]被称为介州。不管其行政规划名称具体如何更迭，这一带的地名始终体现出同介之推这一伟大人物的紧密联系。介休是一个可爱的小县城，县内有大量精美古建筑，其中尤以荣誉牌坊最为突出。众多世代传承的兴旺大家族居住于此。介休县西门外便坐落着介之推祠堂，其外观并不十分恢宏华丽，甚至还有多处倾塌，但一众巧夺天工的花纹装饰及精妙的建筑布局让这座祠堂极具艺术价值。

祠堂各建筑依着一条完整中轴线展开，一栋居中的两层建筑是这条轴线的开端。该建筑一楼由三个筒形拱顶构成，这种坚固的实心建筑式样极具山西特色。该楼东面连接有一排结构类似的房间。一座高大的戏台隔着整体建筑中央区域，同主殿相对而立。戏台的存在标志着这座古老祠堂更多具有民间祠堂性质。祠堂巨大的中院两侧各有一个部分开放的殿厅，厅内设有各路神祇的供奉神坛，此外还有一些商人和手工艺人的铺子。院子中央坐落着一座开放式大殿，里面悬挂着若干匾额，人们称其为拜殿。在山西，即便是客栈中也经常建有这样的拜殿，此类建筑应该源自一种非常古老的中国传统。在第二章介绍庙台子时，我们还将介绍这类殿厅的另一个生动实例。主殿前堂为开放式设计，堂内有若干匾额。主殿主坛上供奉着介之推像，其两侧共立有四位随侍。这一雕塑布局同尧王庙相似，其中肯定包含了某种传统的中式祭礼仪制。主殿旁立着一顶游行用的华盖。在一些特殊场合，人们举行隆重的游行仪式时，便会用到这顶华盖。主殿背后是家庙，庙内中轴线显著位置供奉着介之推母亲。介母东侧男像为介之推，西侧女像为介之推夫人。这三尊塑像各配有两位随侍。家庙通常位于祠堂最北端，供奉着祠堂主人的先祖。

1　此处应为作者对西方复活节习俗的错误套用，中国的寒食节并无"彩蛋"一说。——译注

2　古地名，今山西隰县地区。——译注。

它的存在并不会削弱祠堂主人于整体建筑中的重要地位，这种建筑规划应该也是古老中国礼制的体现。介之推祠堂中的家庙供奉着他的母亲，这暗示了她与儿子共同赴死的悲剧命运。

祠堂内的一些匾额铭文如下：

“节烈格天”，意为“璞玉品格与英烈行为堪比天高”。

“忠孝两全”，意为“聚忠义与孝义于一身”。

“旌善维风”，意为“充当表率，树立良好道德风貌”。

“不文而显”，意为“不著书立传也声名远扬”。

“智仁勇”，意为“智慧、仁义、英勇”。

介休地区最引人注目的或许是高耸的绵山山脉，山中随处可见附近民众缅怀介之推的痕迹。太原府向南有一条大道贯穿整个山西省，其所经之处几乎涵盖了所有黄土构造地貌的区域。我沿着这条大道，行至介休县附近投宿，并于1908年5月11日离开主路，向东南方向前进，到达一处宽阔山谷。谷地西面高大的黄土山体将它同主路隔开，其东面则被绵山包围。山上一条河流翻涌而过，将石灰石山体冲刷出一道长而不规则的河谷，水流所经之处落差巨大，沿途留下众多形状怪异的侵蚀洞穴。其中最大的一处洞穴位于河谷发源地，洞中建有一座规模较大的寺院，名云峰寺，它是信众的朝圣之所。在我探访期间，那里正巧聚集了上千名香客。这座寺院表面上看像是佛寺，实际却是一个正统道观。其他著作对此有深入介绍，此处便不再展开。不过值得一提的是，云峰寺中也专门建有一座纪念介之推的建筑。该建筑一层神坛中供奉着介之推手执笏板的坐像，二层则供奉着其母亲的坐像。

相较于云峰寺一隅，绵山另一地还建有专门供奉介之推的大型祠堂，该地即传说中他困于火海的丧生之地。距上文提到的河谷谷口向南约三公里的地方有一处紧挨着绵山西侧悬崖的坡地，该地坡度平缓，坡上覆盖着密林。山坡延伸出两道上行小丘，从两侧包围住一处陡峭的谷口，小丘之上也遍布茂密林木。这一处被称为“圣林”，林中尽是苍柏与白皮松，它们虬枝峥嵘、枝干交错，向四面八方肆意生长。在这丛林掩映间便坐落着大型介之推祠堂。祠堂建筑众多，设计精妙，极具艺术感染力。在我探访时，它刚经历了一番修缮翻新。一字排开的庭院及三座凉亭皆花团锦簇、草木葱茏，盛开的玫瑰、芍药等花卉吐露着馥郁芳香，众多铭文立于花草之间。主殿之中端坐着介之推像，其神坛左右的立柱上盘踞着雕凿而成的神龙，龙首皆朝向中心轴方向。在降水不丰的山西省，柱龙这一元素的出现频率尤其高，这寄托了人们对于天降甘霖的渴望。人们认为，所有魂灵与神祇均是雨水的布施者，介之推自然也是其中之一。他生前避世于绵山，生命的终点也在绵山，因此被视为绵山神灵之一，在一块石碑上便镌刻着某位知府对他倾听民众呼声、洒下充沛雨水的赞美之词。我来到祠堂主入口旁的密林西端，在夕照中享受这寺院与树林的美好景致。密林沿着寂静空山绵延向上，在最后一抹余晖中闪烁着光芒。西侧的黄土山体投下大片阴影，此处已能望见笼罩于阴影之中的平原。在明亮的月光中，我穿过错落的小村庄，越过片片草地，路过牧人的堆堆营火，回到住处。这里四处涌动着我们这位主人公的鲜活印记，它们的存在使得这片土地变得神圣而又美好。

中国人将介之推这位伟大人物上升为绵山及周边地区的守护神，此类凡人神化的做法体现出若干鲜明特点。人们的纪念活动通常盛行于同主人公息息相关的、特定的、具有历史性意义的地点，如他的出生地、活动地及使其能流芳后世的非凡事件发生地等。若该地区地质景观等自然构造又非同寻常，那么对主人公的尊崇在世代传承过程中更是显得强烈而深刻，丝毫不因岁月流逝而褪色。沟壑纵横、峡谷林立的绵山便是一个例子。人们赋予这些不同寻常之处以神灵色彩，这种做法使得后人始终保有对已逝历史英雄人物的鲜明记忆，同时又维系着对今日已幻化成神的主人公的永恒的尊崇。人们甚至还会赋予他们以虚拟的强大力量，将其上升为该地的雨神及守护神。他们所具有的诸如此类播撒甘霖的能力对周边民众而言无疑万分重要。

传说中的与众不同之处会被一再深化、突显及神化。此处有关介之推的传说中便有两点值得注意，其一是与其命运休戚相关的介之推母亲，她的坐像始终出现在介之推祠堂的主人像附近。其二是圣林所具有的神圣尊崇感，这片小树林所在的茫茫林野便是介之推的陨落之地，它永远提醒着人们对这一事件的不朽记忆。

同无数中国其他传说一样，人们怀揣敬畏之心，世代传承着介之推殉节于绵山的故事。出于这种敬畏与尊崇，人们建起相应的历史建筑。它们使得今人可以进入漫长的时光隧道，感受当时的建造细节。那个遥远时代没有文字记录，建筑本身便是历史的载体。同之前一样，此处我们以介之推祠堂布局为研究对象，简要总结出以下几点中国古代建筑特征：

1. 戏台同主殿相对而立。

2. 侧面建筑同轴线上的殿厅并不相连。

3. 院子中央设拜殿。

4. 神坛两侧共有四位随侍，他们同中轴线平行而立。

5. 主殿背后还设后殿。此处为家庙，供奉祠堂主人的母亲。其他祠堂的后殿是供奉其他祖先的先人祠。这一点让人想起平阳府的尧、舜、禹祠堂，三庙的后殿中均供奉有各庙主人的夫人。这些后殿在整体建筑中被视为较私密的区域。

2　三国群英祠堂

蜀主刘备及其部下

2.1 汉朝概况及群英简介

周朝末年，周王室衰微，各诸侯国国力日盛，渐有称霸之心，群雄最终陷入混战。如此大规模的纷争割据过后，帝国迎来大一统，秦王朝短暂统治中国，紧接着便是漫长而辉煌的大汉。汉朝奠定了今日中国的政治版图，我们在下一章介绍功勋卓著的汉朝开国丞相张良时，将会对此有进一步讲述，这也有助于人们更好地了解张良这一人物形象。除张良外，水利工程师李冰及其儿子二郎也是历史人物，我们将在第三章对他们的祠堂作具体描述。这一历史阶段的主旋律是追求帝国统一及维护统一状态。就这个角度而言，早在公元前 255 年，秦便已具备这些时代特征。但大一统的真正确立与长久延续，则是在两汉时期（前 202—220）完成。正是在这个时期，史书记载成为常规工作，这或许并不是巧合。史家最杰出的代表当属被誉为“中国纪传体史学之父”的司马迁（约前 145 或前 135—？）。其家乡芝川建有他的陵墓及布局考究的祠堂，今人仍然对他怀有崇高敬意。芝川隶属韩城，位于著名的黄河中段龙门的南面。此地是山西、陕西两省的交界处，隶属陕西的韩城在黄河右岸。司马迁祠矗立在一处圆顶山峰上，祠前修有一条宽敞舒适的道路，路上立有若干牌坊 。

或许没有哪个后世朝代能像汉朝这样涌现出数量如此众多的著名人物。现在的中国到处可见这些伟大汉人的陵墓及祠堂，这足以证明后世对他们的记忆未曾褪色。汉朝有著名的帝王汉高祖、汉武帝及将佛教引入中国的汉明帝，有灿若繁星的伟大女性，有将中国武器传至中亚地区的卓越政治家与战功赫赫的大将军，有无数用文字与作品刻画时代面貌的文豪与艺术家。毫无疑问，他们中的很多人都在各自的出生地或曾大放异彩之地保留着清晰的历史印记。不过遗憾的是，现有的文献资料缺乏对这些确切地点的清晰记载。

在游历陕西及四川的过程中，我发现了众多汉末著名将军的纪念祠堂，这可谓是一个惊喜。这些人物相互关联，可被视为一个整体。我之前的研究聚焦于山西那片中国最为古老的土地，探究坐落于山西境内的若干远古帝王的祠堂。现在，我们把目光投向四川，看一看在那里留下无数历史印记的英雄豪杰。汉朝的瓦解与三国鼎立局面的形成，便同这些英雄豪杰息息相关。三国分别为定都成都府的蜀汉（环拥汉江上游河谷地带，其辖境主要为今日的四川）、定都河南常德府的魏（占据中原及北方多地）及定都南京的吴（占据长江以南地区）。这三个王国的存在时间为公元 220 年至 280 年，但此处将要介绍的英豪们大多生活且活跃于 190 年至 220 年。我们将重点聚焦三国之中的蜀汉，探究以蜀主刘备为首、主要在四川这片区域大放光芒的蜀汉群雄。

下文将简要介绍群英的历史地位，进而引入对祠堂的描述。读者了解其显赫的历史地位之后，就可以理解他们为何会被戴上英雄与神祇的光环。在他们生前战斗过的地方，他们被视为英雄人物。人们为其建祠立庙，部分英豪甚至还在全国范围内以神祇形象受到无上尊崇。没有哪一个历史时期的伟大人物能像蜀汉群雄这般，以如此大规模、同时代的集体涌现模式，在史书上留下了浓墨重彩的一笔。蜀主刘备及其部下所具有的独特历史地位，值得人们深入探究，不过下文仅以了解具体人物及其祠堂为目的，对这一点稍作展开。

2.2 历史事件

公元 184 年，东汉爆发黄巾军起义，约三十六万起义军一天之内攻占下了三十六地，这一事件是汉朝走向衰败并最终土崩瓦解的开端。虽然就在同一年，起义的主要力量及高级首领便被朝廷的军队歼灭殆尽，但其余波仍持续了近十年，各路诸侯卷入其中。诸侯们在镇压黄巾起义的战斗中操练了军队，壮大了兵马，不久他们便相互为敌，相互厮杀。混战局势中，一些领军人物随即出现。到了公元 220 年汉朝最后一位皇帝退位时，中国版图最终处于三位枭雄的割据之下：公元 221 年，刘邦（汉朝开国皇帝，公元前 206 年建立汉政权）后代刘备（161—223）称帝，史称“蜀汉”；曹操（155—220）在中原地区创下基业，其儿子曹丕（187—226）最终称帝，史称“魏”；江东孙坚虽早在 191 年便已去世，但他给儿子孙权（182—252）留下了强大的军事及政治财富，后者最终于公元 229 年称帝，史称“吴”。著名长篇历史小说《三国演义》便生动呈现了这一段波澜壮阔的历史。不过，小说并非同史实完全吻合，而是在真实历史中添加了文学创作。

三位枭雄中，只有曹操因为过继给了汉灵帝（167—190 年在位）一朝的高级宦官而地位较高，其他两人的出身则再普通不过，即便是祖上显赫的刘备也是如此，据说他在青年时期靠编织草鞋维系生活。黄巾军起义时，他们投身战场，为自己赢得了声望，继而迅速崛起。公元 190 年，汉灵帝崩逝，宦官集团与外戚之间由来已久的斗争被推至顶点，两派之间展开了激烈的角力。在野心勃勃且凶残暴虐的中郎将董卓的帮助下，外戚一党看似取得了对宦官集团的胜利。但事实上，董卓拥立灵帝第二子为傀儡皇帝，是为汉献帝。他挟天子以令诸侯，将汉都从当时的洛阳迁回西安，这一举动招致其他诸侯的反对与不满。他陷入诸侯联军的讨伐围剿之中，并最终被司徒王允设计杀死，且死后被万人唾弃。其手下李傕随后杀了王允及其一家，为董卓报仇。不过几年之后，相同的命运降临到李傕头上，他们家族三代被挫骨扬灰。

其他诸侯势力也只是在反对董卓这一问题上保持一致，除此之外，各方始终处于或盟友或敌对的角色变换之中，这种无休止的关系变化几乎无解。刘备、曹操、孙坚及另一位地位同样显著的袁绍，便是时而结盟，时而斗争。这期间也出现了其他一些人物（如声名狼藉的吕布，他在公元 199 年被曹操杀死），他们算得上是骁勇的武士与真正的骑士，但又多如墙头草般投靠各方势力。此外，各势力之间还多通过联姻关系结盟。刘备便是孙坚的女婿、后来吴国统治者孙权的妹夫，据描述其夫人是一位英姿飒爽的布伦希尔德[1]式女武士。据说她手下有上百名全副武装的侍女，她们手持出鞘宝剑，守在夫人房门口，刘备每次去夫人房中时，总是胆战心惊。这着实有趣。

在那个充斥着纷争、利己、背叛、谋杀的乱世，有一种忠诚无惧所有的战争动荡，历久弥坚，这便是刘备同关羽、张飞的兄弟之情。后两位效忠刘备帐下，为蜀汉的最终建立做出了巨大贡献。公元184年，这三人结识于直隶涿州，该地是刘备与张飞的家乡。他们在张飞的桃园中结义为兄弟，成为后世忠义之典范，其忠肝义胆的兄弟情被无数故事所赞颂。

公元192年，曹操大败黄巾军，据说当时他俘获了超过三十万的起义军。194年，他击败了刘备的军队，继而又在同其他势力的作战中接连获胜，最终挟持了其实早已是各路诸侯傀儡的汉天子，于是朝廷大权尽落其手。他在河南搜罗了百万石粮草，以供养自己庞大的军队。汉天子秘密联络刘备，希望其能除掉曹操。刘备确实也同如日中天的所谓“丞相”展开战斗，不过于199年再次战败。在公元200年的一场战役中，关羽甚至还同刘备的两位夫人一道被曹操擒获。后者对关羽诱以高官厚禄，并强迫这位英勇的武士暂时为自己效力。袁绍在同一年公开讨伐曹操，关羽被迫在袁曹战争中为曹操出战。不过，关羽一得知义兄刘备的下落，便不顾丞相的不满，请求离开，后者最终也大度地放其归去。

此后的一段时间，刘、曹之间维持着一种表面上的和平状态。直到公元207年，刘备寻得后来成为蜀汉丞相的谋士诸葛亮。足智多谋的诸葛亮籍贯山东，出山之前长久隐居山林。刘备与诸葛亮的相识堪称一段佳话。蜀主刘备数次登门拜访，主人均避而不见。直到第三次登门时，两人才促膝长谈，宾主尽兴。关、张二人一开始对延揽诸葛亮并不支持，但随即便为其妙计所折服。诸葛亮出山之后做的第一件事便是让刘备同孙权结盟。彼时孙权已在吴地扎下牢固根基，自然也被曹操视为敌人。不过，公元208年，刘备在湖北当阳首先遭遇了一场失利。也正是在这场战斗中，张飞的勇猛之名传遍天下。还是在同一年，曹操的势力看似发展到鼎盛时期，但孙、刘同盟在赤壁大败曹操八十万大军，曹军的无数舰船营帐被恐怖的巨大火龙吞噬。后世文豪苏轼就曾亲眼看到过在当年赤壁大战中被火光熏黑了的岩石。虽是如此，曹操势力仍然强盛，汉天子仍处于他的挟持之下。但此时的他，已无法阻止刘备势力的发展。公元214年，刘备远亲、益州牧刘璋献降，兵强马壮的川军尽数落入刘备之手，他也由此确立了对四川的完全统治。公元215年，孙权在数次战斗中被曹操击败，最终于217年放弃北上进攻计划。

其实早在公元215年，曹操便自封为“魏王”，在他眼里，孙权是不足为惧的臣属，自己是天下唯一的主宰。不过，同对孙、吴的态度相反，他视刘备为心腹大患，双方冲突不断。215年，曹操从刘备手中夺得汉中府所在的汉江谷地，但刘备于217年重新夺

1　布伦希尔德（Brunhild），日耳曼英雄传说中的英勇女战士。——译注

回该地，并在219年自封“汉中王”，同年派遣关羽率军进攻驻扎于长江中游的孙权军队。不过这一次，战神关羽落入了孙吴的圈套，中计被俘，最终惨遭杀害。紧接着在第二年，即220年，曹操也于洛阳去世，王位由其儿子曹丕继承。为给关羽报仇，刘备向孙权开战。后者其实已是半独立状态，但出于对强大曹丕的恐惧，形式上仍向曹丕俯首称臣，并接受了魏赐予的“吴王”封号。此后不久，孙吴独立趋势不断强化，并最终在曹丕死后完全独立。在此期间，汉朝最后一位傀儡皇帝于220年退位，曹丕与刘备先后称帝。229年，孙权也同前两者一样，自立为帝。由此，三国的清晰格局正式开启，并持续至280年。

在这三个国家的三段短暂朝代中，蜀汉只经历了刘备及其孱弱的儿子刘禅两朝，但它却被认为是大汉的合法继承者，这其中一个重要的原因便是统治者一脉传承的“刘”姓。但是，刘备的继承者刘禅是个软弱无能之人。尽管丞相诸葛亮殚精竭虑，一直到死前仍苦心经营着蜀汉的发展，在同魏国的较量中努力维持着互有胜负的平衡局面，甚至还收服了安南[1]地区，为蜀国后援，但诸葛亮逝世之后，蜀国迅速衰败。公元263年，后主刘禅不战而降，向魏将邓艾献出都城成都府。与此同时，蜀将姜维在位于自古兵家要道的剑门关嘉陵江畔投降。[2]蜀国自此灭亡。不过，“蜀”这个称呼保留了下来，至今仍是四川省的简称。

下文将从众多的英雄祠堂，尤其是刘、关、张祠堂中选取若干最具代表性的案例，以作深入介绍。这些祠堂几乎都位于四川境内。作为大汉的延续，蜀汉在这片土地上建国，所以刘备及其身边群英在此地自然受到极高的推崇。百姓为他们建祠立庙，此外还建起了众多其他纪念建筑。以上历史介绍也旨在说明这一点。我们从那个波澜壮阔的战争年代中选取蜀汉这一切入点，描述对象主要聚焦于四川境内的具体建筑，按照我依地形而展开的考察行程，介绍沿途的祠堂建筑。由于这些祠堂均历经数次扩建，故其建筑风格多兼容并蓄，且最初的建成年代也几乎无法考证。为了明确它们的建筑特征，从中梳理出建筑发展脉络，我们放弃历史或构造角度的研究切入点，而选择另一种方法，即逐个收集研究每一座祠堂的特征，继而汇总比较，从中描绘出一个此类祠堂建筑的确切轮廓图。我们在前文介绍山西那些古老祠堂时便采用了这种方法，此处亦是如此。相比之下，建筑布局较为一目了然，我们可以从自然地质构造及祠堂在周边景致中的位置角度入手，获得建筑布局的一个整体性概念。有了这一宝贵概念，我们才能明白中国人在规划建造此类神圣建筑时，考虑了何种先决条件。面对大美四川，我们绝对有必要始终从整体角度，突出其建筑艺术与自然风光之间的紧密联系。

一条宽阔山道自北面蜿蜒至四川境内，下文将首先描述位于此山道边的数座纪念建筑与祠堂，继而依次介绍山脉南坡朝向成都平原之上、成都府境内、四川西部以及顺长江而下直至湖北境内的祠堂。描述不仅聚焦于建筑设计规划及具体建造细节，还包含了祠堂主

---

1 古地名，今越南地区。——译注

2 此为作者原文。据史料载，姜维假降钟会，意在借其手诛杀魏将，复兴蜀汉。——译注

人凡人神化的特征阐述，这些会在每个实例开篇简单涉及，并在随后的具体描述中深入展开。文中有时也会介绍一些非三国时期的历史印记，它们原本应放在其他章节，但此处出于地理整体性原因，我们也一并叙述。

2.3 陕西及四川境内山脉官道上的三国英雄纪念建筑

很早以前，中国便有一条自北京经山陕两省至成都府的宽敞官道（参见图66），这条道路最出名的一段便修筑于陕西南部、四川北部的重山之中。其中第一重为秦岭，秦岭上修建有供奉汉丞相张良的庙台子，我们在随后的章节中也会对这座祠堂作深入介绍。我们花了七天时间翻越秦岭，之后便是第二重山，即太白山[1]及其西麓余脉。又经过十四天的跋涉，我们最终抵达成都平原北端的罗江县。在汉高祖刘邦创立汉朝的过程中，这条官道扮演了重要角色。在后来的战争中，它的战略意义也不言而明。刘备与曹操两方也对这条官道展开了反复争夺。人们在秦岭段的几处重要地方建起关羽祠堂，以作历史见证。关羽是蜀主刘备的义弟之一，他在民间被尊称为“关帝”，是英勇忠义的化身，甚至还被推崇为战神。其中义门镇围墙边上建有一座小型祠堂，它其实只是一间小庙，但其地理位置极为突出。这里是山脉由北部自宝鸡入蜀地的起点，也是山间官道的真正起点。路上有一道叫青沙岭的关口，它是黄河与长江的分水岭，其上不见任何建筑踪迹。但行至近秦岭官道中段、凤县以南的凤岭，一座关帝祠赫然入目。著名的南天门就在这条栈道之上。这段道路海拔约1800米，是整座山脉位置最高的栈道，两侧均是万仞山峰，山体最高达到2450米。关帝祠坐落在栈道最高点，醒目的地理位置同祠堂主人的辉煌一生相互呼应。祠堂附近还建有另两座祠堂，分别供奉着观音以及吴玠（1093—1139）、吴璘（1102—1167）兄弟。后两人是宋代抗金名将，据传身故于这一带。关于这条栈道的地势之险峻、风光之瑰丽，我在日记中有如下描述：

1908年7月6日，沿栈道行至凤县西城门（海拔1120米）后方，便离开宽阔的东河谷地，向东南方向以险峻的盘旋方式攀上裸露的黄土山体。山中处处是万仞悬崖与无底深谷，圆形的黄土及岩石构造的山头突兀于眼前。我们回望身后，还能享受壮丽的河谷风光，欣赏那一侧的巍峨群山。在这层峦叠嶂之中，一条河流泛着银光，自东面流淌而来，复又消失于西侧的千山万壑之间。山体在1450米的高度还是黄土地貌，再往上则是裸露的岩石。经过一段极短的下坡，我们来到一处河谷，谷口朝东河而开。栈道自此处顺着一条小溪重新向上蜿蜒，山体坡度较缓和，一路经过人烟稀疏的住宅区和贫瘠的荒野，最终来到四面陡峭的坡地。攀登南天门的险峻行程由此开始。从我望见南天门到最终登顶，中间足足花了一个小时。走在荒凉的古道上，艰难的上山之路似乎没有尽头，但当人们回首身后，刀

---

1 事实上，太白山为秦岭主峰。——译注

劈斧砍般的如画北峰展现于眼前时，以肆意狂野之姿直击心灵。等登上栈道顶点，向南远眺，一直能望到高耸入云的紫柏山，那里便坐落着著名的张良祠堂——庙台子。附近还屹立着轮廓灵动的武都山，其山脚有一处向西开口的谷地，宽阔深邃，通向东河。栈道顶点的简易隘口及一众祠堂内均有许多石碑，其上刻有对联与其他铭文，其中一块石碑上留有康熙年间一位凤县官员所做的诗赋一首[1]：

苍穹飞鸟下云端，马前巍峨白头山。

彩云环拥千年雪[2]，蜀道难于上青天。

雨霁天地虹桥接，催马踏雾入群山。

神龙金鳞凤羽显，土地贫瘠民生艰。

幸得安泰乐游原，一入此间复留连。

另有一副对子赞颂该地：

万山争地立

千诗送人行

下联中的“诗”这个字表明，除了自然界中的溪涧潺潺与飞鸟啾啾之外，人们也用自己的方式缅怀着历史英雄人物。

漫步在壮美的秦岭山脉，感受着逝去岁月中一位位叱咤风云的英雄人物鲜活的脉动，我的小友兼旅伴杜芳洲先生难掩心中激动，吟诵了一首应是描述此地的优美诗歌：

策马蜀川路，崎岖不易行。

群山迎面起，万树傍头生。

遥拟华容客，终成太白翁。

径音石砺砺，涧乐水净净。

正叹夕阳去，恰逢皎月明。

平生无可取，只在画图中。

诗中的地名“华容”位于湖北省武昌县，因三国时期交战双方的一场相遇而著名。公元208年，当时率军驻扎此地的关羽本可以一举全歼战败逃窜至此的曹操，但念及后者曾经对自己的慷慨礼遇，关羽也同样展示出大度气节，放其离去。因此，诗中的“华容客”指的便是关羽。此外，“太白”即太白山，是秦岭的一座山峰，现在我们脚下所踩的，便是太白山的余脉。

栈道自凤岭隘口始的一段路程较为舒适，路基坚固，乱石较少，无黄土飞尘之扰。沿途坡度平缓，几乎没有水平落差。行走在这段道路上，向南及向西的视线始终开阔而无阻碍，且每一处转弯过后都会看到另一番美妙景致。南面是紫柏山以及作为武都山一部分的凤岭。这两处山体上满目葱茏，但它们并不是我翻越秦岭主山脊时所期待的热带丛林景象。只见一处危崖横切过道道光裸沟壑，一条溪涧顺着陡崖走向飞流而下，所经之处飞花碎玉。

1　因无法找到原诗，故此处为作者德语翻译的回译。——译注

2　夸张手法，该地并无终年积雪。——译注

崖壁边生长着茂密灌木和矮小林木群，它们紧密相依，甚是可爱。

由此地向东南行一日，至柴关岭，栈道背后便是庙台子。在接下来的两天里，我们继续穿行于重山之中，一路所见所感妙不可言。第三日，我们到达秦岭官道终点。此处山峰如锋利的刀刃，直插入前方的汉江平原。为完成最后这段路程，我们需翻越隘口“鸡头关”。该地虽然海拔仅 200 米出头，但险峻陡峭，攀行极不容易。此路段沿着一处河谷而修，从出河谷到入平原，水平距离仅两千多米，然而行路异常危险。沿途几乎 90 度垂直的崖壁因自然风化而碎裂松脆，经常有巨大岩块从壁上掉落，径直砸入谷地。山坡和位于此处的黑龙江[1]河床上满是大型岩块、砾石及碎岩堆积物，它们不断堆积相连，逐渐从谷底向外延伸。人们自然无法像在高处河谷中开辟道路那样，将走道修建在如此一处谷地，所以只能避开这处危险区域，选择盘山路的方式，登上鸡头关。最后这段上坡路的艰辛，似乎是过去七日山路行程中所遇千难万险叠加之后的集中爆发，中国人有一句话来形容其崎岖艰险程度：过了鸡头关，两眼泪不干。

这条崎岖官道修有石阶，铺有石板，但多已破损不堪，仅有几处完好无缺。顶点隘口位置修有一座小型门楼，带一栋供人歇脚的小楼。所谓“鸡头”就在建筑边上。这是一块突兀于山体之外的巨大垂直岩石，厚约一米，高约十二至十五米。周围建有若干小型楼宇及祠堂，其内供奉着土地神等神祇。此外还有无数表达感谢或缅怀的铭文石刻，它们或立在道路边，或靠着岩壁，又或者被嵌入围墙之中。这其中最吸引我们的，便是一座关帝祠。在中国人的眼中，关羽是一位罗兰德[2]式的圣骑士，他在秦岭官道终点以及中段显眼的凤岭南天门，守卫护佑着整条道路的平安。立于险峻的鸡头关放眼远眺，富饶肥沃的汉江平原铺陈到地平线尽头，此情此景让人由衷赞叹山河壮阔。山脚边坐落着一些村庄，其左侧远处东南方向是面积巨大的汉中府。泛着粼粼波光的汉水自秦岭而来，在汉中平原消失于长江的怀抱。在汉江平原另一侧地平线上，耸立着太白山，其附近便是蜀地四川。

通往成都府的大道依着汉水逆流而上，绵延在辽阔的平原之上。群山自南北两侧向中间聚拢，河谷越收越窄，最终在勉县[3]附近连成一体。汉水行至这座县城后方，在接纳了一条由西而来的支流之后，进入了一处真正的山谷地带。这里风景瑰丽，山水相衬，充盈着浪漫色彩。勉县是一座安逸小城，几乎被群山包围。它扼守连通山道与平原的咽喉位置，故具有极高的战略意义。此外，这座小城也同三国时期的一个著名事件有关。在蜀魏交战中，诸葛亮先行占领了勉县，但蜀军主力距此地甚远，他手上只有极少数军队，根本无法抵御可能出现的魏军的大规模进攻。可就在这个节骨眼上，敌方大军真的逼近了勉县。困境之中，诸葛亮想出一计。他命人大开东城门，让一些士兵身着战甲，不带武器，装作扫洒街道，自己则在众目睽睽之下高坐于城楼上，抚琴朗声吟唱。敌军害怕这是一个

1 此处指褒河，又有山河、乌龙江、黑龙江之称，位于陕西西南。——译注

2 罗兰德（Roland），是对西方故事中追随查理曼大帝东征西讨的十二位武士的称呼，他们是英勇忠诚的象征。——译注

3 古称“沔县”，因沔水得名，1964 年改“沔县”为“勉县”。——译注

陷阱，不仅放弃了进攻，还以最快的速度后撤数公里。而事实上，大唱空城计的诸葛亮已是一身冷汗。[1]

除此之外，诸葛亮还在这一带留下了其他历史印记。据说，正是他命人扩建了山中栈道，我这一路走来便反复听人提及此事。附近汉水南面有三座醒目的圆顶山峰，其山脚下建有诸葛亮墓，墓旁还有一座小型祠堂。勉县东城门前也有一座著名的诸葛庙，它规模巨大，带两扇临街大门、一个戏台、两处入口、镇宅狮、旗杆、钟鼓楼、数个庭院、一栋客房、偏殿及一座雄伟主殿。主殿最醒目位置供奉着一尊诸葛亮坐像。雕像前的神坛上除了一些常见器皿外，还放置有一面古琴，以此纪念其于城门之上抚琴退敌的历史事件。神坛上还有一把羽扇和一面铜鼓，据说这两样物件的发明者正是诸葛亮。除了这些，我记得那儿应该还放着一副棋具，据传这位伟大的军事政治家在棋艺方面也有极高造诣。在成都府诸葛祠中甚至还建有一座亭子，专门摆放了一个石制棋盘。此处祠堂主殿背后是一个小型殿厅，殿内放置有十五块纪念牌位，他们或许是诸葛亮的后代。最后一个窄院中有一座小亭，还有一棵业已枯死的古柏，树身上全是缠绕的藤蔓。带防御通道的结实院墙将院子同外部隔绝开来。院外便是汉水河岸，岸边立有一块形状怪异的石头，人称“天石”，被视为镇压洪水的神物。

勉县城墙外部保存情况尚可，内侧则只剩一道土墙。城墙四面围起，仅在东西两侧分别开有一个不带任何建筑的墙门。其东南角落建有一座魁星楼，此类塔楼在陕西南部地区十分常见，多供奉文曲星。但此处的魁星楼内并不只有文曲星，还供奉着同掌文运的多位神祇。县城本身几乎空置，住宅极少。城市中心区域部分为农田，部分则完全荒废，我在那儿只看到几座城隍庙、文庙及关帝祠。早在汉朝，勉县便因人口稀疏而有“空城”之称。城市的这种现实状况同诸葛亮空城计故事之间应该存在着某种关联，前者或许便是后者这一文学故事的创作来源或是历史依据。城市的商业活动及政府办公完全集中在东侧城郊，那里便坐落着上文提及的大型诸葛祠堂。城郊东端还有一座高塔拔地而起，其高度约 20 米。

沿官道行至勉县附近，我们看到了一座马超祠堂。马超是刘备手下的一员猛将，据说出身甘肃凉州府。祠堂内雕工精湛、色彩华丽的马超像背后有一幅描绘战争场面的湿壁画（参见图 12）。只见在两位全副武装的随从护卫下，马超骑着战马，在黄河拐角处的潼关追击丞相曹操。他双手握住长矛，朝前刺去。被追击的曹操同样骑于马上，曹操蓄着黑色长髯，在匆忙逃命途中扔下自己的红色外袍。同曹操并行逃亡的还有其足智多谋的谋士荀彧，不过此人后来被曹操无情抛弃，并最终死于非命。神坛前立有若干手持兵器的武士像，其中一人手中拿着一副铁制四爪物件（靠爪？[2]）。作战时，人们将这一物件背在背上，以保护自己免受来自背后的突然袭击。

---

1 关于诸葛亮空城计的发生地，又有一说在“西城”，即今陕西安康附近。——译注

2 此处为原文中的问号，应表示作者对此信息并不确定。下同。译者认为，此处根据描述或许是类似铠甲的物件，戏曲人物造型中的靠旗应是由其而来。——译注

图 12. 勉县马超祠中的大将马超塑像

勉县过后的官道几乎始终穿行在西太白山美丽的河谷之间、山峰之上。太白山中也有着历史英豪留下的众多印记。距勉县后方不远的小镇新浦关中修有一座祠堂，供奉着汉初一位将军，人送称号“平明（？）”。过四川界不久便是嘉陵江，我们花了一天多的时间过江登岸。江畔大型城市广元县历史氛围浓厚，其境内一座山上遍布名人祠堂，其中最著名的是唐代武后祠，下一章将对该祠展开具体介绍。不过，这一路走来，出现频率最高、占据最尊崇位置的还是诸葛亮。我们坐船来到位于白水河与嘉陵江交汇处的昭化，这座城市因其独特的地理位置而风景如画。昭化西城门前的道路边有一座 1907 年才翻新过的飞卫将军[1]墓，墓旁坐落有祠堂。该祠堂前殿供奉有飞卫将军牌位，后面的主殿却供奉着三块牌位，正中便是诸葛丞相，两旁分别是飞卫将军及丁姓总兵。后者可能是清末将军丁宝桢，在第二及第三章中还会再次提起他。殿中只有牌位，未设塑像。除此之外，昭化城附近给我留下最深印象的历史印记便是为名将吴三桂而建的纪念牌坊。他一开始率军同满清军队作战，但之后倒戈降清，是 1644 年新王朝最终创立的大功臣。作为嘉奖，他被清廷封为“平西王”，统辖西部地区，但不久后即独立称王，占据四川及云南。然而他的小朝廷在孙子吴世璠手中即告终结。吴世璠兵败自杀，首级被送往京城。他那在 1674 年才去世并下葬

1 指蜀将廖化（？—264）。刘禅登基后，封廖化为飞卫将军。——译注

的祖父则被开棺掘坟，并根据清帝旨意大卸八块，运至叛乱各省示众，以儆效尤。不过，时至今日，蜀滇等地的人们仍将吴三桂视为枭雄式人物，赋予他英勇干练、忠君爱国等正面色彩。紧挨着吴三桂纪念牌坊还修建有另一座牌坊，它纪念的是另一位藩王。据说就在此地，这位藩王帮助吴三桂军队取得了一场胜仗。

通往成都府的宽阔官道在昭化附近不再依着嘉陵江展开，而是被修建在原始山脉之间。接下来的几天，我们都穿行在这片大山之中。刚抵达剑门关时，我们便被当地的壮美景致所震撼。不过，这一段路程始终上山下坡，高低起伏，其艰难程度在中国人尽皆知。

成都府西面屹立着巍峨的牛头山，山中的第一段山道是陡峭的上坡路段，全程两个小时，路旁苍柏成列。山脉最高峰所在的山脚处设有一关隘，名天雄关。立于此地，眼前是两河奔腾交汇于山川之间的壮阔景象。关隘上刻有一些铭文，一为“日丽中天”，意为“红日灿烂于正中天际”；一为“嘉陵图画”，意为“嘉陵江景致壮美如画”。就在这处醒目位置，建有一座关帝祠堂，其入口立着马王、灵官及佛教护法韦驮等几位神祇。从这一处开始，之前还算平坦的路段宣告结束，前方就是始终需要登高爬低的路程了。下面这句谚语便是对前路的生动描述，谚语第一句即我们全天行程的写照：

从老山到四川，最怕昭化奔剑阁。

牛头山不算山，许多锯齿要你翻。

我们最终抵达剑关前的裂谷，此处如诗般美丽浪漫，一天的艰苦行程也随之画上句点。这条修于山体裂缝中的走道十分狭窄，一条血红色小河发源于该峡谷之中，它是四川盆地被誉为“红色盆地”的直观证明。裂谷下方建有一座外形雄浑、令人震撼的隘口大门，其周围被石块包围。这些石块被堆叠成柱状，其顶部被打磨成圆形，看上去像是一个个巨大的面包。人们由此隘口建筑进入，通过一段陡峭的台阶，便开启了剑门关段的路程。整条道路全长不足两公里，却具有极为重要的军事意义，历来是兵家必争之地。隘口前方不远处有个同名的小镇，二者之间建有纪念蜀将姜维的牌坊与祠堂各一处。姜维是丞相诸葛亮的忠实追随者，于公元 264 年身故。鉴于其并非剑关人士，却在此处享有如此礼遇，我们可以猜测，他应该在这处重要战略点上立下过辉煌战功。而 264 年，也正是在此地，他被迫放下武器，投降魏军，上文已对此历史事件做过叙述。从姜维的纪念牌坊与祠堂出发，经过一天的跋涉，我在当天晚上发现了沿途的另一座诸葛亮祠堂。这座祠堂便是大型城市剑州的门户。剑州位于三处谷地的绵延交汇点，四面几乎被群山环绕。城市坐落于山谷中，城中还挺立着几座较高的圆顶山峰。

沿途所经山脉脊线如锐利的宝剑一般立于天地之间，这或许便是城市及关隘得名为“剑”的原因。不过，如此肆意张扬的地形延续至此即宣告终结，前方群山起伏和缓，逐渐连接起南方余脉。这一较为平坦的山路可以被划分成几段，在一天的跋涉之后，我们抵达其中某段的终点，即小镇武连附近。正值日暮时分，我登上小镇附近的山头，俯瞰将要前往的目的地。下方是一片宽阔谷地，四周山体绿树葱茏、彩石林立，生动多姿。就在山谷之中、群山之间，一条开阔大河突兀地转了个弯。在谷中河湾一侧便坐落着我们这座遗世独立的小城，城内屋舍如羔羊般紧紧挤在一起，只有一些牌楼和寺庙屋顶探出头来，打破这一片规整而静谧的格局，向外界展示着它们的存在。远方东南侧高高耸立着一座纤细的白色宝塔，它是这座小城的标志性建筑，同时也被视为城市的守护者。此刻我所在的地方建有一座诸葛丞相祠堂，它是我这一路跋涉进入成都府之前遇到的最后一座诸葛祠。该祠名“武侯祠”，又曰“丞相祠堂”。建筑整体较为简陋，并无多少设计特色，但独特的地理选址及建筑功用却使其显得与众不同。祠内主要位置摆放着诸葛亮塑像，据说此山路便是在他的主持下被修建起来的。这条重要通道每隔一段时间便会经历一次彻底的修缮翻新，这被视为一项大功德。根据此处的一篇铭文记载，清乾隆四十二年，即 1777 年，一位李姓将军也对这一通道进行了重新修建。诸葛丞相塑像两侧各挂有一幅人物画，画中之人均面带长髯，手持旅杖和雨伞，以山神形象示人。这两人原本都是真实历史人物，其所作所为皆对这一地区产生了深远影响。其中一人为诤臣魏徵（580—643），他帮助唐朝开国皇帝唐高祖于公元 618 年建立李家天下。高祖逝后，他继续忠心效命于继任者太宗，因此被后者列为建唐二十四功臣之一，并差人为其绘制画像，以示尊荣。太宗还专为此建起凌烟阁，以放置功臣画像。“凌烟阁”意为“凌驾于烟云之中的阁楼”，其名称便体现了阁中这些伟大人物的崇高品格与不朽功绩。魏征的牌位上镌刻着谥号“唐魏文贞公”，其中“文”肯定了他的文采修养，“贞”肯定了他的刚直不阿。另一幅画描绘的应该是宋朝大臣杭建山（Hang Kienshan）。一座祠堂内供奉着不同朝代的伟人，这一情况比较特殊。祠堂旁建有一座小亭，站立亭中远眺前方平原，美景尽收眼底。

在随后所到之处，尤其是在较大型城市中，我见到了数量更多、构造更为考究的祠堂。其中出现频率极高的是供奉武圣关羽的老爷庙，它们在武连及梓潼县均出现过。梓潼过去就是小镇石牛浦，该地因路边一头位于石栏之内的石牛雕像而得名。这里的老爷庙甚至被建在显眼的高处，俯瞰着处于下方山谷之中的其他城镇建筑。沿途我也遇到了很多宗祠，人们生活水平越高，该地的建筑便越华丽。下文将首先深入介绍四川的三座祠堂，接着研究关帝祠以阐述这一作为守护神而反复出现的英雄人物所具有的独特地位。

2.4 四川绵州罗江县白马关庞统祠堂

庞统为湖北人士，青年时期籍籍无名，直至一日有人为其相面，预测其前途不可限量。后来的蜀汉皇帝刘备同庞统结交，任命他为湖南耒阳令。不过他在这个位置上干得并不顺利，不得不辞去官职，辗转至诸葛亮帐下担任下级军士，并随其一同进攻四川。[1] 在罗江附近的一场战斗中，他不幸中箭身亡。据罗江当地的民间传说，他在战斗中将自己的坐骑同主公刘备胯下的醒目白马做了调换，从而吸引了敌人的进攻，最终为主尽忠而亡——这

1　此处为作者原文。据史料记载，庞统与诸葛亮同为刘备军师，两人并无上下级关系。——译注

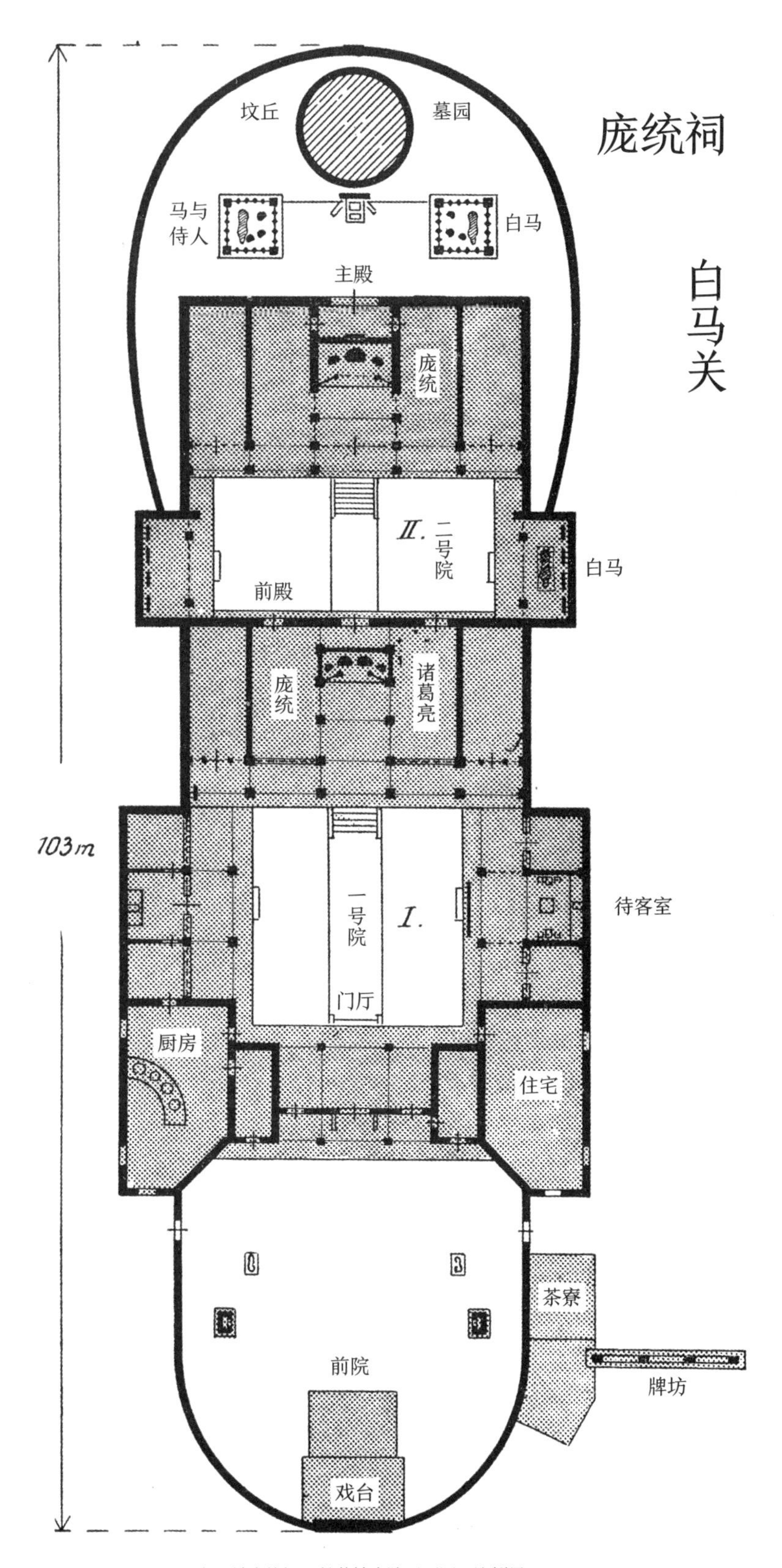

图 13. 罗江县白马关庞统祠及其墓地寺院平面图，比例尺 1：600

是腓烈特·威廉的掌马官舍命救主的东方版本。刘备每一次提及英年早逝的庞统，便涕泪交加。蜀主为庞统赐谥“靖”，意“安宁”。庞统字士元，其留于世间的最响亮的别名则是“凤雏”先生。诸葛亮也有相似别名，曰“卧龙”。正因为其号“凤雏”，所以人们将当时战斗发生地、如今的庞统祠所在地称为“落凤坡”，意为“凤凰陨落之地”。通往上方山丘的关道则被称为“垂凤岭”，意为“凤凰安息之所”。这种命名体现出人们对庞统的尊敬。而“白马关”这一名称，也无疑是在缅怀庞统的忠君气节与牺牲精神。

罗江具有的这一重要历史地位与其所处的地理位置及自然条件密不可分。它地处山区南侧，位于四川北部，同成都平原的北部边缘接壤。通往高地落凤坡的垂凤岭海拔 710 米，被当地居民称为进入成都府的“最后一道关门”。与其遥遥相对的是这条入蜀之路的第一关“二岭关”，或者更确切来说是海拔达 1600 米的青沙岭。该关隘位于秦岭北缘，距陕西宝鸡两天路程，是整条山道的起点。如本章前一部分所叙，由北部进入成都府的这条官道几乎全部都开凿于山间。我花了四周的时间走完这条道路，其间翻越了无数关口。现在，我们已经走到最后一个关口，艰辛的山路终于就要结束，所有人自然开心不已。罗江县祠堂的围墙上刻着好几个硕大的“福”字，这是雀跃的旅人怀揣着对于平安通过这段山路的感激，差人刻在墙砖之上的。山脉由此处逐渐向南方降低高度，不过虽然坡度较缓，但仍是累人的下坡路。一个半小时之后，我们抵达平坦辽阔的成都平原，但成都府距此仍有三天路程。由上可见，罗江县扼地理交通之咽喉，具有极为重要的政治战略意义。所以，此处发生的具有决定性意义的战争，时至今日仍被人们所牢记。战争在这里留下的历史印痕，也同样鲜亮依旧。

即使地处千姿百态、美不胜收的川式自然风光之中，罗江所在的这处山脉仍是一颗耀眼的明珠。早在前晚自北面抵达罗江之前，我就已远远望见高原的锐利轮廓及其上的葱茏林木，这一切让人陶醉不已。1908 年 8 月 5 日晨，我与考察队一行自西城门出县城，路过山坡上的几间坐落于美景之中的寺庙，经过大约一小时的攀登，终于登上顶峰。这里生长着一片茂密的柏树林（参见图 14），林中坐落着庞统祠堂。立于此处朝北面回首望去，眼前是一个开阔山谷，谷中溪涧流水，长桥卧波，一众牌坊及寺庙散落而建，其中便有著名佛寺天台寺，整个谷地跃动着鲜活生机。人们在谷中开垦粮田，耕地从谷底顺着山坡梯田向上，一直延伸至高处。山谷东北侧是清晰可见的罗江县建筑群。视线向西，越过山地，地平线上耸立着如墙一般的黑色山脉，那便是巍峨的老君山。云雾环绕着这座雄伟大山，不停地游荡漂移，时而遮挡住高耸的山脊，时而钻进山体深处。大山间或在这烟云追逐中露出鲜明轮廓，复又与其融为苍茫一体。在进入罗江前的四日，我便远远看见了这座地标性山脉。在接下来的几天中，它也始终出现在我的视野之内。

庞统祠及其墓园紧挨着官道。所有建筑几乎均由实心沙岩方石搭建而成（参见图 17），其他地区常见的木制立柱在此处也被换成纤细的方形石柱（参见图 15）。一些门、窗呈弧形，屋架仍为普通的木制构件。屋顶也均是常见式样，屋檐微微上扬，坡面缓和，构造简洁，即使是主殿屋顶也未采用重檐设计。屋顶坡面以鱼鳞状覆盖着罗马式阴阳瓦（参见图 17），瓦片未用黏土固定，而是直接铺在望板之上。各脊线则装饰华丽，带以彩绘石

图 14. 白马关俯瞰罗江县的山谷景致

图 15. 罗江县庞统祠的前院门厅

图 16. 罗江县近庞统祠内的庞统墓

膏、红陶及彩陶片塑造出的动物、植物甚至大型人物组群雕饰。

祠堂平面设计严格依轴线展开，整体被简单而清晰地划分成三殿夹两院布局（参见图 13），建筑轮廓生动、富于变化而非刻板呆滞。小佛堂式的偏殿同主殿巧妙地连接在了一起，由此也对建筑产生了一系列影响，比如第一进主院中就形成一个可被视为回廊的区域。建筑最南面的前院及最北面的庞统坟丘被修建成圆弧状，这一中轴线两端的圆形设计是该祠堂建筑最突出的一个特征，它们赋予了祠堂宏大的完整形制。前院角门旁立有一座荣誉牌坊，坊边是几间小舍。前院围墙中段被修成影壁形式，以示其突出地位。院中中轴线上有一戏台靠围墙而建，戏台两侧各立有一个带四川特色的高大香炉。从前院入内的门厅两侧放置有一对石狮（参见图 15），狮子立在独立的基座上，造型极其生动，风格略显夸张。门厅为开放式设计，被一道墙体分隔成前后两个部分，墙上依三条轴线开有三扇厅门。第一进院子的西面侧间供少数僧侣居住，中央一间为待客室，其面积虽小却装饰考究。房门朝向院内而开，门前并未依横轴线筑起木制隔墙以阻挡外界视线，这一设计给人以信任愉悦之感。

主殿中央区域设主坛，其上供奉着并肩而坐的两尊塑像，东侧为丞相诸葛亮，西边为庞统。两人均身着绣有凤凰图案的绿色丝质长衫，手持扇子，系着头巾，一条红色丝

图 17. 罗江县庞统祠，庞统墓旁的主殿

带将两方头巾连在一起。除去这条外在的实物连线，这两人相互之间存在何种内在关联？他们为何共同出现在此主坛之中？或许在当时的那场战斗中，庞统舍身而亡，救的并非主公刘备，而是丞相诸葛亮。不过对于这个传说与祠堂实物相互间的矛盾点，我无法找到明确答案。但无论怎样，白马这一形象在祠堂中出现了两次。祠堂主体部分的最北端建筑是庞统殿，殿内设有一精美神龛，庞统身着袍衫，作为主神单独坐于神龛之内。紧挨着该殿背后是一座小院，院中的庞统坟丘是整体建筑的最终端。庞统殿前方东侧建有一栋建筑，其与殿前的二号院之间仅以一道栏杆隔开。该栋建筑内便放置有一尊同真马一般大小的白马雕像。此外，后院坟丘前方东西两侧各建有一间四周筑有栅栏、上带攒尖顶的四方小舍，舍中也分别放着一尊骏马雕像。其中东间显著位置是白马，西间内则是一匹棕色骏马。这两尊马像旁还各立有三位侍从。此三处雕像即是传说最核心内容的真实写照，而祠堂、坟丘以及附属装饰之间的独特内在关联其实也体现出人们对于祠堂主人的深切缅怀。

圆形坟丘外砌着一圈由细方石筑起的桶状墙体，上方是同样由石料制成的低平八角攒尖顶，其檐角向上划出柔和的弧度（参见图 16）。八根线条鲜明的粗壮垂脊让圆形屋顶显得灵动飞扬，垂背的檐口向上扬起，顶端交会形成一个多层圆球状宝顶。坟丘前立有墓碑。

数株古柏环绕着坟墓，将这座小院笼罩在浓荫之下。

祠堂的众多房间内放有大量铭文石刻，其中一处以诗赋形式细数了庞统为官时的政绩，并赞颂他对主公刘备的忠肝义胆。主殿内还设有若干小祭坛，其上供奉着一些纪念牌位，他们可能是庞统的侍从。偏房中有一些小型佛教及道教人物塑像，其保存情况不佳，其他物件则被维护得较为干净整洁。

以下是众多对联中最为精妙的一副，它以寥寥数字，将“凤雏”庞统与“卧龙”诸葛亮做了贴切对比，含蓄点明了庞统作为一县之令的政绩以及他的聪明才智。其具有重要意义的坐骑形象在此联中也有体现：

舍卧龙莫与比肩不仅才非百里

虽良骥未曾展足固知数定三分

关于这座白马关庞统祠所具有的独特传统中国建筑特征，我们作以下几点归纳：

1. 庞统祠遵循普通民众对于建筑功用的需求，集坟墓、祠堂、戏台于一体，未专设道教或佛教神祇圣坛，这体现了其民间祠堂而非宗教祠堂的本质。

2. 双主殿设计。一座处于建筑后部坟前位置，单独供奉祠堂主人；另一座位于建筑靠前位置，殿内除祠堂主人外还供奉有另一位伟大人物，后者的存在更加突显了前者的历史功绩。这两位人物关系密切，同整个祠堂建筑形成一个整体。

3. 最能体现祠堂主人生平经历及功绩的意象被忠实保留，此处即白马雕像。墓前放置两匹石马的做法极为罕见，但此处它们的存在彰显了祠堂主人生前的伟大壮举。不过除此之外，建筑角落位置修建带栅栏及石柱的小舍的做法在中国较为常见，可被认为是一个传统中式建筑特征。

还有一处同样紧挨着墓地而建的类似纪念建筑——杭州府西湖边的岳飞墓，在此对其作一简要说明。岳飞（1103—1142）为宋朝抗金名将，他英勇善战、精忠报国。可昏庸无能的宋高宗（1127—1162年在位）听信奸臣秦桧的谗言，命人将岳飞杀害。在高宗继任者孝宗一朝，岳飞得到平反，人们在西湖边为其修建墓地及祠堂，以示尊敬与缅怀。奸人秦桧则遗臭万年。人们制作了两尊雕像，分别是秦桧和他同样作恶多端的妻子，就放置在岳飞墓前的小舍内，外围由石制栅栏圈起。只见这两人跪在地上，双手反缚于背后。时至今日，人们每每经过那儿，仍会上前对其唾弃一番。中国人认为，对这对奸人表达自己的愤慨蔑视是件正义之事，符合自己建立在道义上的情感需求。我的随从就同无数来到岳飞墓前的访客一样，一到那儿就直奔铁像，以一种激烈的方式完成了这种义务。我们也完全可以由此想象出该建筑的保存状况。

4. 建筑两端以圆弧形包裹。北端弧线墙体状似马蹄铁，这一形状常见于中国中部及南部地区，但在四川当地较为罕见。此处选择这种式样，也不排除是一种有意为之的设计，以马蹄铁形状暗示同祠堂主人关系密切的白马意象。不过不管怎样，对于这一设计的理解要从中国思维模式入手。相比之下，南端祠堂入口处的圆弧设计则是一个典型的川式建筑特征，蜀地很多祠堂及文庙入口都采用这种式样。

5. 坐北朝南的开放式门厅是中国南部建筑的一个典型特征，在川式建筑中体现得尤其明显，而中国北部几乎看不见它们的踪影。事实上，众多家宅及所有传统中国建筑中都有发挥过道功能的门厅，但这一设计在佛教寺院中几乎不存在。佛寺通常会在入口位置修建一个封闭式殿厅，内放一众神像。

6. 平面布局为一完整封闭系统，侧殿同主殿和谐地连接在一起，这是北方建筑设计在南方地区的继续发展。中国北方建筑多占地面积巨大，各部分铺陈而建，整体感觉厚重稳妥，而南方建筑的布局划分则显得相对灵动。后者这种布局其实是受面积所限，各建筑紧凑而建。只有如此，建筑各部分才能体现出一个整体概念。

2.5 四川成都府武侯祠

武侯祠或许称得上四川地区（即当时蜀国）最重要的三国时期圣殿建筑。提起武侯祠，人们首先想到的便是著名的蜀汉丞相诸葛亮，他在死后被蜀后主追封为“忠武侯”，又称“武侯”。不过，武侯祠中除了设诸葛亮神坛外，还供奉着著名的刘、关、张兄弟三人，即主公刘备和关羽（关老爷）、张飞。除此之外，祠内还建有一座肃穆的神殿，里面供奉着众多功勋彪炳的文臣武将。甚至在祠堂扩建区域内还有蜀主刘备墓，陵墓本身也是一处重要历史遗迹。从根本上说，主公刘备也是该祠的主要供奉对象，人们在祭奠广受爱戴的伟大丞相的同时，也对这位蜀主表达缅怀之情。

我们先来介绍一下武侯祠的地理位置。广袤富饶的成都平原如一张桌布铺陈于平坦的大地上。时值八月盛夏，这里涌动着一片无尽的稻海。平原上到处都是用以灌溉庄稼的沟渠溪流，其间又分布着一片片葱茏的林木。林中多为参天修竹，纤细却茂密生长的竹叶压得竹竿东倒西歪，弯入灌木丛中。这幅可爱多姿且充盈着勃勃生机的景象在成都府周围体现得尤为明显。片片深绿色的小树林或疏朗分散，或紧凑相挨。就在这林木掩映间，坐落着众多田庄农舍与古老华贵的宗族建筑。它们多占地广阔，布局讲究，建筑的深色框架线条间是以石灰抹成的雪白立面，如此颜色在竹林投下的暗色阴影背景中显得格外醒目。建筑屋顶设计则将线条与装饰巧妙结合，远看仿佛与摇曳的修竹融为一体。成都近郊有着数不清的祠堂与寺庙，它们同样藏身于此类小树林中。我们的主角武侯祠位于成都府城墙外，人们从南城门出发，向西行约一刻钟即可到达。祠堂四周及院内生长着高入云天的虬劲树木，使祠堂在一众建筑中格外夺人眼球。白色的围墙环绕着祠堂，巨大的建筑整体被清晰划分成三个不同但又相互连接的区域。

接下来聚焦祠堂内部，一条道路自南端的简易影壁与三间式入口门厅之间穿过（参见图 18）。大门为典型的中国传统宫廷建筑入口式样，两侧各开一扇小门。这三处入口和谐统一，突显了三位一体的建筑理念。第一进院子中建有两座外形敦实、结构鲜明的亭子，亭中有大型铭文石碑，其装饰细节并无亮点可言。亭子旁边还露天竖立着一大一小两块纪念碑。充当过道使用的第二座门厅通往宽敞的祠堂一号院，四周有一圈回廊。回廊带统一

武侯祠平面图

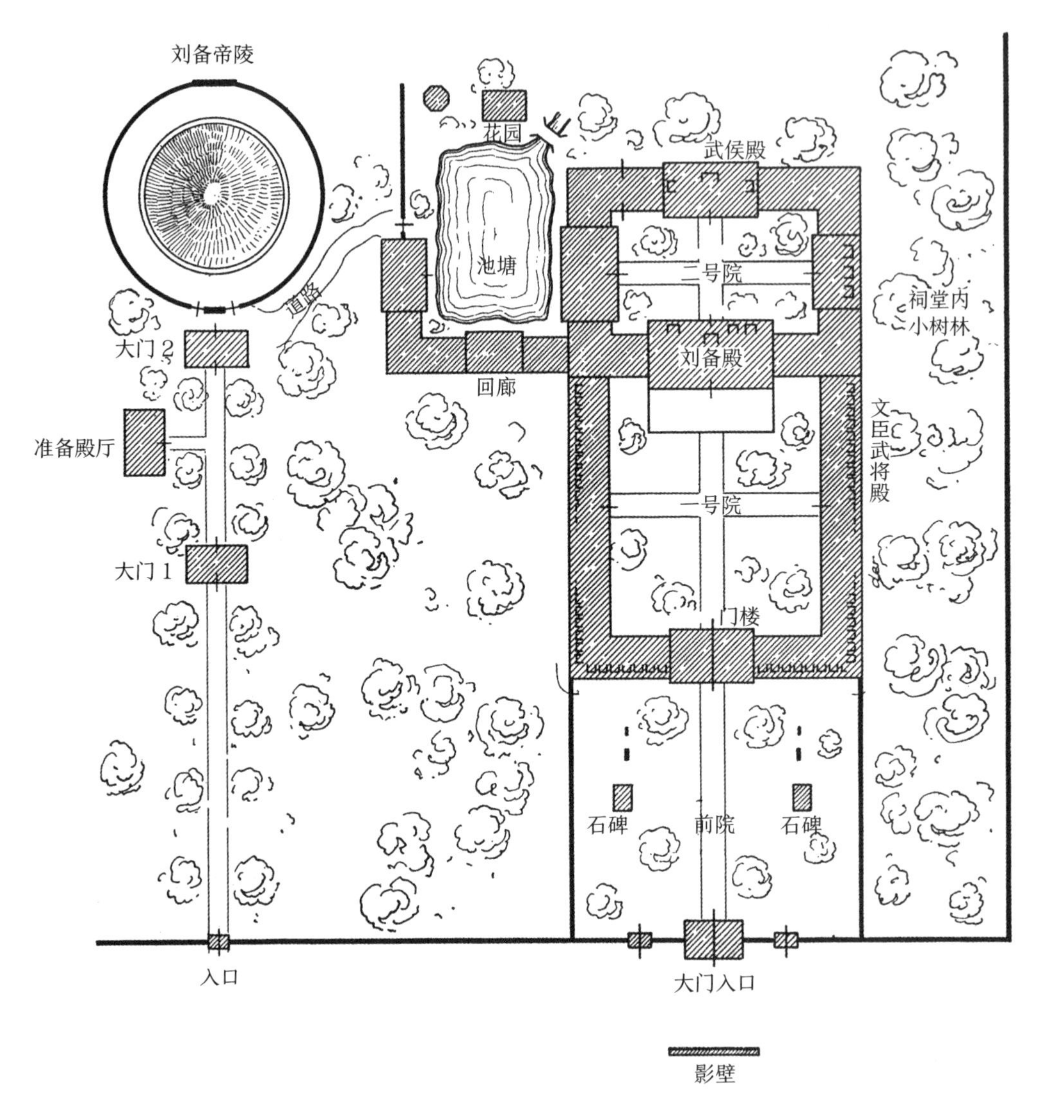

图 18. 成都府武侯祠平面图

的白色外墙，四圈连贯的屋顶在转角位置通过斜角相连。人们站在一号院中就能一眼看见这个醒目独特的设计，它很容易让人联想到众多文庙中的东西两庑，那里供奉着孔子的一众弟子。事实上，武侯祠的东西偏殿也具有类似功用。里面摆放有比真人高 1.5 倍的群英坐像，他们大多效力于主公刘备帐下，同其手下大将一道，建立并保卫蜀国。塑像应该超过五十尊，除蜀国群雄外，还有一些是后世的四川当地骄子。这种安排或许并不特殊，就如文庙两庑塑像体系所体现的一样，通过精神传承，百年之后的贤士继承先贤衣钵，被视为同先贤思想相通的亲密弟子，从而进入后者祠堂，同样享受人们的尊敬与缅怀。与此类似的一种观点也获得普遍认同，即在先贤之乡、在濡染着同一种艺术与知识的土地上，先贤的思想与品格会以一位位杰出人物为载体，于代际间薪火相传。而且通常在很长一段时间之后，某位贤哲横空出世，他完全继承了先贤衣钵，于后世重现先贤煌煌之风采。人们必须意识到刘、关、张三人和诸葛亮之于四川，并非只是通常概念下的英雄人物，他们更是与这片土地永远密不可分的伟大神明，其事迹及从中体现的崇高精神品格渗透进了这里的每一寸土壤，即使相隔悠悠千年，今日的四川人民仍能从中汲取力量，收获精神指引。后世之人便是如此成长为贤哲，从而与那些历史英雄人物相比肩。现世生活与过往历史组成了一个永远前进的动态整体，逝者与生者之间、遥远的过去与此时此刻之间并没有一刀两断。三国时代的英雄们依然对现世产生着影响，人们满怀敬畏之情，但同时又视他们如身边人一般，努力鞭策自己向他们靠拢。武侯殿中保存有几位官员祭拜诸葛丞相时所作的文章，文字内容便有力地印证了这一点。

一些塑像成对置于神龛之中，一些则单独享有一个简易神龛。所有塑像均色彩鲜艳，姿势虽较为固化单调，却也栩栩如生。塑像面部表情各具特征，极易辨认。塑像人物地位相同，横轴线位置也未有突出摆设，在建筑设计上，体现出平衡平等的意味。

庭院后端建有一露天台阶，向上通往一个宽敞平台，平台上立着几尊铜制香炉。平台与主殿相连。主殿面阔七间，其宽阔宏伟的前堂正面修有一道连贯围栏，以此同平台隔开。开放式的正中入口指引着访客来到面阔三间的中堂。该中堂也为开放式设计，整个南面未修墙壁。中间有一个封闭式神龛，造型优美，但未作过多雕饰。神龛正中端坐着蜀主刘备。其后方东侧角落还供奉着他的长子[1]坐像，据说此人也是英勇能干之辈，不过遗憾的是未能接任其父亲的皇位。帝位最终落在了刘备次子、软弱无能的刘禅头上。在他手中，这个开端辉煌的朝代于公元263年黯然消失于历史舞台。此殿具有明显皇家宫殿的建筑风格，四川境内其他供奉这位蜀主的大殿也多是如此。立于此处朝南望去，是重重庭院及更低矮的入口门厅，东西两庑供奉着一众文武官员。这种布局是君权思想的体现：入口大门、前院、门厅、向上的台阶、平台、前堂，主殿自门厅开始，各建筑高度依次增加，等级也依次提升，“君主无上”这一概念由此得到淋漓尽致的体现。最后的主殿以至臻至美为建造标准，立柱以红色石英石精心打磨而成，柱头带小巧雀替，彰显着大殿的恢宏华丽。

中堂两侧以隔墙隔出两个开有小门的封闭侧间。侧间内设有神龛，供奉着蜀主刘备的结义兄弟，东间为关羽（关老爷）神龛，西间为张飞神龛。侧间往外还各有一个朝南敞开的房间，最东间有一口洪钟，最西间有一面大鼓。

刘备神龛背后开有一扇小门，通往处于中轴线最后方的小型庭院。该院北首即祠堂第二座主殿武侯殿，殿中央供奉着诸葛亮（武侯）坐像。其神坛前的一众供桌上摆放着大量

1　刘封，实为刘备义子，后为刘备所杀。——译注

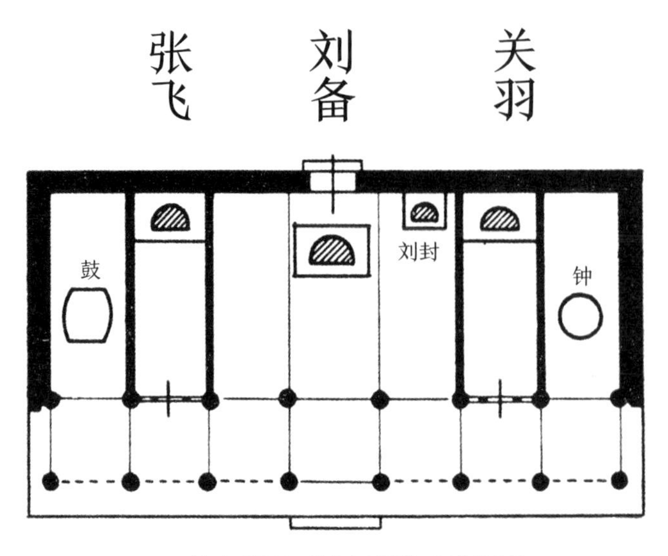

图 19. 成都府武侯祠，供奉有刘关张三兄弟的主殿

祭祀器皿，其中有几面古老的铜鼓，如今在四川境内仍很常见。在主殿的东西侧墙边供奉着诸葛亮两个儿子的坐像，北墙上则嵌着几块石板，其上镌刻有祠堂主人那篇著名的《隆中对》[1]。此文所用的优美措辞与其体现出的宏韬伟略，是每一个中国文化人必备的核心素养。人们在无数祠堂寺庙等建筑中，都能发现这篇文赋被精心复刻于石碑或木牌之上。该文的拓印也随处可见。我在西安时，从著名道观八仙庵观主手中获得了几份拓片。这些拓片取自河南西南部南阳府境内卧龙岗上的武侯祠，文字由宋朝大将岳飞手书，并被其派人刻于石碑之上，放置于卧龙岗间的武侯祠。在云阳县旁的张飞祠中，我也再一次看到了这篇闪现着非凡智慧的文赋。

在我参观武侯殿时，正好赶上三位幸运通过乡试、获得官身的举人在此举办答谢诸葛亮的谢神祭礼。僧侣们吟唱、诵经、敲击礼乐，分发香火、酒水及其他祭祀品。每位举人重复鞠躬、跪拜，并在一系列动作间隙如士兵般虔诚而默然地挺身而立。在二号院东面有一座高起于回廊的小型庙宇，该建筑依院落横轴线展开，其内供奉着财神、土地等低等级神祇。同其相对的西面建有一个开放式门厅，人们透过门厅，可以直接看到整个祠堂建筑的第二部分，即花园与池塘（参见附图 2）。进入这片区域的途径有二，人们可以通过上段所提的二号院门厅，一路行至环绕着莲花池的回廊，也可以选择自武侯殿旁的出口出发，经一座小而高的斜拱桥进入。这片区域的中心位置凿有一方池塘。眼下的池塘覆盖巨大的荷叶，朵朵散发着甜香的红莲盛开在无穷碧色之间。环绕池塘的回廊每一面都建有一座亭子，池塘北岸还另建有一座开放式凉亭。亭子下部为六边形，上部为圆形，顶部覆盖有茅草。亭中设一石桌，桌面上刻有一张棋盘。据传，诸葛亮这位

1 此处作者未给出明确标题，只是采用了“Denkschrift”一词。根据上下文，猜测应为《隆中对》。——译注

足智多谋的战略家同样棋艺高超，某种棋类便是由他发明的。无论是古代还是现代，中国人都非常喜欢执棋对弈，在历史小说甚至远古神话传说中便常有体现。站在这座花园小亭中向四周望去，只见翡翠池塘上娇艳的芙蕖亭亭玉立，祠堂雪白的山墙在深棕色木制构架的衬托下夺目逼人，亭子南侧的小型塔楼纤细玲珑，参天大树展开浓密的树冠遮天蔽日。祠堂被一种可爱而明快的平和氛围笼罩着，这其中没有夹杂任何刻意造作的痕迹。若是面对后者，人们在不得不对其进行研究的同时享受不到任何美好感觉。但武侯祠虽大名鼎鼎却不见人工刻意的雕琢色彩，它将艺术与自然融合在一起，以和谐舒适之美让访客的双眼得到享受，灵魂得到舒展。尽管我匆匆而来匆匆而去，但在夏日的暮色四合中，我感受到了莲池的动人美丽，共情于过往那段峥嵘岁月中伟大人物挥斥方遒的慷慨激扬，这样的体验非常罕见。

我到访的这一天正值诸葛亮诞辰日，后院及池塘周围到处是兴致勃勃的游人，他们饮茶、吃食、闲聊，手中的扇子摇个不停。一切都井然有序，大家举止得体，祭祀主事人还向我略微讲解一番。武侯祠中未建戏台，但民众显然有这个需求。鉴于大家每逢节日便会聚在此处庆贺，平日里也会经常游赏至此，所以人们在后院正中支起几个露天小篷，供乐手及皮影艺人表演使用。皮影表演通过艺人操控可活动的丝质人物剪影完成，皮影戏在四川很常见，且演出总是场场爆满。

蜀主刘备墓位于祠堂的最西侧，可由莲池直接进入。墓地主入口开在围墙中轴线的位

图 20. 成都府武侯祠，位于蜀主刘备墓前方开放式二号门厅

置，但常年关闭。若顺着主入口进入，人们首先会看到一座掩映在草木之间、朝南北方向延伸的前院。院中有一门厅，远处左侧还有一栋建筑供祭典的官员更衣、集合使用。沿着甬道前行，真正的帝陵前方还有另一座开放式门厅。圆丘状陵墓直径约20米，紧挨着其外围还有一圈砖砌的高约四米的护墙，其顶部为雉堞式样。护墙中心正面嵌有一石块，上面刻着蜀主名讳，两侧墙体上开有两扇门，由此可进入护墙与陵丘之间。陵墓四周遍植修长的翠竹，建筑就在竹海摇曳中时隐时现。陵丘上甚至还长着几棵高大的苍柏，刘备墓也因此显得与众不同，醒目异常。厚重的翠竹弯入灌木丛中，夕阳金色柔和的光芒笼罩着这方墓区。这里没有北京周边皇家陵寝的那种恢宏肃穆，但也独具庄重之美。对于就在其附近尽情游玩的人们而言，这处尊崇的蜀主墓地显得很接地气。

2.6 四川邛州大邑县大将赵子龙祠堂

赵云，字子龙，是刘备的忠实追随者之一，深受后者信赖，其形象伟岸俊美。据说，他舍命护主，曾两次救主公儿子、蜀后主刘禅于命悬一线之际，其中最著名的一次当属公元208年的长坂坡之战。当时，刘备被曹操击败，不得不在少数几名随从的掩护下匆忙逃亡。危难之际，赵云解下护心镜，将少主刘禅护在胸前，一路突破敌军的追击堵截，浑身伤痕累累，最终将刘禅平安交至主公手中，刘备由此长叹一句“子龙浑身都是胆”。这句话也在后世广为流传。出自这一事件的还有一句流传甚广的歇后语“刘备摔阿斗——收买人心”。刘备是故意摔子，目的在于“收买人心”。赵云死后备极哀荣，被追封为“侯”。

大邑县位于一条人流略显稀疏的道路旁。这条道路始于灌县境内的岷江，经过奇特砾岩构造的青城山，通往邛州。由成都府至雅州府的干道便是这条路的其中一段，若继续往前则会一直通到西藏。从青城山南坡附近的小集镇出发，几乎全是一马平川的肥沃平原。一览无余的平原地貌只在西面偶尔受到几处宽阔山谷的阻挡，向东则一直覆盖至岷江，并延伸至江东。这是典型的四川地貌，美丽的平原上点缀着座座村镇、农庄、各式小巧建筑、桥梁、宝塔、路边神坛以及纪念石碑，这片土地也因此显得生机勃勃。沿路的庄稼都已收割完毕，到处洋溢着丰收的喜悦。途中有一座山脊朝东延伸的山脉，道路绕过这处山脊，进入一个开阔谷地，谷地尽头便是大邑县。谷地北面是一座座险峻的山峰，就在这陡坡上的一处茂密小树林中，坐落着我们的主角——赵云祠堂。

祠堂分为东西两部分，依两条平行的轴线展开（参见图21）。西区是真正的祠堂区域，同时也是墓庙所在，东区则是一个美丽的花园，园内有若干建筑。整个祠堂各区域划分清晰。同罗江县附近的庞统祠一样，此处赵云祠首尾两端也筑有半圆形围墙，建筑由此显得格外完整，自成一体。祠堂各庭院与楼宇的布局也与庞统祠相似，四个院子自南向北纵贯排开：带戏台的前院、主院（不过这里的主院被一条过道分成两部分）、三号院及建有墓丘的四号院。各院之间都有一栋建筑，分别为带通道的门厅、主殿及墓前纪念厅。前院

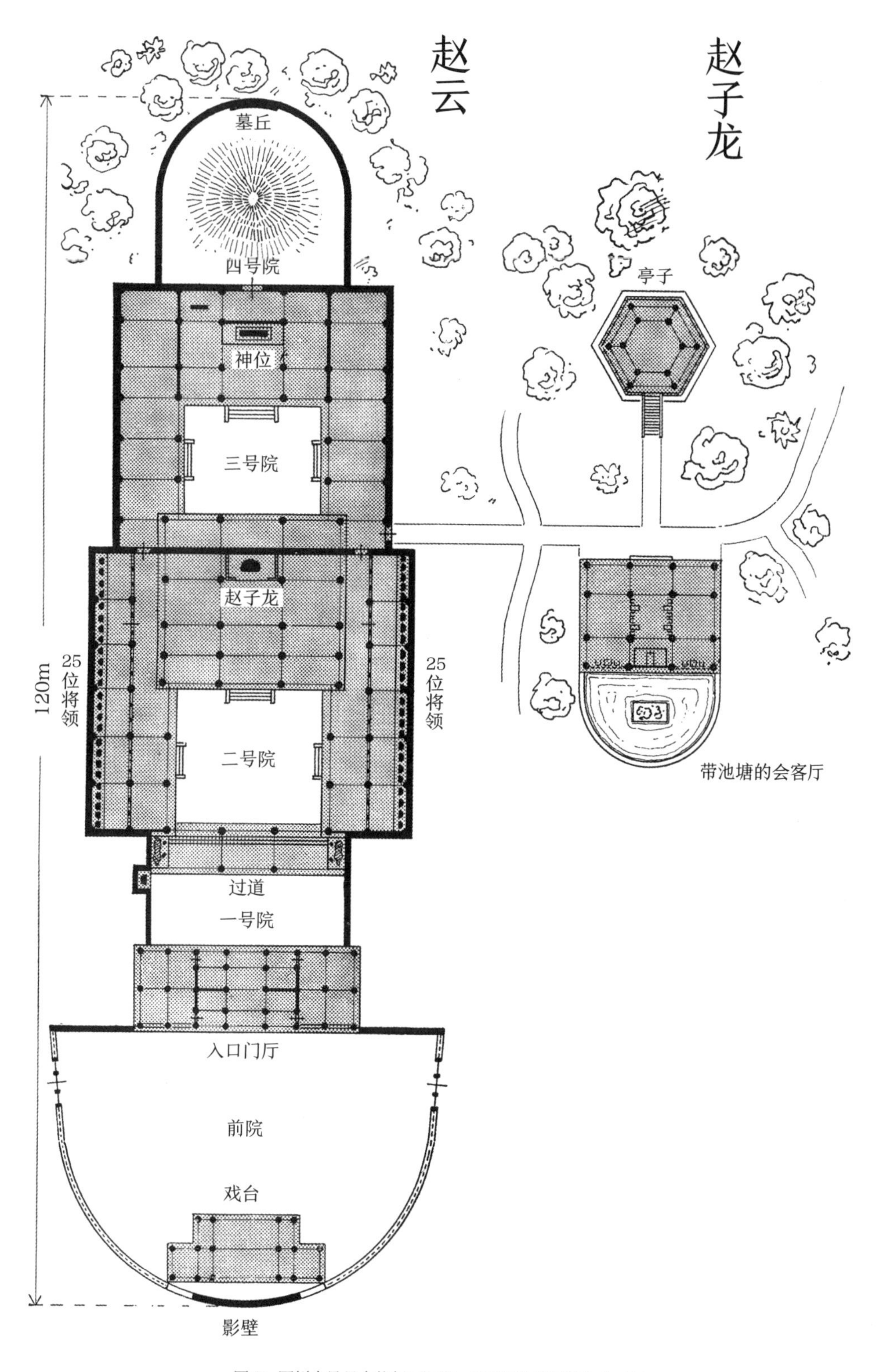

图 21. 四川大邑县大将赵云祠堂，平面图比例尺约为 1：600

两侧各开有一个三扇式栅栏门，为祠堂入口。前院低矮的基础墙体上设有木制栅栏，同外界分隔。墙体中轴线中心位置则未采用这种上木下墙的形式，而是筑成上下贯通的实心墙体，以为影壁，其上刻有大字：汉顺平侯。

紧挨着影壁前方是一座搭在结实木制立柱上的戏台。门厅中央顶层供奉着灵官塑像。灵官这一形象在四川境内尤为常见，它常被放置在门厅上方类似塔楼形式的建筑中，这也正是中国西部地区特有的一个建筑特征。前院左侧设有供奉土地爷的神龛，通往二号院的过道左右角落各建有一个开放式小舍，其内均立着马像一尊和仆从两人。主殿坐北朝南，带两层基座平台，每层平台均有护栏。进深极大的主殿内中心设有神坛，供奉着高大的赵子龙坐像，塑像身着华丽彩绘外袍；二号院侧面各建有一列纵贯的偏殿，供奉着与他共同效力于蜀主刘备的五十位将军。这一布局同成都府武侯祠类似。位于轴线后部、墓丘前方的纪念厅也坐北朝南，厅内靠后墙立有一类似纪念柱的巨大石柱，柱子上下一体，一直通到屋顶，柱身刻有祠堂主人名讳及颂扬主人的对联。四号院为一个小型院落，院中建有赵云墓，并以弧形围墙同外界相隔。围墙中心部分明显高大结实，上带若干铭文，以此同南部起始区域遥相呼应。

东区花园未建围墙，为开放式设计。花园内有一座开放式殿厅，其正中为会客间，房内摆放有炕、桌、椅等物件。站在房中，人们可以往外看到低处的一个半弧形莲花池塘。池塘由一圈低矮石制护栏环绕，中央有一方立于莲花丛的石制平台。北面不远处有一座两层的亭子。该亭为六边形，带结实的基底平台，亭亭玉立于四周茂密的树冠之上。时值中国农历八月，无论是在高处的亭子内，或是在祠堂的重重院落中，都充盈着甜美浓郁的桂花芳香。这个月份也因此被称为桂月。这种被世人广为吟颂的树木常被用来形容年轻女子所散发的幽幽体香以及所具有的美丽容颜与高洁品格，还被认为就是那长在月亮之中的神秘树木。此外，桂树也被视为知识的象征，因为正是在桂花飘香的季节，学识渊博的学子们参加科举、蟾宫折桂。

以下为赵云祠所具有的重要建筑特征：

1. 建筑首末两端为弧形隔墙设计，花园莲池也按该外形修建。
2. 前院入口开在东西两侧，这一特征与文庙相似。
3. 主殿前建有两列群英侧殿，侧殿同主殿相连。
4. 祠堂内建有墓前纪念堂。
5. 花园及前院戏台的存在，证明该祠堂为民间祠堂。
6. 灵官、土地这类广受欢迎的道教神祇形象出现在正统的古代中国君权建筑之中。

2.7 关帝祠（老爷庙）

在三位结义兄弟中，人们将关羽神化为忠勇之神与道德楷模，同时也将其称为武圣。他对刘备忠心耿耿，即使深陷囹圄仍始终追随左右，这样的赤胆忠心使他成为后世“忠诚”一词的光辉典范；他在战场上所向披靡，这样的赫赫军功又为他赢得骁勇善战的美名。面对权势滔天又凶狠毒辣的曹操，他始终坚守内心信念，这种不畏强权的气节为世人所传颂。当时关羽被困于曹军帐中，暂时为曹操出战，斩杀对方大将。曹操因此对他大加赏赐，并封他为“汉寿亭侯”。可是，当刘备宣布讨伐曹操并挥师进军的消息传来时，关羽立刻对曹操表明衷肠：“若我对你的百般优待未表丝毫感谢，那我便是不义之人。但刘备是我故主，我们发下誓言，相互永不背弃。为了不做不义之人，难道我就可以违背我的誓言吗？”曹操有感于其大义之言，最终放其离去。之后，关羽为主公刘备征战四方、开疆扩土。然而，将星终有陨落的一天。公元220年，孙权（之后吴国的建立者）擒获关羽并将其斩首，随后将首级送至新近结盟的曹操手中。而曹操这个平日严酷无情的枭雄，此时却对这位生前让自己闻风丧胆的英雄惺惺相惜。他命人为关羽首级安上一副木制身躯以为全尸，并将其厚葬。

关羽在世时便已名扬四海，死后更是获得无上尊崇，并最终被人们奉为神祇。260年，刘备儿子、继位者刘禅追授关羽为“壮缪侯”[1]，这个封号比当时曹操所封的“汉寿亭侯”等级更高。1102年，北宋倒数第二任皇帝宋徽宗（1100—1125年在位，对北宋的覆亡负有直接责任。他信奉道教，痴迷玄术秘法，在绘画等艺术方面造诣颇高）追赐关羽“公”爵，随后又在1111年（一说1128年）封其为“武安王”。1330年，元文帝追赐“王”爵，并予谥号“显灵”。1594年，明万历皇帝封其为“大帝”。到了清朝，关羽的影响力与个人形象因其累累战功而被进一步扩大与提升。嘉庆帝在1813年封其为“武帝”，随后的道光皇帝更是冠以其“关夫子”称号。由此，关羽被推崇为文武兼备的神祇。近代以来，供奉与祭祀关羽变得尤其盛行，这位国家级英雄称得上当今最受欢迎的神祇之一。而对于尚武的清朝而言，他更是始终为王朝专属的守护神。而在民间，百姓们则亲切地称呼关羽为“关老爷”。

我们已在上文提到人们对汉末的这些著名战争或事件的发生地都有大致了解，其中涉及武圣关羽的信息尤为精确。位于山西省南部的解州是众所周知的关羽出生地，那里建有一座精致的大型关老爷庙，自古至今，关羽始终享受着当地民众的香火供奉。三国时期，解州也因与之相关的一场战争而受到关注。关羽死后，魏将庞会攻入解州。庞会之父为关羽所斩杀，故他为父报仇，屠尽关家满门。湖北荆州辖内的当阳县附近是关羽身亡之地，长江岸边的重镇宜昌距其不远。那里有一座占地面积巨大的祠堂，祠内建有关羽墓。遗憾的是，我无法从宜昌出发，前往当地进行考察，只能通过一些照片，对那座老爷庙做一些

---

1 一些学者认为，“壮缪侯”为恶谥，讽刺关羽有勇无谋。但相反观点认为，“缪”通“穆”，此谥号体现了逝者生前的嘉行美德。——译注

图 22. 湖北当阳县关羽墓中的墓丘及带石碑的亭子

了解。照片显示，整个祠堂被一圈白色围墙包围（参见图 23）。祠堂大门高大雄伟，重重院落中有着苍虬古柏与恢宏殿厅。长有茂密大树的巨大墓丘外有一圈石制护栏（参见图 22）。护栏下有高大的护墙基座，前方轴线位置立有巨大石碑，上面刻着这位英雄的名讳。石碑外有一个用石柱建成的精美亭子，亭上装饰有大量铭文匾额。亭前摆放着常见于寺庙神坛或重要陵墓前的五种祭祀器皿，即一尊香炉、两个烛台和两个花瓶。它们通常被简称为“五宝器”或“五供”。该处的五供以石料雕凿而成，古韵浓浓。

此处的墓丘并不是现存的唯一一座关羽墓。河南府南部还有另一座带大型关羽陵，它在建筑构造的精美度方面领先于照片中的这座。这种双墓现象或许并不奇怪，其原因应该同历史上关羽的死法有关。关羽被孙权斩首，其首级被送至曹操处，英雄由此身首异处。鉴于当阳是其亡命之地，故人们认为，当阳附近的关羽墓中埋葬的是其躯干，而河南府附近墓中的则是带木制躯干的首级。

这种情况让我联想到另一尊独特的雕塑作品，一些访客已经见识过它，并对它作了描述，在此我对其略为展开。山西平阳府内的一个佛教寺院中矗立有一座纤细的多层宝塔，其底层圆拱形空间内有一尊高达 5.5 米的巨大佛首。雕像外部以石膏为底，然后镀金并彩绘，至于内部是铁制还是铜制则不得而知。带颈佛首被安放在一个实心底座上，而此处缺失的佛身据传位于河南陕州境内。陕州坐落于黄河边上，距解州不远。这种佛首与佛身分离供奉的情况同关羽相似，而且两地相隔不远，这之间存在何种关联还有待人们日后进行研究。在之后介绍云阳县附近的张飞祠一节中，我们还将接触到相似的另一实例。

图 23. 湖北当阳县旁关羽墓入口及围墙

下面我将首先介绍众多关羽祠堂中最著名的那一座，进而阐述“关帝”所具有的宗教地位。1908 年 5 月 24 日，我经山西西南角进入关羽故里解州。在这里，我意外寻访到了这座雄伟祠堂。虽然建筑保存状况堪忧，但其华丽程度以及知名度在众多的关羽祠中仍首屈一指。由于时间有限，我的参观行程只能遗憾地匆匆结束，只保留下一些珍贵影像资料。

解州所处的地质带值得一提。它坐落于一条大型盐沼带上，其中最大最著名的盐沼湖位于潞村附近。该地自古以来食盐贸易盛行，蓬勃的交易活动使得距其仅二十公里远的解州也成为经济重镇。那里的人民生活富庶，关羽即出身富有盐贩之家。

我在解州期间正逢城内城外大开集市，摊铺甚至摆到了关帝祠内。据说，这种集市会持续整个农历四月。数以千计的以草垫搭起的小摊占满了街道广场，原本的道路消失在人流中。摊铺之间只留出狭窄走道，通往各个开放式厅堂。这些建筑似乎就是为市集交易而建，它们同祠堂连成一个整体。众多大客栈一房难求，宽敞的院子和广场上满是手推车以及用来拉货或骑乘的牲口，兴致勃勃的各色人等摩肩接踵、买卖火垫，最罕见最精美的物品被展示交易，甚至还有欧洲罐头，这是我之前在这个偏远的地方从未想到的景象。我的存粮已经告罄，所以我现在看到这些罐头简直两眼放光。虽然地处偏僻，但这个集市规模之大，丝毫不逊色于任何一个人口稠密地区中心地带的市集，甚至我之前在北京、苏州以及济南所经历过的那些均无法与之相比。只有之后在四川尤其是在成都平原地区，我才再次碰上如此人头攒动的盛大市集。

图 24. 祠堂入口处的铸铁狮子及武士

图 25. 祠堂内的铸铁狮子及武士

图 26. 图 24 中的铁制武士像细节

图 27. 大殿石制立柱及护栏

图 24.-27. 山西解州关帝祠照片

关帝祠（即老爷庙）坐落在城市西城门外，严格遵循坐北朝南的格局而建。占地面积巨大的祠堂内建有恢宏的屋舍、钟楼、鼓楼以及数座牌坊。虽然祠堂香火鼎盛，但因历经粗砺黄沙的吹刮侵蚀，建筑看起来衰败且疏于维护。雪上加霜的是，1908年1月，祠堂两座雄伟的入口门厅轰然倒塌，加上火灾，它们几乎完全被摧毁。现在，两尊从灾祸中毫发无损幸存下来的巨大门神像矗立在天空下，静静地俯视着喧嚣的人群以及院中那片由茅草摊棚构成的黄色海洋。如此一静一动的画面让人感慨万千。大门两侧分别放有一尊带基座的铁制狮子蹲像，狮子旁各立有一尊同样以铸铁制成的武士像（参见图24　图26）。武士身披重甲，头上的帽盔样式独特，脸部的雕刻刀法刚劲有力。此外这里还有一个雕饰华丽繁复的四足铜制香炉，外形古朴，是康熙年间制品。以上这些雕像体现了山西雕塑作品大量采用铸铁为原料的特点。根据艺术风格，人们可以猜测，这些作品或许出自明代。祠堂院子中还立有两尊带高大基座的铁马，马背上坐有马夫。主殿前方两侧轴线上各建有一座形似传统碑亭的分层塔楼，其中东面塔楼一层的桌上有一面盾牌，西面则为一把宝剑，这些武器体现了祠堂主人的骁勇善战。

石料在祠堂建造中被大量使用。大殿所处的平台四周被一圈石制护栏包围（参见图27），望柱间的石板上雕刻有各式各样的人物及浮雕图案。中轴线上的首座主殿一层带完整外回廊，其最外侧一排檐柱由完整石块制成。这种整石取料保证了人们可以不受下方斜切技法的局限，在柱身上以有力的刀斧雕凿出神龙盘踞云端的浮雕图案。不过，所有这些浮雕均粗略完成，且在年复一年的粗砺黄沙吹刮之下，被风化和磨损。但不管怎样，祠堂因这些大量存在的石刻而显得恢宏壮丽。

主殿高两层，整体建筑结构清晰，外形美观，给人以雄浑恢宏之感（参见图28）。殿内一楼神坛上供奉着一尊常见的关羽坐像。每年农历四月初一，潞村道台和解州府下辖知县便会来此祭祀关羽，为其献上三牲，即牛、猪、羊各一头。1900年，清皇室逃出北京前往西安的途中，慈禧太后及光绪帝也来此献牲，次年回京亦是如此。只有在如此盛大场合，该主殿才会对外开放。而至于主殿二楼更是管理严格，即使是官员也只能在极为特殊的情况下才能进入。这一原因便在于，其内供奉有一尊赫赫有名、不可亵渎的关帝像。一开始我根本不被允许参观这尊独一无二的塑像，经过长时间的友好沟通，知州终于点头，允许我在其儿子的监督下进入二楼，一睹圣像。这样的难题我之前极少遇到。我在此特地提及这件事，目的在于说明此事并不是因为通常情况下的相关人员想要勒索小费，而是出于当地人一种罕见的、极度虔诚的崇拜。人们视其为纯净圣地，不想让其受到无关人与物的打扰与亵渎。除此之外，在中国其他同信仰与崇拜相关的类似场地，我们几乎都可以畅通无阻地进行参观。在开放包容的氛围下，访客与相关政府或宗教人士之间并无明显区别对待。不过这些“包容”或“一视同仁”只是外在表象，通常是访客所理解的中国人崇拜文化的本质。访客基于自己眼中的表象，得出此类并非深思熟虑的判定，但它们其实并未触及崇拜文化的核心。若是对大范围的实例进行细心观察，人们自然就能明白这一核心为何。我通过亲历这段所提及的情况，已对这神秘面纱之后的核心有了略微了解。

主殿二楼关帝像的姿势与面部表情被刻画得异常生动（参见附图3），头戴古代官帽，

图 28. 解州关帝祠，两层主殿“麟经阁”

脸上蓄着由茅草制成的美髯，身披一件色彩鲜艳、满是刺绣的长袍，正认真翻阅被奉为中国五经之一的《春秋》。据说关羽尤其喜欢阅读这本书籍，在众多的关羽祠中常见其手捧《春秋》的塑像。人们由此出发，将关羽塑造成多种神祇形象，这其中甚至还有主管文运的文昌君形象。当然，他同文昌君是两个根本不同的神祇，不过人们非常喜欢将他同文昌或魁星等放在一起，这一点我们还会在此章节中作进一步阐述。这些主管文运的神祇多被供奉于高塔之内，或至少是顶楼，这种位置的选取或许是为了体现他们与天上星宿、尤其是与其居所大熊星座之间存在着密切关系。从这个角度而言，此处关帝以手捧《春秋》的形象，被供奉于主殿二楼高阁之上，或许便是一种暗示，委婉地表明关羽同文昌君等存在某种联系。但不管怎样，关羽始终是忠义与英勇的完美代表，神坛后墙的图案便体现了这一点。墙上绘有两条神龙，它们从两侧靠向中间的关帝像，后者便是它们所追求的完美象征。

我被允许拍摄一张圣像照片，前提是不对任何人提起此事。祠堂中那名德高望重、看似极为固执的年老僧人根本不欢迎我登上二楼，我对他撒谎说自己只是在上面略作停留，不干别的。所有人都认为他会相信我的话，可结果他全程都在旁边，不过好在我拍照时他并没有出言制止，我才不至于太过尴尬。

主殿内有大量匾额，以下为读者呈现其中一二：

该殿名麟经阁，此名称同关羽正在研读的《春秋》一书有关。“麟”是一种雌性独角兽，它常同雄性的“麒”一道出现，组成一个整体形象。它们是世间难得一见的神兽，象征着深邃的完美境界。一方面，在孔子所处的时代，神兽麒麟现身于世。另一方面，《春秋》一书又是由孔子亲自编纂而成。这两者结合在一起，《春秋》便被奉为深邃广博的智慧结晶，史称“麒麟绝笔”，意为“麒麟绝于世间，史书终于此刻”[1]。该殿匾额上的殿名即同这

1 《春秋》最后一句即“十有四年，春，西狩获麟”。相传春秋鲁哀公十四年（前 481），鲁国叔孙氏猎得麒麟，孔子闻之恸哭，

部煌煌巨著有关。

除此殿名匾额外，殿内众多的匾额中还有两块横匾“威震华夏”“忠贯天人”，另有一副竖匾，上书：

华夏震明威此地自应崇俎豆

明星炳大义当年不愧读春秋

站在供奉着栩栩如生的关帝圣像的寂静高阁向外望去，美丽景致尽收眼底。解州这座花园城市安宁平和，树木林立的绿色海洋中时不时闪现出段段城墙，城墙背后是一马平川的辽阔平地，天际尽头屹立着层峦叠嶂的座座山峰。午后，前面的山峰还能看到明亮的青色，后方的群山却已消隐于云雾之中了。北面是连绵无尽的成片麦田，田野中央便是那个著名盐湖。无数人正带着惊叹与敬意，抬头仰望我脚下的这片建筑，这个拥有华丽塔楼、苍虬古木以及雄浑铜器的恢宏祠堂。在另一个院落中，茅草棚舍组成的黄色海洋中露出五颜六色的各式商品，兴致勃勃的人们摩肩接踵穿行其间，或聊天打趣，或放声大笑，一派熙攘热闹景象。

以上这座简要介绍的解州大型关帝祠，在我看来并没有掺杂太多道教元素，虽然其形制宏大，但仍属于纯粹的纪念性祠堂。中国有无数类似的关帝祠或者刘关张祠堂，它们同样具有以上属性。成都府武侯祠的主人虽然是蜀汉丞相诸葛亮，但其第一重主殿中却供奉着被称为“三义”的刘、关、张三人。他们对祠堂要表现的主题起到铺垫作用，人们通过这一组整体形象，进一步了解祠堂主人的生平功绩。此类祠堂非常多见，武侯祠只是其中一例。若这三人是祠堂的唯一或者主要供奉对象，那么这种祠堂就被统称为“三义庙”或“结义庙”。

图 29. 解州关帝祠，主殿二楼的关帝神坛

认为神兽被捕，象征礼乐崩坏，故将此事记录之后便终止《春秋》的书写，这便是“绝笔于获麟”的由来。——译注

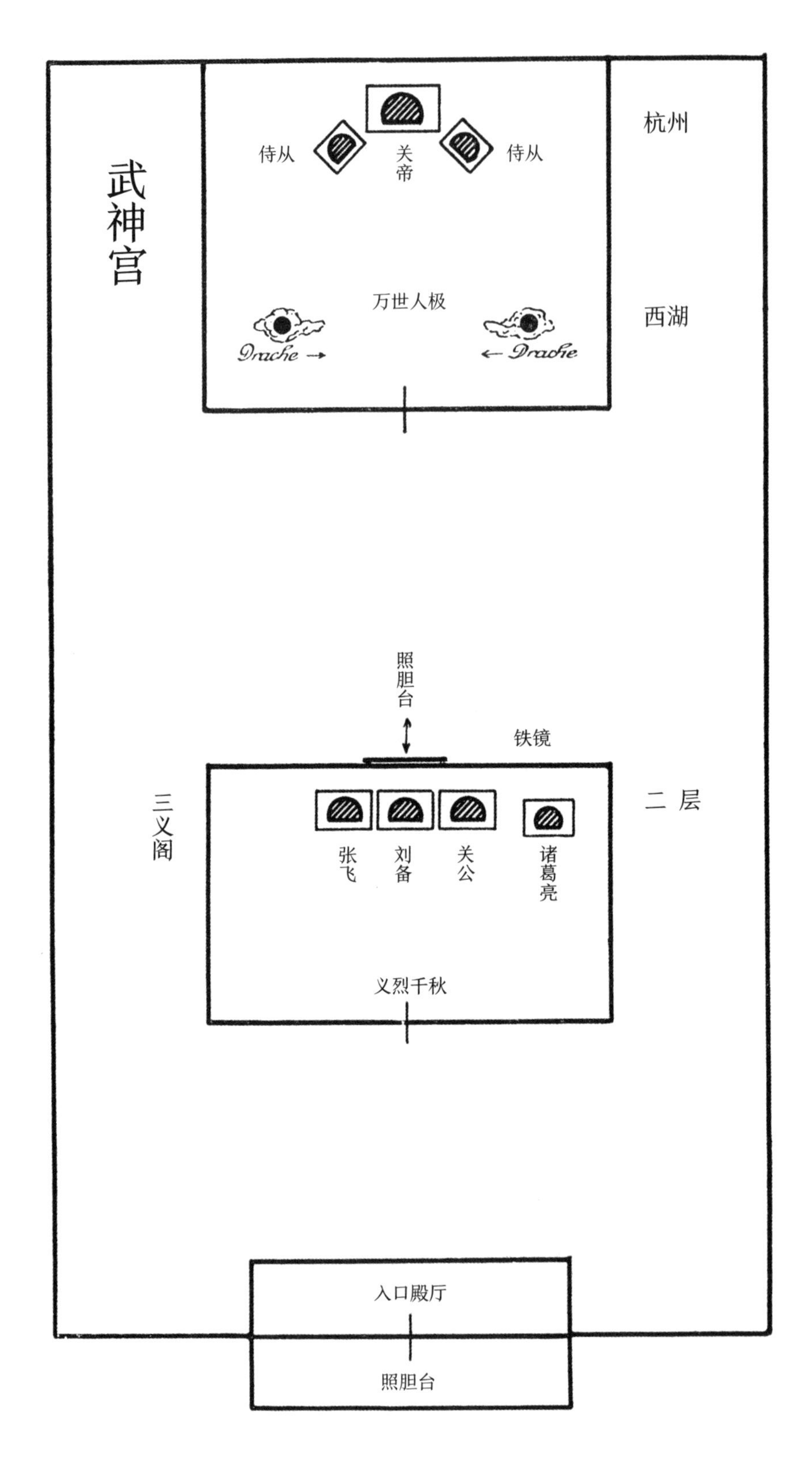

图 30. 浙江杭州西湖边武圣宫平面图

在山西这片土地上，此类型庙宇几乎随处可见。下文我们将关注一座位于另一省份的三义庙，不过处于主神地位的仍是关帝。

被无数人赞颂的西湖位于浙江杭州府城门外，湖边包围有一圈茶馆及各式寺院庙宇，尤以祠堂居多。西湖三义庙名“武圣宫”，毗邻一座浙江名人祠堂。人们一听到这个名字，马上就能想到此地供奉的是武圣关羽。武圣宫入口殿厅内建有“照胆台”（参见图30），这一建筑表明祠堂的主人即英勇无畏、胆识过人的关帝。正中二层主建筑的二楼供奉有刘备、关羽、张飞三人坐像，旁边还有智囊诸葛丞相。人们根据这组神像将该楼称为三义阁。三义阁后墙外立面上有一面铁镜（参见图31），阁中三圣所象征的神圣力量便汇聚于此镜中。铁镜又同后方主殿中的关帝神像遥遥相对，两股精神力量始终相互交换、相互作用，来回反射光芒，这种布局寓意不禁让人联想到住宅及寺院入口的照壁。不过，相较于照壁，此处的镜面设计因为三圣雕像的存在而获得直接的神圣感，因此更具震撼力。主殿关帝像旁有两位全副武装的侍从，位于中轴线的主殿大门两侧各有一条盘踞于立柱上的神龙，张开的龙嘴朝向依轴线而建的神道，该道向内即通往象征完美的关帝像。三义阁与主殿内分别挂有表达推崇之情的凝练匾额“义列千秋”及“万世人极”。

杭州武圣宫正对主殿的铁镜

图31. 武圣宫镜子

虽然以上所述建筑中供奉的关帝及他的随从一起，被人为上升至神，但其形象仍保留着真实历史人物的色彩，大众从纯粹精神及道德角度，将其视为至高典范进行缅怀。或许可以说，他所代表的这种价值观正体现了孔子所倡导的克己复礼的传统思想。不过，同儒家普世价值并行的，还有拥有广大信众的道教对关羽进行的形象塑造。道教逐渐将关羽所代表的思想同自身教义相结合，继而将这位英雄列入自己的神祇体系，使其成为中国最受欢迎的神祇。

无数住宅、入口、院落或小舍中都供奉着关帝像或至少是写有其名讳的牌位。在外游子、商人或是客栈老板尤其推崇关羽，他们视其为勇气、能干、坚韧、诚信的象征，并将他作为自己的守护神。其中最虔敬的当属籍贯山西的关羽同乡。在中国，到处都有这些极具商业头脑、勤勉苦干的山西商人的身影，他们经营着许多大钱庄。在外打拼积累财富之后，他们便衣锦还乡，山西的许多中等城镇村庄中有很多绵延多代的巨贾家族。在商贾云集之地，人们对白银的崇拜自然影响到了生活、文化等多个方面。在诸如新年等隆重场合，人们会在家中神坛上叠起成堆的银山，连同其他供品一道，献祭神坛中的神祇。大多数情况下，晋商财神供坛内的财神像边都供奉着由精美红釉制成的关帝像。每个村中至少建有一座关帝祠，一般位于村子入口的门楼里，其内供奉有关帝和土地神、财神。除此之外，数不清的关帝神坛同样存在于路边或搭建而成的多层平台之上，后者到了陕西及四川便发展为宝塔。这两处的神坛内除了供奉关帝之外，也会供奉灵官。不过，这里最常见的神祇群像组合为关帝和魁星。魁星是主管文运的神祇，其另一个形象便是文昌君。在山西，每个城镇村落都会在其东南角筑起高高的魁星楼（文昌阁），以供奉魁星。这一神祇崇拜的原因或许在于，山西人民坐拥庞大物质财富的同时，也想通过对诗书文化及精神教育表示尊崇的形式，来塑造自己未染钱财俗气、秉持崇文重教的高洁形象。毕竟在今日中国，诗书传家、以文修身始终是最高的普世价值。而在掌管文运的魁星旁边，通常可见关帝身影。人们进行工业活动时，也非常喜欢供奉关帝，将其视为守护神，我在自流井盐区，就感受到了这种强烈的“关羽崇拜”。在那处广袤的区域内，林立着数不清的关帝神坛及祠堂。从事商业金融活动的钱庄掌柜们除了进行个人供奉之外，还会以集体形式对关帝表示尊崇。他们于各地建起高大华丽的同乡会馆，将关帝请至会馆之中，把他当作主神供奉于主殿显眼位置。这些会馆同时也会借此强调刘、关、张三人之间肝胆相照的兄弟情，以此作为同乡群体的行动榜样。上海一座钱庄会馆入口上方便写有四个大字“如在桃园”，此话便出自三人于桃园中歃血结义的典故。

不只是每座城市，有时城区甚至街道也有各自的关帝祠或关帝神龛。更有甚者，人们在城市的醒目位置供奉关帝像，将他视为整座城市的守护神。北京主城门及旧都西安城内便有如此布局（参见图 32）。这两地在内外城门之间设瓮城，瓮城两侧轴线各建有一座小庙，分别供奉关帝及大慈大悲观世音菩萨。每逢朝廷隆重的入城仪式时，统治者或者首辅大臣便会于此献祭这两位神祇。1900 年，为躲避八国联军进攻，光绪帝和慈禧太后逃往西

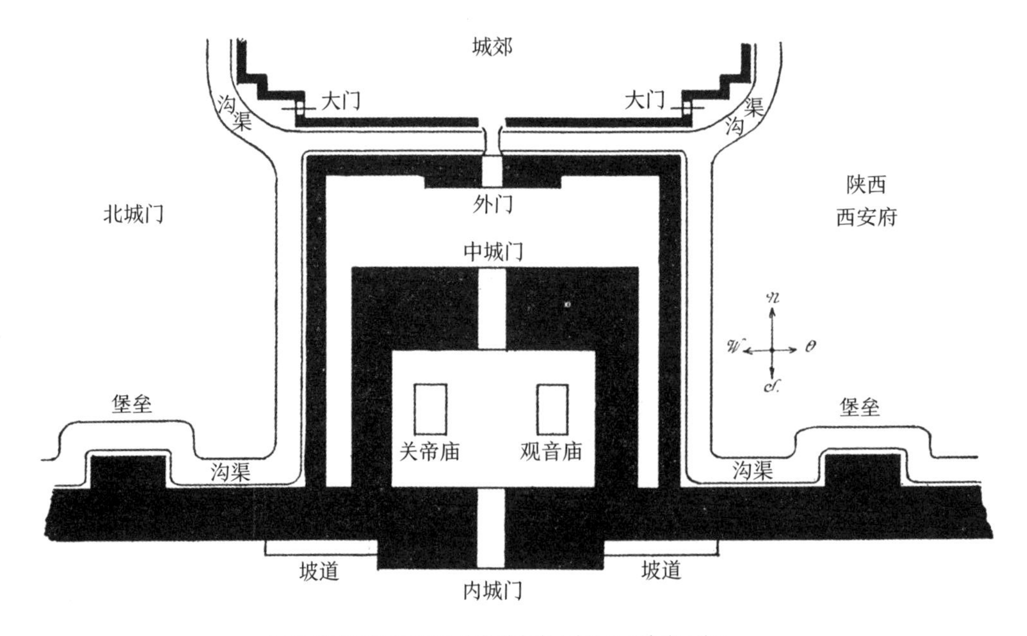

图 32. 陕西西安府北城门内的关帝庙（左）和观音庙（右）

安府。两年之后的 1902 年 1 月 7 日，两宫銮驾回京。进入北京城时，光绪帝于东侧关帝庙中双膝跪地，祭拜这位武圣及满洲保护神，慈禧太后则于西侧观音庙中祭拜大慈大悲的观世音菩萨。那一次的祭礼尤其盛大隆重。

关帝与观音同时出现的布局显示出某种二元概念，此二元论更清晰明显的体现便是深受中国人推崇的“文武”之说。中国人将文化素养与军事才能、理论知识与实践能力视为一个整体，认为才兼文武方为正道。这两种品质于相互作用中塑造出整个民族品格，家国集体在这样的价值观引导下繁荣发展，这一点在很多大城市体现得尤其明显，广州便是其中一例。这座城市位于一处平原上，北面的山丘就好像一把保护伞，将城市拥入自己的怀抱（参见图 33）。城市最北端的城墙建在山丘最高点上，将山丘纳入城市版图之内。就在这处顶峰上，矗立着一座巍峨的五层塔楼，它因自身醒目的地理位置而成为城市的地标性建筑。塔楼最高层设有一处联合神坛，供奉着构成一个共同整体的两位神祇（参见图 34）。其中以东为尊的神坛东面端坐着主管文运的文昌，西面则是武圣关帝（参见图 35），他们均身着红、白、黄、金、蓝色华丽长袍。神坛两侧分别立有两尊人物像，东面是文昌的两位随侍官员，西面是手持长戟、与关羽并肩作战的两位部下。或许他们是关羽忠诚的同袍周仓和儿子关平，据说这二人随关羽一同被害。此二人形象总是与关帝一道出现，在所有的关帝祠中我们都能看见他们伴随在主神像旁。整组塑像被围在一圈栅栏内。

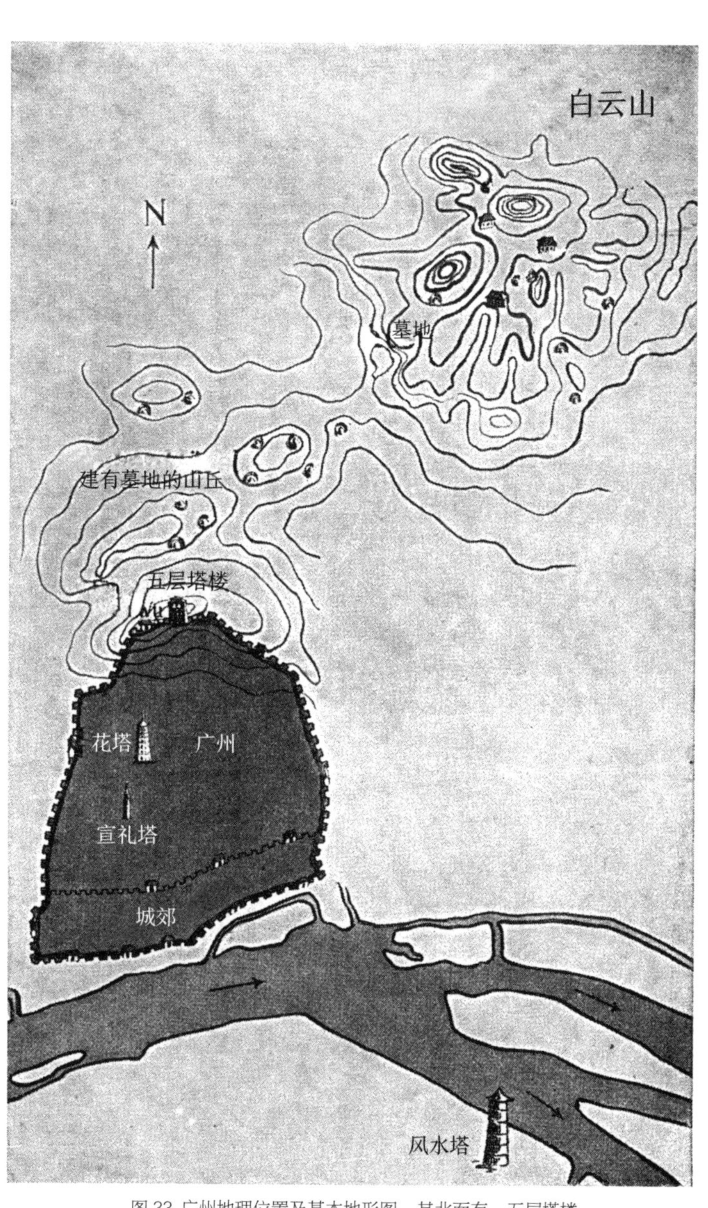

图 33. 广州地理位置及基本地形图，其北面有一五层塔楼

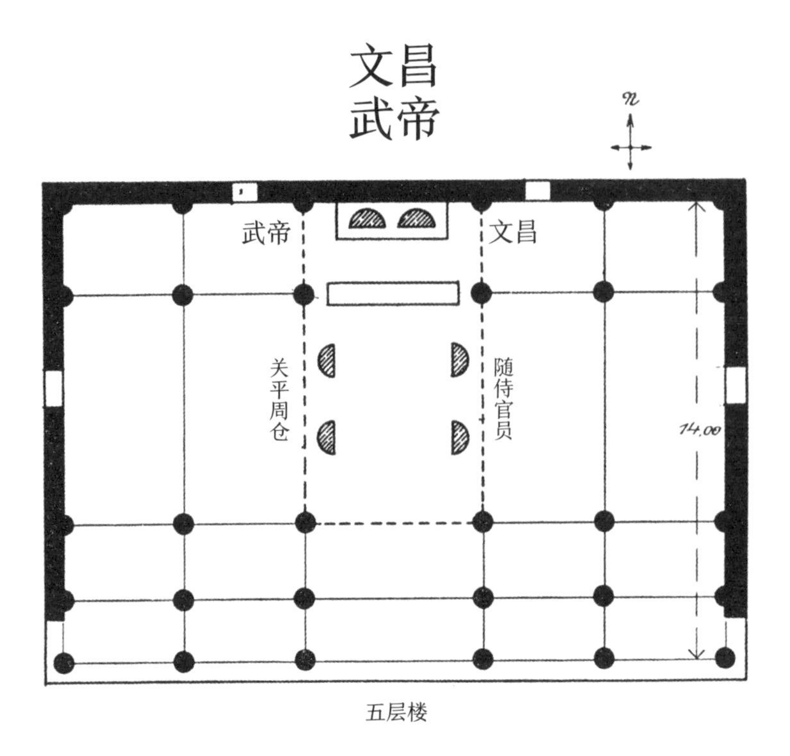

图 34. 广州城北端五层楼供奉关帝及文昌的双神坛平面图，比例尺 1：300

图 35. 广州五层楼供奉关帝及文昌的双神坛

关帝一方面同观音构成一个对立却又统一的整体，另一方面又与文昌以一武一文的形象共同出现，这种独特的概念使其具有越来越明显的宗教色彩。这一宗教角度下的嬗变过程无疑可以很好地回答以下问题：神祇概念与神祇形象是否来源于真实历史人物？抑或只是承载社会某些道义需求的虚构形象？"关羽崇拜"表明，神祇的诞生其实是以上两种情况的结合。历史上的关羽是践行忠诚与勇敢、具备突出才干的光辉典范，人们因此选择这位真实人物作为此类美好品格的象征。关羽作为神祇的形象由此得到确立，继而进一步发展为塑造国家及社会秩序的基石。"关羽崇拜"已不再是个人行为，随着历史的发展，规模较大的群体、帮会、大城市都将他奉为中华民族优秀品格的代表与自己的守护神。他同其他重要神祇一道，缔造了中国人精神生活与社会生活的秩序根基，同时也成为推进精神进步与社会发展的动力之一。他与观音以一男一女形象出现的共同体，代表了人类生活男主外女主内的分工；他与文昌以一武一文形象出现的共同体，代表了人类天性对于外在实践与内心修养的追索，这在国家生活层面上又被理解为对于军事力量以及文教科学的追索。这里其实已经涉及人性之本原，关羽由此上升为拥有神秘力量的存在。这些力量锻造出生命轮廓，给予生命以前进的方向。它们对中国人而言既具有绝对普世价值，又具有对道义举止进行规范的儒家思想准则，这些品质也正蕴含于关帝形象之内。传统中国价值观中的此类超验特性是从佛教中吸收获得的，而关帝在已然被上升至一个高级神祇后，又被赋予了凌驾于万物之上的力量，故他的身影也经常出现在佛教神祇体系之列，多以守护者的形象被供奉于佛教寺庙的前殿或主殿之中，有时甚至还被当做寺院的重要组成部分而享有单独一殿的礼遇。

同佛教类似，道教也将关帝同本宗教神祇联系在一起。关羽被塑造为某种自然力量的载体，成为道教神仙体系中的一个不可或缺的组成部分。四川万县位于波涛汹涌的长江岸边，那里的一处建筑（参见图 36）内供奉着关帝，他被视为治理长江水患、力保水道平安的神祇。这座矗立在长江北岸高处的建筑名叫镇江阁，是一座道观，紧挨着它的西侧还有一座佛教寺院。这种佛、道两教融合一处的布局独具特色。人们沿着一条露天而建的坡道上行，到达镇江阁高大坚固的塔楼式入口（参见图 37）。塔楼山墙及屋顶线条灵动活泼，整个建筑成为周遭景致中最亮眼的存在。门楼内正中位置专门供奉江王爷，他被视为长江的掌管者。对这一形象我就只了解这么多，但有一点可以肯定，他与这座寺庙的主神关帝存在紧密联系，且从布局上看，他位于建筑中轴线前部，故其应是听命于关帝的神祇。这也就是说，真正掌管长江、护佑河清海晏的仍是关帝。伴随在两位上下级神祇身旁的还有一众分管各自然力量的著名神仙，如三官（天官、地官、水官）、财神、土地神（此处土地形象罕见地同其妻小一起出现）以及北极神。关帝神坛上还塑有其战马赤兔雕像，它就立于关帝身旁。"赤兔"的"赤"表明战马矫健有力，"兔"表明其速度如风驰电掣。赤兔马是对所有骏马的一个普遍美誉，并不只局限于关羽坐骑。关帝神坛前方两侧立有四尊塑像，其中两人为周仓和其儿子关平，另两人信息则无从知晓。主神坛旁还设有一座精美神龛，其内供奉着观音菩萨。庭院东侧偏间为佛教禅堂，正中主坛上放有三尊立像，分别为接引佛、观音及普贤。这三者均为佛教神祇，在关帝祠西

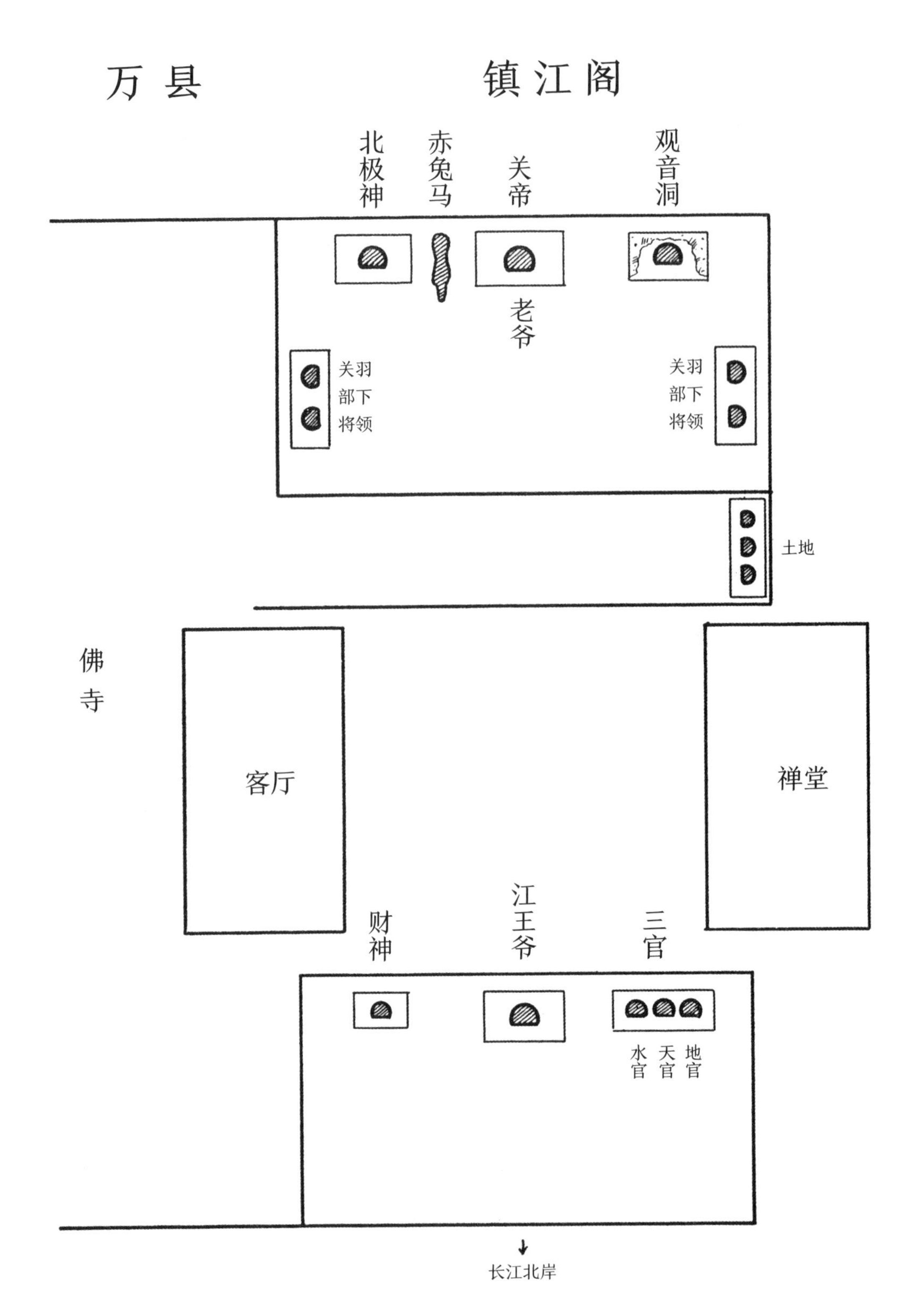

图 36. 长江边万县关帝庙平面图

图 37. 长江沿岸万县，通往关帝庙镇江阁的上行坡道

侧的正统佛寺的大殿中，同样出现了他们的身影。此处还有一间以实心围墙筑起的八边形小巧方丈室，顶部为塔楼设计。方丈室内挂着几幅圣像，墙上嵌有铭文石碑。此外还有一张念佛台，台上放着一尊小型佛像。我们对万县关帝祠的描述，主要着眼于其集中国崇拜及道、佛两家宗教为一体的布局与陈列，这正是中国大部分祠堂寺庙建筑的一大特点。

关羽的宗教地位不断上升，受欢迎度不断增强，这种关羽推崇与神化的最高峰便是其被列入道教及佛教神祇体系。人们一开始将他视为同很多其他真实历史人物一样的英雄，为他建起祠堂。但很快，受泛灵论影响，人们又将其视为神灵，认为他的英魂仍萦绕在这片土地上。人们将某些高洁品格投射到关帝身上，他因此逐渐成为代表这些品格的神祇。这便是“关帝崇拜”发展的第二阶段。在这个时期，凡人崇拜已经上升至意义深远的神祇崇拜。这之后不久，他又被升格至个人生活及社会生活秩序塑造者的地位。此外，人们又赋予他一种神秘力量，视其为掌管自然宇宙的至尊神祇之一，关帝由此被最终镀上神秘的宗教色彩，跻身于道教及佛教神祇体系。以上“关羽崇拜”的演变历程，可以从关帝祠建筑及神像布局中窥得一二。

2.8 张飞祠

张飞是刘、关、张三杰中的三弟，公元184年，就是在位于他家乡涿州的桃园内，三人歃血结义，成为手足。“桃园在涿州城南几里路程，如今北京至保定府的铁路线便从涿州旁边经过。那里有一座面积开阔的祠堂以纪念这一事件，祠堂附近的桥上还保存有张飞使用的巨大铁制长矛，当地人民对于那个风起云涌时代的记忆始终鲜活，处处可见三国时代留下的印记。”张飞最著名的战绩当属当阳一战。当时，他在撤军途中，于当阳击败来势汹汹的曹操军队。但之后的220年，也是在同一个地方，关羽落入孙权之手，并惨遭斩首。紧接着在同一年，张飞被自己的两名手下杀害。张飞遇害地位于夔州府辖境，具体地点或许是在云阳县附近，下文将要介绍的著名张飞祠便位于该处。

四川很多地方都建有张飞祠，我在位于重庆与万县之间的长江边小城丰都县内就见到一座气势恢宏的张飞祠。鬼城丰都非常出名，城内某处山峰上有传说中通往“鬼城”的入口。不过，相较于丰都张飞祠，我对以下两座祠堂作了更为深入的考察。它们位于长江急弯河段下游，那里正是三国时期兵家交战的主战场。其中一座在重镇万县边上，另一座在与小城云阳县隔江相对的山麓上，从这两处祠堂中，均能发现张飞同道教之间的内在联系。

万县桓侯宫

万县的张飞祠毗邻上节所述供奉有关帝的镇江阁。它同镇江阁一样，矗立在巍峨陡峭的长江北岸，建筑雄伟恢宏。两道露天台阶通往一处平台，平台后是建筑外围的白色高大墙体。墙上还探出线条灵动、色彩华丽的屋顶与山墙，该楼也因此成为这片区域的焦点。祠堂其他建筑的屋顶也如此楼一般美轮美奂，这也是四川建筑艺术的一个典型特征。祠堂大门上方挂有一块以石块、石膏和瓷片制成的铭文匾额，匾额两侧雕凿有两个浮雕人物，一为唐朝著名将领郭子仪（697—781），一为其儿子、驸马郭暧。有一次附马郭暖与公主吵架时，仗着父亲的功劳，还动手打了金枝玉叶的妻子。对皇帝忠心耿耿的郭子仪闻此勃然大怒，将儿子捆至御前，请求降罪。可皇帝不仅没有怪罪任何人，还肯定了将军维护皇权的丰功伟绩。大将郭子仪在这件事中体现出的忠心不二、为国建功的品质与行为也正是张飞所拥有的，它生动地诠释了祠堂主人所代表的高洁品格。这样的例子在桓侯宫中比比皆是。人们从历史中精心择取相关历史人物与事件，通过绘画、铭文、雕饰或塑像等方式，体现其中蕴含的同张飞形象相契合的道义闪光点，并由此彰显祠堂主人的光辉形象。此类隐喻在四川建筑中体现得尤其频繁。

祠堂主殿门前的庭院中建有一座戏台，与主殿遥遥相望。主殿内设有由三位神祇组成的一组神坛，中间供奉着张飞，西侧为财神，东侧为另一位神祇。西侧间也设有一组神坛，其中正中的神龛中端坐有大慈大悲观世音菩萨，她在此被视为与张飞相对应的女性神祇，这与前文所述其与关帝构成一组相对神祇的情况相似。紧挨着观音的西侧端坐着二郎神，

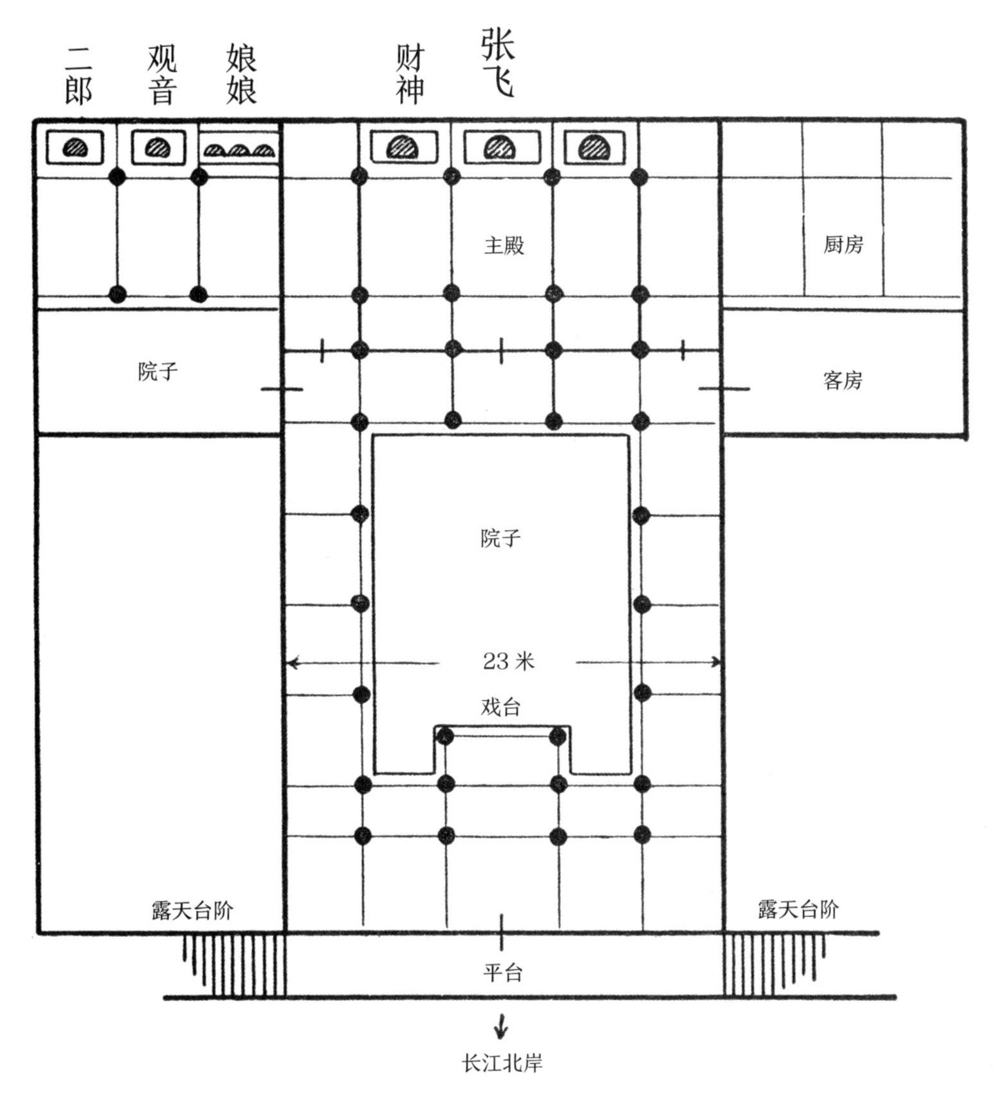

图 38. 万县桓侯宫平面图

他是蜀郡太守李冰次子，被视为四川之主，本卷第三章将对其进行深入介绍。天府四川的富饶发展正是始于二郎神之手，故他在此处以同主殿财神相对应的形象出现，两者遥相呼应。观音东侧是三位娘娘。

桓侯宫高高立于长江险滩之上，这种令人震撼的选址布局表明，张飞被视为这片土地的保护神，他以神力镇压着具有毁天灭地力量的暴虐激流，从而护得一方安宁。下文中的另一处张飞祠选址也反映出类似寓意。

四川省云阳县张桓侯庙

此张飞祠位于云阳县南面的山峰北坡上，同小城隔江相对。祠堂所在的山麓就像是一道影壁，环拥在云阳面前，这从风水学角度而言是一种极佳的城市选址。此外，这里还是长江最危险河段的起始点，因此人们常于此献祭诸神（参见图 39）。这里的一处崖壁上有两位官员遣人刻的大字：龙吟。该词取自文典，应是指代重要历史事件，同时也暗指自然的威力。此地崇山巍峨，大江奔流，人们听着如雷的波涛巨响，承受着长江带来的福祸。或许这就解释了人们为何在以张飞命名的祠堂中将他同其他道教神祇作为一个整体共同供奉。人们希冀可以借助神祇的力量，消解自然中会造成毁灭性结果的“龙吟”。虽然传说以及祠堂中的众多历史碑文及张飞塑像都表明，张飞头颅便葬在此处，但这或许并非真实历史，而是人们将关羽死后落得尸首分离的结局套用到了张飞身上。告诉我这件事的道士们，其实自己也对此表示怀疑。不过，细究这种传说的形成，我们会发现一个很有意思的现象。某一历史事件在后世民众的口口相传中，被逐渐转嫁至另一主人公身上。对此人们一开始还略有犹豫怀疑，可经过一代又一代的传承，这个已被换用了概念的传说成为固本，而人们对此已深信不疑。张桓侯庙中建有一座开放式凉亭，其三面实心墙壁上刻着诸葛亮献给主公刘备的那篇著名的《隆中对》。此外，庙中还有一座六角亭，内有一块以古老汉隶写就的铭文石刻，以纪念祠堂主人张飞。

图 39. 同云阳县隔长江相望的张桓侯庙

图 40. 云阳县张桓侯庙内的吕祖睡像

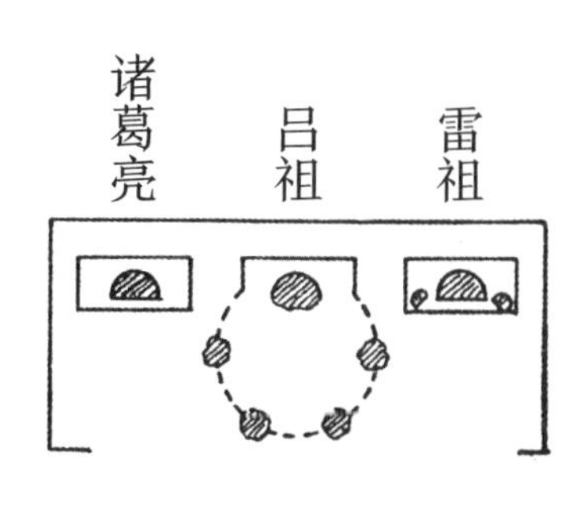

图 41. 云阳县张桓侯庙内一处塔楼的顶层

祠堂侧面建筑中有众多道教神祇塑像。一座塔楼的二层放有一尊吕祖卧像（参见图 40），他是道教著名八仙中最广为人知的一位。只见吕祖合着双眼，盖着被子，枕着枕头，在床帘后合衣向左侧躺在一张床榻上。我之前在峨眉山的一座佛教寺庙中也看到过类似造型的吕祖像。此外，在一些仙洞及崖间庙宇中也有其卧像。吕祖床后还立有一只仙鹤，它的翅膀收拢，脖颈后扭，长喙伸入背部的羽毛中，同样酣然入眠。床前吕祖脚边立着一随侍小童。这座塔楼的最顶层设有一座神坛（参见图 41），神坛内供奉的吕祖像造型更加有趣。神坛正中，吕祖驾着仙鹤凌云而起，身体姿态灵动至极（参见图 42）。下方四位道徒跟在他的周围，随他一道前行。衣带飘扬，四位道徒的手臂上雕凿有朵朵祥云，这让吕祖呈现出一种完全腾飞于空中的仙姿。吕祖神坛左侧供奉着威严的雷祖，其身旁还伴有两位侍从。其中左手边是雷神，长有翅膀及利爪，还握着雷凿与雷锤；右手边是年轻漂亮的电母，服饰优雅，双手交叉，持两面乾元镜，镜中放出闪电降至人间。雷神电母在中国极为常见，甚至有时在高雅艺术作品中也有出现。在吕祖神坛右侧端坐着以青年形象出现的丞相诸葛亮，他身着一

图 42. 吕祖驾鹤腾云像

袭由大量五彩布料拼接成的长衫，造型非常醒目。

张飞祠还连接着一座修建在瀑布边上的小巧而美丽的花园，园中有一洞窟，窟内堆叠着各种奇形怪状的石头。就在这林立的奇石堆中，一块龟首造型的石头探出头来。

2.9 长江峡谷激流区域的三国英雄纪念祠堂

如前文所述，汉朝末年、三国时期的重要战役及事件的发生地已为广大民众所熟知。人们争相传颂这些历史故事，努力将这段真实历史传承下去。即使是最普通的底层民众，也能事无巨细地将它们娓娓道来。这种民风在四川湖北两省交界地尤其明显。巍峨的大巴山脉在这里将汹涌的长江拦腰斩断，造就了壮丽雄奇的著名峡谷景观。这一大自然的峥嵘手笔为无数中国文人所吟颂，不计其数的中国绘画创作也以此为表现主题。而就在此地，在这处雄伟磅礴的自然之中，坐落着三国古战场。刘备同曹操的交战便大多发生在这里。所以，这里到处可见那个峥嵘年代的遗迹。人们坐船顺着奔流的大江疾驰而下，沿途便能看到一个个纪念建筑，触碰到它们背后的那段历史。

图 43. 夔州府下游长江进入风箱峡峡谷入口

一出夔州府，原本宽阔的长江河道迅速收窄，中间几乎没有过渡，直接进入了万仞悬崖中的峡谷（参见图 43）。两岸巍巍高山怪石嶙峋，它们以天空为背景，用自己奇特的轮廓彰显着这片壮丽地形的存在。若一阵强劲东风刮入峡谷，汹涌的江流瞬间便翻起滔天巨浪。这里即便无风也处处是旋涡，在风势下更是险象环生，船只如陀螺一般在旋涡里打转，根本无法前行。我也遇上了这种恶劣情况，在经历了一次徒劳且危险的入谷尝试之后，不得不在峡谷外等待一天，直到风浪平息。这处峡谷名曰风箱峡。等待的时候，人们会虔诚地将无数大大小小的风箱作为祈求及感谢自然神灵的供品，献到一处崖洞之中。北面崖壁高处开凿有一条小道，道边凿有一些摩崖石刻，如"开关奇功""天梯津隶"。长江南面崖壁上则刻有"孟良梯"。

奇险独特的峡谷入口前方矗立着一个孤零零的圆锥形山峰，它海拔不高，却十分夺目。山腰上散落分布着名为白帝城的村庄，山顶则是一片从远处也清晰可见的茂密小树林。林中坐落着一座供奉有蜀主刘备及其结义兄弟的祠堂——昭烈帝庙。

昭烈帝为蜀汉皇帝刘备的庙号。由于祠堂拥有众多佛教元素，故昭烈帝庙又被称为"白帝寺"，其中"寺"字便点名了其佛教色彩。至于"白帝"一词具有何种含义，我不得而知。[1]白帝寺主殿尊位上是刘备，西侧的双人神坛上供奉着关帝及张飞，与之相对的东侧供奉着刘备儿子、蜀汉皇室唯一的一位延续者刘禅。墙上镶嵌有众多带铭文及图案的石碑，宽敞的庭院中还有一块立于明代的带基石的铜碑。这里的修行者皆为僧人。在纪念历任方丈的祖堂中挂着一幅某任方丈画像，画像前的小神龛内摆放有一尊 25 厘米高的隐士像，形容消瘦，眼神凝视。有传言说，这里曾经保存着或者至今还保留着刘备的铁制王冠及穿过的衣袍。这座祠堂在周边民众及所有来往于长江上的船家中享有盛名，无论是从历史、地理位置，还是从风景角度而言，它都地位崇高、意义巨大。

船入风箱峡，经过短短几个小时的顺流而下，我们看到了建于陡峭江岸上的如画小

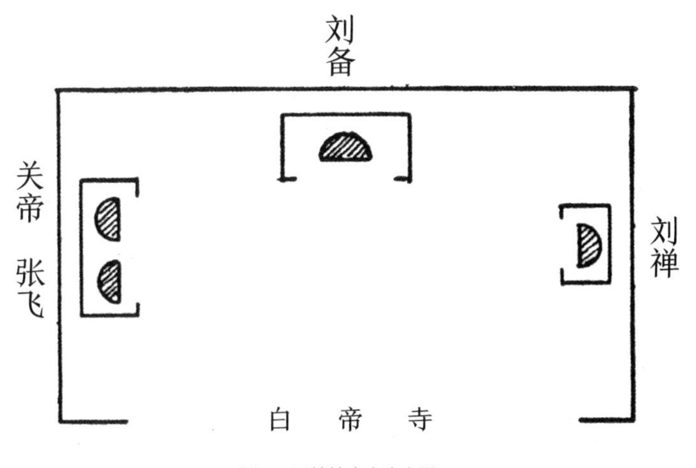

图 44. 风箱峡白帝寺主殿

1　此处指公孙述。西汉末年，王莽篡位，公孙述割据蜀地，并于公元 25 年自立为帝，自号白帝，城池改名为白帝城。——译注

城巫山县。巫山县就像是一个小小的珠宝盒，里面收纳着数不清的精美住宅及寺庙等建筑珍品，它也因此成为四川这片富有浓郁艺术气息大地上的一颗耀眼明珠。它同时又是进入长江奇险巫山峡的起点，这个身份对来往行人而言最为著名。巫山峡长约四十公里，起于巫山县，终于巴东县前方的西壤口，横穿川鄂交界线。此峡谷河道狭窄，两岸险峻崖壁直插云天，大江一往无前、深不可测，可江面上却是诡异的平静。在这种近乎令人战栗的寂静之下，无怪乎中国人会产生一种人生空无的顿悟、一种对磅礴的自然力量毫无还手之力的臣服之感。据说，充满传说色彩的帝王禹，便是在这里辟出此段峡道，以疏通大江平安入海，这也成为他最伟大的一项功绩。无数著名诗人以文赋、诗歌、传说等，赞颂巫山峡的雄伟奇丽。我从四川西部峨眉山万年寺里一位僧人口中听到了这样一句谚语，四川的几处风景奇秀之地均被囊括其中：剑关[1]天下险，峨眉天下秀，巫山天下景。

据说就在巫山这个地方，有勇有谋的曹操曾独自驾一叶小舟，秘密探查敌方舰队情况。这里有一处几乎高不可攀的崖壁，人称诸葛碑，其上文字由诸葛亮手书并遣人镌刻。另有一处山中洞窟，传言内置石棺一口，故其所在河段被称为棺材峡。船只一路前行，沿途我从船工那里了解到了众多类似的奇观异景，它们均被冠上具有隐含寓意的名称，让人记忆深刻。船过湖北境内的第一座较大城市夔州之后，长江进入一段长约 15 公里的狭窄峡谷。此地名曰兵书宝剑峡，根据传说，诸葛亮曾带着主公刘备的一份重要兵书，仅一人一舟一剑，从宜昌下游的荆州出发，途经此地，疾驰至与曹操对抗的蜀军驻地，将兵书安全交至将领手中。据说荆州城内还保留着两口关羽使用过的铁制大锅，被安放在专为此而建的一座亭子内。

以上只是我在此区域于巧合之下收集到的一些沿途三国印记。它们与四川北部的一些纪念建筑以及其他已在上文作深入描述的群英祠堂一道，向人们展示了这片土地对于那些英雄保有何等强烈与深切的缅怀，同时也体现出周边风景及战略地理位置在建筑选址规划中扮演怎样重要的角色。对于中国三国群英的崇拜几乎笼罩了整个古蜀四川，他们的英魂被人们以宗教形式神化，其影响始终渗透至这片土地的角角落落。

1　指剑门关，位于四川北部同名城市附近的隘口。

3 中古及近代的祠堂

3.1 唐朝（618—907）

公元 1 世纪，佛教正式传入中国。随后，历经发展，佛教地位在汉朝覆灭后的几百年间获得显著提升。然而与此相对的是，在这段时期内，中国只在公元 265 至 429 年处于相对统一的状态。在其后的 170 年中，中国陷于四分五裂的割据局面，人们总体上可以把这种分裂视为南北割据。这其中的拓跋北魏一朝（386-534），在助推佛教在全国范围内的盛行过程中做出了尤其突出的贡献。这个外来思想连同它所带来的西方建筑、艺术、科学知识一道，为中国社会各方面注入一股活跃生机。众多全新思潮因此产生，中国由此进入一个崭新阶段。在这样的背景下，辉煌伟大的唐朝诞生了。历史上或许没有哪个朝代像唐朝这样，在经历了不可避免的割据局面之后，借助新思潮及其一系列的发酵影响，塑造出一个全新的、统一度更高的中国。唐朝脱胎于璀璨汉朝的大一统以及由各短命王朝构成的纷乱格局，它借助其强大且运作成功的中央政府机构，统治中国近 300 年。那个时代自然在各处留下了众多深刻印记，城乡处处可见对唐代王侯将相、文人骚客等著名历史人物的缅怀。

3.2 四川汉州[1]高宗寺

富庶的汉州位于物产丰富的成都平原上，从成都府往北约一天的路程。从汉州出发向南一小时，眼前出现一片片深色的小丛林，它们赋予一路行来千篇一律的金黄色稻田以别样的灵动生机。寻常树林中多建有农庄或墓地，而眼前的这片密林中却有一块由围墙精心圈着的区域，煞是显眼。这是一处佛教寺院，寺内建筑并无多少亮点，但因其供奉有唐朝第三位皇帝唐高宗而引人注意。同李家其他帝王一样，高宗也是一位虔诚的佛教徒，在位期间大力宣扬佛教，所以人们将他列入佛教神祇体系，与中国传统诸神并列。由此，佛教这个外来宗教同本土神明崇拜以一种独特的形式融合在了一起。高宗寺入口门厅供奉着关帝像（参见图 45），关帝在此处被佛教视为保护神。关帝背后是佛教护法韦驮。主殿正中供奉着释迦佛，其东西两侧各设有一座特殊的神坛，东侧神坛上为主管文运的文昌，西侧便是高宗。这两人身旁还各立有随侍两名。细看高宗，只见他身披黄袍，袍子上有白、金两色花饰（参见图 46）。他留着长髯，面容栩栩如生，造型及细节表现极具艺术价值。主殿东西侧墙上各有九尊罗汉像，他们均以独特的隐士形象出现，坐于岩洞崖窟之内。

1　今广汉市。——译注

高宗寺

汉州

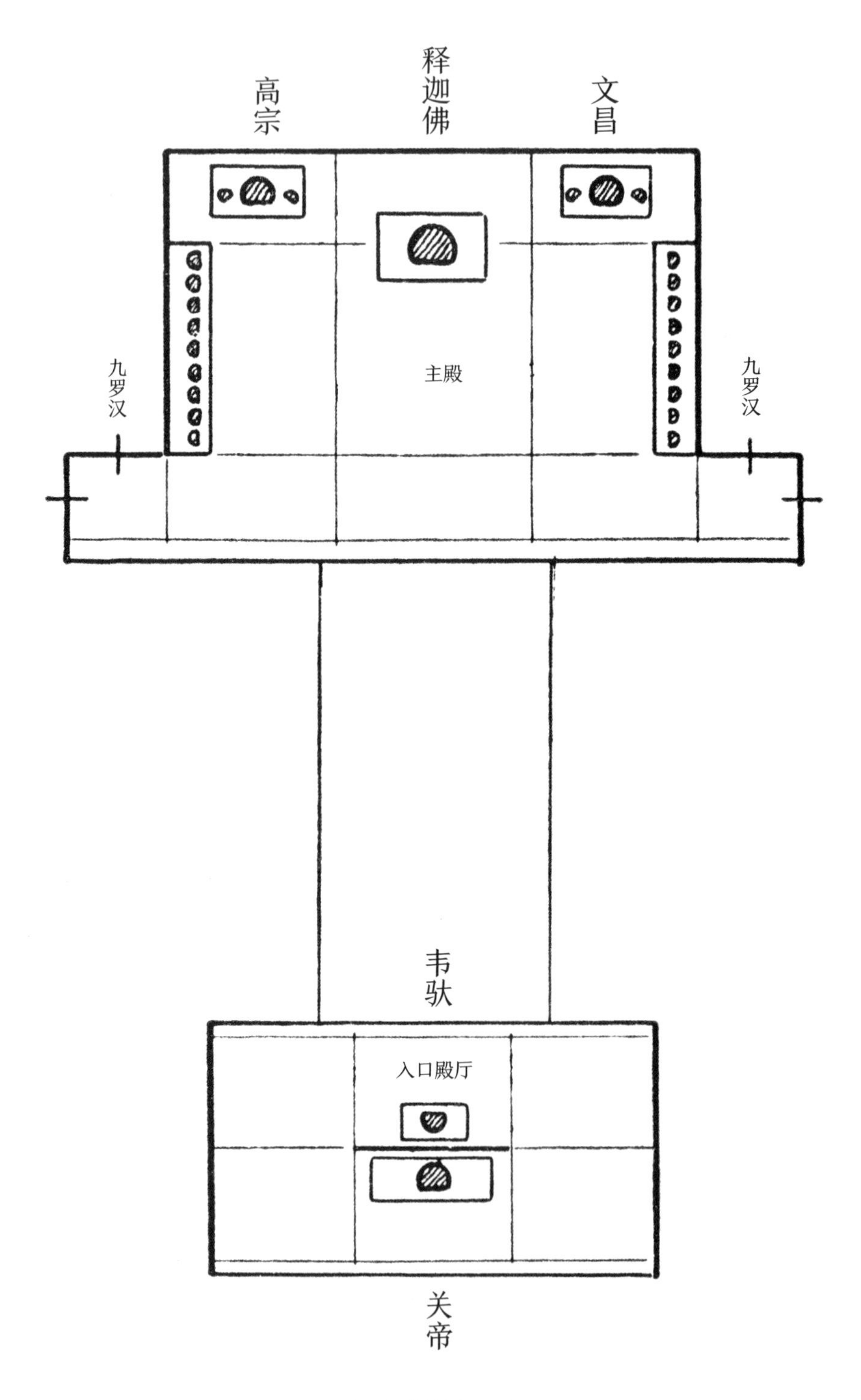

图 45. 汉州高宗寺平面图

图 46. 唐高宗像，位于汉州高宗佛寺内

3.3 四川广元县武后寺

大名鼎鼎的武后原为唐朝第二任皇帝唐太宗的后宫嫔妃之一，太宗死后她出家为尼。但很快，太宗继任者高宗无视人伦，独宠武后。她重返宫廷，并借助高宗的宠信，在独霸后宫的同时干预甚至操控前朝。高宗死后不久，她终于完全掌控朝政，成为真正意义上的统治者。武后虽然残酷毒辣，毫无怜悯之心[1]，却是登上龙椅的中国一众女性统治者中最具影响力的一位。她同时也极力推行佛教，其对佛教的偏爱甚至还表现在面首的选择上，后宫中的众多男宠大多是佛教僧侣。位于嘉陵江上游的四川北部城市广元县，据说是武后的出生地，人们在这个具有特殊意义的地方为其建造了一座祠堂，以纪念这位女皇。美丽的广元县位于长江东岸高耸的一片平地上，城市占地面积巨大，一直延伸到山丘脚下。山丘北面及东面被城墙包围，山上遍布各种祠堂寺庙。与广元县隔江相望的长江右岸屹立着

1 此处为作者一面之词，武则天在位时亦有很多善政。——译注

图 47. 位于石刻佛像山脚下、同广元县隔江相望的武后寺

绵延不绝的高山（参见图 47），陡峭的崖壁上有数不清的佛像神龛。这些摩崖石刻造像或许自唐代便有，正是在那个时代，这一艺术形式风靡整个中国。在这无数作品中，有一组佛陀和两名随侍的石刻像规模巨大，极为壮观，其样貌在历经风雨侵蚀的今日仍清晰可辨。这些圣像组群如同一面永恒的神之明镜，脱胎于自然之中，傲立于天地之间，与大江彼岸的广元县遥遥相望，而后者也正是从这里吸取其散发出的神圣力量。武后寺就在这遍布佛像石刻的山脚下，祠堂依轴线面东而建，正好对着对岸的广元县。

武后寺又名皇泽寺。该寺保存现状堪忧，仅有几名僧侣居住其中，很多区域已完全倾颓。不过，皇泽寺的恢宏大气并未因此受损。主殿内供奉有大慈大悲观音菩萨坐像和一众其他佛教神祇，祠堂殿内的塑像即是那雄伟摩崖石刻佛像的重现。武后身着带黑色坎肩的黄袍，端坐于前堂，面部朝东正对广元县，看上去似是集身后主殿众神像及殿后崖壁佛像所散发的神圣佛光于一身。细看这种巧妙布局，石刻崖壁佛像、殿内佛像以及人像放置的顺序，均体现出由超越俗世的神圣神祇崇拜逐渐过渡至更具凡人色彩的观感体验。如此神坛布局不仅出现在佛寺中，也见于道观内。在皇泽寺中，这条神坛轴线最后以这位历史上真实存在的著名女皇收尾。武后讳则天，“则天”一词意为“青天之代表”，因此她也被称为“天后”。这种人物神像设计更加鲜明地体现出上述“由神至人，人包含神”的布局理念。寺后山崖崖脚处有一个由小溪汇聚形成的小池塘，它被人们冠上一个颇具佛教色彩的名字“小南海”。在崖壁上大大小小数不清的佛像洞龛中，有一处洞龛外设隔门，内有著名八仙之一吕祖像，我们在云阳张飞祠中已对这一形象有过了解。吕祖像多以酣睡或飞仙形象出现于洞窟之内或山峦之上，这可能同他的名讳吕洞宾有关。而此处其雕像出现在岩壁神龛中，背后或许也有深意。吕祖原型为历史真实人物吕岩，他出生于公元750年（距武后统治时代不久），后扬名天下，成为当时唐朝的著名人物。不过惨不忍睹的是，现在他的洞窟是赌棍和吸食鸦片的瘾君子的栖身地。

3.4 四川绵州李杜祠

武后统治过后，中国迎来了诗歌艺术的鼎盛时期，这一巅峰的代表人物是被称为唐朝三大文豪的李白（字太白，701—762）、杜甫（字子美，712—770）以及韩愈（字退之，768—824）。

李白与杜甫被世人并称为中国诗坛最璀璨的两颗明珠，绵州附近有一座纪念这两人的合祠。李白以狂放不羁闻名，据说其饮酒无度，行事散漫随性，但因自身才华横溢，得以在大唐宫廷中任职多年。可最终他的恃才傲物得罪了宦官及后妃，所以他出走宫廷，浪迹四方。在诗歌生涯的早期，李白在山东的徂徕山与五位志同道合者组成颇负盛名的“竹溪六逸”[1]。而在这之后，随着其作品越来越受到世人的推崇，他又同另外七位诗人一道被合称为“饮中八仙”[2]，这一名称的响亮程度丝毫不逊色于“竹溪六逸”。

早在西安时，李白便同杜甫结下了深厚友谊。后者虽然在诗作方面从未达到过像李白这样无人可及的高度，但其一生屡任高职，甚至最高担任过检校工部员外郎。有一段时间他任职于负责国家工程营造的工部，故又被称“杜工部”。同李白以及中国无数其他诗人一样，杜甫醉心远方，周游四野。在人生的最后几年，他一路追寻历史遗迹，足迹几乎遍布整个四川及中部各省。相较于李白因嗜好美酒而闻名，杜甫的醉心垂钓人尽皆知。中国人将“鱼儿上钩”这一意象视为取得成功，而“鱼潜深水”有时则象征着深藏不露的才华与力量。杜甫也因此经常被塑造为手持鱼竿的垂钓形象。这两位诗人的人生结局同样充满着令人唏嘘的传奇色彩。李白醉酒乘船，想要从水中捞出婵娟倒影，最终溺水而亡。杜甫伶仃一人泛舟长江之上，洪水袭来，小舟被掀翻至一处人迹罕至的小岛上。虽然几天之后他被人从濒临饿死的状态下救了回来，却因为饥饿过后的狼吞虎咽而丧命。

李白来自四川绵州，据说杜甫也曾在绵州居住过一段时间。四川人自然因为这两位诗仙诗圣而自豪不已，他们一再骄傲地宣称，天下优秀诗人尽是出自这片土地。有一句谚语

1 指李白、孔巢父、韩准、裴政、张叔明及陶沔。——译注

2 指李白、贺知章、李适之、李琎、崔宗之、苏晋、张旭及焦遂。——译注

便这样说道：文章数三江[1]，诗豪出四川，北方尚武颇有精神。

不过四川人并没有说错。“钟灵毓秀之地的人必定会成为诗人。四川本身就是一首诗赋，一首由神与人共同写就的诗赋。”

绵州位于大巴山脉西部余麓向南延伸的山丘地带，坐落于涪江右岸。我到访时正值7月，涪江江面阔阔、浪涛汹涌。从绵州出发，向南行一日路程过罗江，面前便是成都平原。绵州辖境内有两座名山，分别为大小匡山，据说李白曾在大匡山中勤学苦读。早在少年时期，他便表现出了热爱自然的天性，闲暇漫步归来总会带着采集的花束。据大匡山当地人讲，李白离开四川之后就再也没有回来过。但他在四川境内留下了许多亲手书写的诗赋匾额，其中四川东北部的巴州及广元县数量尤多。杜甫在李白出蜀之后才来到此地，他以自己的真诚友善很快融入当地民众中间。据传涪江岸边曾有一座春秋亭，杜公就在那座亭子中垂钓烹饪，自钓自食。绵州一座兴建于光绪年间的学堂中立着纪念李、杜的碑牌，镌刻有碑文“杜公喜垂钓，李公好醉酒”[2]。

据说，同在绵州辖内的天池[3]山脉中也建有一座李杜祠。

绵州渡口旁有一尊卧牛像，被奉为镇压水患的圣物。与这座城市隔江相对的涪江左岸，是一块面积虽小却位置优越的平原。人们选择在此修建李杜祠，以纪念两位诗豪（参

图48. 绵州李杜祠

1 长江古入海口。此处指苏州及杭州。——译注

2 此处为意译，非原文。——译注

3 天池山，Tientsingshan，音译。——译注

见图 48）。祠堂外有一圈围墙环绕，修长妩媚的翠竹几乎覆盖了整座建筑。就在翠绿掩映中，高耸的祠堂屋顶探出头来。祠堂主入口上方有匾文“千万人中唯此二人身正影直行大道”[1]。主殿祭坛中间是李、杜二人的牌位，两侧是另外四位文人的牌位。李白牌位最上部用华丽的金粉刻有“鱼跃龙门”四个大字，两侧雕刻有云中蝙蝠及浪里海马图案。杜甫牌位上部有一对朝正中太阳飞翔的凤凰，侧面则是神龙及蝙蝠。两块牌位均为深蓝底色，上带两行金字铭文：“唐翰林学士左拾遗李公神位”“唐检校尚书工部员外郎赐绯鱼袋杜公神位”。主坛上方横匾写有“顿惭双宗”，两侧为一副对子：“度白马关来落凤卧龙汉室盐梅同俎豆，步鲂鱼津上酒仙诗史唐贤香火焕文章”，其中上联中的几处地名我们已在前文庞统祠中作过介绍，下联中的“鲂鱼津”应是涪江在绵州附近的一处渡桥。祠堂一角建有一座六角双层开放式凉亭，一层立有一块石碑，碑上一面刻有精美浮雕，另一面则阴雕有一幅图画，画中杜甫手拿鱼竿和葫芦，一位小童拿着书卷陪伴左右。凉亭二层有一副对子：“酒圣诗仙同千古，云影波光入一楼。”祠堂内还巧妙地辟有一处池塘，以此点明杜甫的垂钓之乐。池中建有一座四方花园小轩，轩内有一精妙对联：“植花落座吹长箫，横竿垂钓濯清泉”。[2] 主殿李杜祭坛旁也有一副对联，其内容还另外涉及一座主管文运的文昌祠堂。作为文人的保护神，文昌君的身影出现在此祠堂中不足为奇。对联大意为“李杜美文留北江，如萝薜傲于群芳，其光芒闪耀于三江沿途众文人之间；双宗漫步古蜀道，留遗迹于七曲之巅，文赋珍宝自此处仰止高山璀璨至今”[3]。

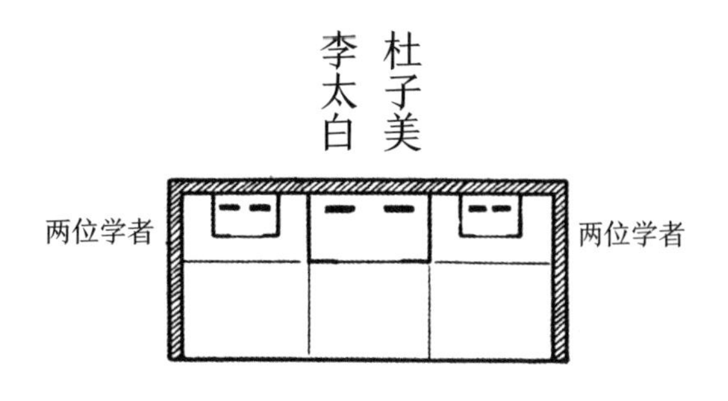

3.5 四川梓潼县文昌宫

上文对联中提到的七曲山位于绵州北部，我两天之前正好途经那里。七曲山被认为是主管文运功名的文昌的故乡，人称“文昌故里”，故其与诗人学者们关系密切。文昌原型据

1 此处为意译，非原文。——译注

2 同上。——译注

3 同上。——译注

说是唐代居住于四川梓潼的张亚。他写得一手锦绣文章，在学堂担任要职。朝廷听闻其贤名，擢其赴礼部任职，但他拒绝了这一任命，自此消隐于世间。

规模宏大的文昌宫坐落于武连和梓潼之间道路上的一处风景奇秀之地。一道山脉连绵落入西河谷地，上面是山脉起伏形成的七座巍峨山峰，下方河谷中是河流蜿蜒形成的九道弯折，所以此地人称“七曲山九曲水”。这一名称既可被直白地解释为一座七峰山脉和一道九弯流水，又可被引申理解为“蕴含了七重不同山景与九重多姿水景的地方”。高山起伏的轮廓犹如一条神龙，最后一个高耸的山峰便是龙头，文昌宫正位于龙头上。此处除了文昌宫外还有一座关帝祠，关于这两位神祇以及关帝同观音之间的联系前文已有描述。不过，鉴于四川这个文豪之乡的多座相关祠堂都着重突显文昌与关帝之间的相互关系，所以我们在这里就这一点作进一步探究。人们认为，庇护文人的不仅有赋予人才华的文昌，还有象征勤劳与成功、对工作一丝不苟且才华卓越的关帝，两者缺一不可。李杜祠中的铭文便暗示了这一深层含义：文昌与关帝的组合立于通往艺术与知识巅峰的门槛两侧，以守护神的身份守卫着世人功成名就的龙门。七曲山中的最后一处山头又因为大型文昌宫的存在而被称为大庙山，每年农历二月，此地会举行大型朝圣活动，这一活动在讲到武连诸葛亮祠时提及过。由于我是临时起意前往大庙山文昌宫的，故此行匆匆忙忙。

以下是我在 1908 年 7 月 30 日自武连往梓潼县的日记：

继昨白天大风过后，身上薄衫已抵挡不住骤降的寒意，昨夜今晨又降下瓢泼大雨。今日行程的第一个小时里大家都浑身湿透，艰难的登山路程也全是在雨中完成的。回望来时路，武连所在的美丽山谷已不见踪影，只有那座白色十三层宝塔还矗立在视野之中。周边景致同昨日沿途所见一样，海拔极高但起伏缓和的山体被辟出无数梯田，其间又隐藏着很多谷地，山坡上一派富饶肥沃景象。在清晨至中午的行程中，西北偏北方向的五子山及远处西面巍峨的老君山始终清晰可见，但此刻它们已被烟云笼罩。这或许是中华文明发祥地的最高峰。西南地平线上横亘着另一道带梯田的山脉，不过其整体高度明显低平，故略显平淡无奇。那远山中的河谷较为开阔，谷中有大片绵延的稻田，稻子已长得颇高，农民在这个阶段并不需要总是下田。脚下的道路始终沿着山坡与山脊平稳向前，一路经过多处平地，回望皆是满目锦绣。到了午后，我们已翻越过前几座山头，逐渐抵近那道水量丰富、蜿蜒曲折的九曲水畔。这个时节，青葱的禾苗完全覆盖了整个河谷。朝南望向远方，重峦叠嶂的山脉出现在视野之中。下午，我们终于到达文昌庙附近，到达这幅美丽画卷最耀眼的地方。祠堂入口及出口均立有高大的牌楼，上面的铭文皆同所处的七曲山、九曲水地形有关。我们沿着形似神龙脊背的山体分水岭，进入文昌宫。七曲山中的最后一个山峰即龙首，它如一座堡垒高耸入云，睥睨着正下方的九曲水。“龙首”遍植柏树，不过大多树龄较小，只有大路两侧的树木可称得上古木。文昌庙同关帝庙并肩而建，均有众多屋舍、纪念厅、亭子、台阶。恢宏壮观，无出其右！建筑与山水地形相互契合，以完美的方式展现出灵动的“神龙”布局。远处，隐于烟云背后、象征着宇宙本原的老君投来俯瞰视线；近处山间梯田上，良田、树林与寺庙，为神祇献上一个充满喧嚣繁华的伊甸园。深邃神秘的宇宙、象征宇宙力量的八方神祇、因神力而出现的人工建筑与自然美景，这三个元素完美地结合成一整体，于是造就了此地的圣洁气息。

可惜天很快黑了，雨落了下来，周围又是拥挤不堪的人群，我只能走马观花看完各个大殿。关帝像为真人六倍大小，通身镀金；文昌像在多地都出现过；文殊菩萨等其他佛教神祇也出现其中。此外还有以对子、匾额、偈语或诗赋形式出现的数不清的铭文。祠堂价值丰富，完全值得人们作深入细致的研究。一道泉水发源于祠堂所在的山峰，成为此地奇秀景致的点睛之笔。周围群山上只有一些低矮灌木，并无大片森林。香柏遍布龙首，庄严肃穆，让人不禁联想到传说中的群蛇头戴金冠。从本质上看，建筑选址与传说所表达出的是同一种理念。

3.6 成都杜公祠

除了绵州附近的李杜祠之外，四川还有一些纪念杜甫的杜公祠，我在成都府西南的双流便听当地人讲过其中一座。不过，这当中最著名的当属位于四川首府附近的杜公祠。成都府西城墙外有一座占地面积巨大的老子庙，该庙向西行至距城墙约两公里处有一组由三座引人注目的祠堂相连而成的建筑群落。它们坐落于河流的大转弯处，占据了几乎整片河湾。三间祠堂的主体为草堂寺，它是一座正宗佛教寺院，有多重美丽庭院与众多古树。草堂寺从艺术角度而言并无多少特别之处，唯一的亮点是粗壮的屋脊均以陶瓷马赛克及石膏制成，外表时尚且华丽。所有大殿正面几乎均立有一排石制立柱，柱子上部是雕刻精致的雀替。草堂寺与旁边两座祠堂共有僧侣近百人，他们全部归德高望重的草堂寺方丈管辖。毗邻草堂寺的是浣花祠。

以上两座寺庙名称均同杜甫位于河边的著名故居浣花草堂有关。这个平平无奇的名称，反映出我们这位文豪深爱着这片美丽的土地。浣花祠规模较小，其建造目的是为纪念一位女诗人——冀国夫人[1]。据说她生活于唐朝，其坐像被放置于祠堂玻璃神龛内。人们猜测她同杜甫关系密切，这或许并不是无稽之谈。

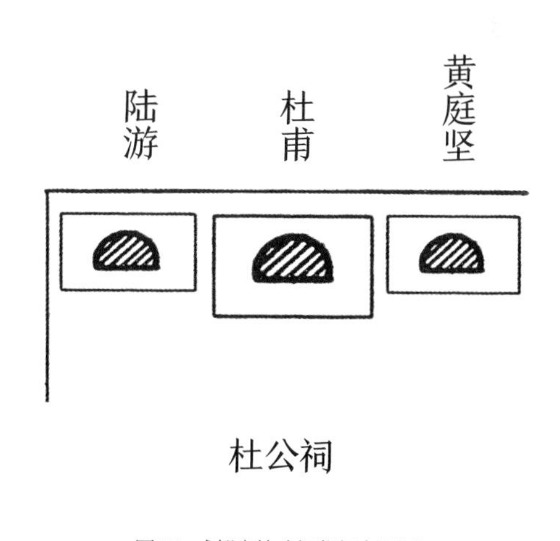

图 50. 成都府杜公祠祭坛布局图

1 此处应为作者的混淆之语。历史上，"冀国夫人"指唐西川节度使崔宁肯之妾任氏。大历三年（768 年）泸州刺史叛乱，任氏招募勇士，自己披挂上阵，击溃叛军，保城都，被封"冀国夫人"。另有唐代女诗人薛涛，曾居住于成都浣花溪边上。——译注。

图 51. 成都府杜公祠杜甫供坛

这座被掩映在绿植间的精巧祠堂旁边便是规模较大的杜公祠。杜公祠并不只供奉杜甫，主殿其坐像旁还有另两位诗人塑像，他们共同构成了一个祭坛整体（参见图 50）。杜甫左侧为书法家及诗人黄庭坚（1045—1105），他被世人称为“北宋四大家”之一，著名的二十四孝故事中便有一则关于他的事迹。因深信道教，故黄庭坚又自称“山谷道人”。杜甫右侧为文豪陆游（1125—1210）坐像，因被人指责行事散漫，故自称“放翁”。这三尊塑像尺寸较真人略小，皆雕工绘画精美，它们被安置在质朴庄重的神龛之中（参见图 51）。主殿前立有三块纪念碑，碑上刻有诗人画像。纪念碑照片会在其他地方公布。

此处人们把杜甫同宋朝两位文豪放在一起，此举动背后应有深意。其原因或许在于三人皆思想深邃、才华横溢。此外，同杜甫一样，黄、陆二人也曾短暂入蜀任职，故他们在这片土地上也颇具影响力。最后一点便是从实用角度考虑，一座祠堂同时纪念多位人物的做法经济实惠。不管怎样，这三位人物之间应该都存在某种内在联系。

在唐宋时期，这三座祠堂所在地是一个美丽别致的庞大花园。杜公祠中至今仍保留有很多花园遗迹，呈现出遥远岁月的风貌。一路行来，殿厅廊腰相互交错。登上楼宇的开放式高层，于清新空气中俯瞰掩映在葱茏绿叶间的重重庭院，院中假山石窟错落有致，纵横走道蜿蜒其间，如此美景足以让人陶醉其中（参见图 52、图 53）。一条人工开凿的水道从两侧环绕庭院，苍翠修竹依着河道蜿蜒，座座小桥架在水面之上，小河显得意趣盎然。

图 52. 花园里的鱼池、小桥与亭子

图 53. 带沟渠与小桥的过道大门

小河应该不过百年历史，现存的石刻花园平面图中并没有它的影子。花园里还有一条较大的沟渠和池塘，里面放养着许多乌龟和鱼儿，其中最多的便是银黑色的鲤鱼。它们成群结队地四处游走，等待人们从凉亭投下食物。一大块面包扔入水中，这些小生灵们顿时蜂拥而至，相互争抢，有趣的场面让人忍俊不禁。鱼池本就是中国寺庙及花园设计中非常受欢迎的一个主题，然而在这里它更有着特别的含义，醉心垂钓的杜公就在一旁的大殿内。祠堂内开了一家食肆，为无数从城市和乡镇来到此处郊游休闲的游客提供饮食。人们在这里吃饭、饮茶、抽烟、闲聊、作诗、下棋，度过一段悠闲时光。我也于明媚的日光下，在池塘边的茅草厅中吃了一顿美味早餐。早餐后，我登上一旁小山丘上的亭子，坐在亭中一边细品上好的米酒，一边感念杜甫留下的这份美好的历史印记。周边所有的建筑中都有很多铭文，甚至山石上也镌刻着铭文，其中一副对子这样写道：

诗卷长留

草堂不朽

传教士古伯察[1]曾于1846年到访成都，随后在他著名的作品中描述了一座位于成都城外的寺院。他并没有在书中给出该寺院的名称，但我可以肯定，其所说的应该就是我们眼前的这一祠堂群落，或许刚好就是杜公祠。他对该寺的描述值得一看：

> 这座寺庙是我们在中国所见过的装饰最华丽、保存最完好的建筑之一。我们一起喝过一盏茶之后，住持邀请我们细细探访寺院。稳重大气的建筑及精美华丽的纹饰不断吸引着我们的注意力，不过最让人惊叹的还是寺中庭院以及寺院周围意趣横生的小林与花园。我想象不出，还有什么地方能带给人比此地更强烈的心旷神怡之感。我们在一方鱼池边停留了一段时间，悠闲地看着池中的乌龟嬉戏在池底或浮动的莲叶之间。另一处稍小的池塘中则满是黑色与红色的鱼儿。池旁有位僧人刚把头皮刮得青亮，他那对又大又长的耳朵显得格外醒目与可笑。只见他悠然自得地把米饭做成一个个小球，掷到水中，底下的鱼儿瞬间蜂拥而上，争抢食物。它们将头高高昂起，嘴巴半张，好似亲吻水面上的空气一般。

3.7 苏东坡祠堂

如上所述，成都杜公祠除了纪念杜甫外，还有两位宋代诗人。在那个历史朝代，文学与造型艺术备受世人推崇。在璨若星河的宋朝名士中，最著名的当属集诗人、政治家及虔诚佛教徒身份于一体的苏轼。其弟苏辙也是一位诗人，不过他信奉道教。兄弟二人的父亲来自成都府南面的眉州，但兄弟俩则出生于陕西凤翔府，现在凤翔便立有一座东坡祠。纵观苏轼政治生涯，他一共经历了四朝皇帝，因友人提携或政敌构陷，历经雨露雷霆、宦海

1　古伯察（Ecariste Huc，1813—1845），法国基督教传教士，于1844—1846年在中国内陆及西藏地区传教。——译注

沉浮。他只短暂地在京师为官，之后便一再遭到左迁甚至流放，四处辗转漂泊。他的外放历程首先开始于浙江杭州。他在担任杭州通判期间，为美化当地环境贡献良多，杭州西湖边上现在还有一些纪念他的遗迹。任职湖北黄州时，他在一处山丘的东坡为自己建起一座小舍，别号"东坡先生"便是由此而来。之后他还在广东惠州待过一段时间，最远甚至被放逐到满目荒野的海南岛。他屡遭贬谪迁调，没有在哪一任位置上待过较长时间，这种状况一直持续到其生命尽头。从这一点而言，他同伟大前辈李白及杜甫非常相似。最终，在江苏常州，他走完了生命的最后一段历程。这位伟大诗人在各处留下了自己的印记，其生前居住过的地方纷纷为其立祠刻文，以表示对这位以独立之思想及亲民之举动而深受广大人民喜爱的天才人物的尊敬。

据说，苏轼父亲苏洵的故乡眉州也建有一座大型东坡祠堂。此外，人们还喜欢在城墙上为其建小祠堂或小祭坛，例如山东济宁的东南城墙上就有一座这样的小型祠堂，人称"东坡楼"，它取代了原本通常位于城墙东南角的魁星楼。

我匆匆参观了杭州西湖旁的东坡祠。祠堂中的若干铭文被收录在一套以西湖为描述对象的四卷作品集中，以下为其中几句的意译[1]。

一为：

在他的家乡[2]没有此番山水美景，故他常来此处赏景，留下笔墨诗词。

又有：

宿命也，你总是不被位高权重的宰相所喜。初涉政坛，为魏公所误贬；及至中期，为金公所排挤；坦率直言，为文公所厌弃。无论对错，他们意见一致，将你流放千里。

不论身处何处，西湖始终伴你左右。任职杭州，文豪之名远播天下；任职颍州，智慧才情名扬四海；任职惠州，年老之躯回归自然与佛祖的怀抱。跨越山海，你始终豁达坚韧，是为不朽之政治家。

第二篇铭文无论从结构还是内容看均对仗严谨工整，上下阙处处契合。至于上阙中提到的苏轼的三位政敌，此处不做进一步说明。

西湖边有一座小坟丘，被一座开放式凉亭所遮蔽（参见图54），这座坟也同苏轼有关。墓主人为苏轼的一位族妹，人称"苏小妹"。她以诗赋及音律闻名于世，是苏东坡最为欣赏的女诗人，其艺术才华丝毫不逊色于苏东坡。

1　此处为根据作者德文意译的汉语回译。——译注

2　指陕西。——译注

图 54. 杭州西湖边的苏小妹之墓

四川嘉定[1]府的苏东坡祠堂

重镇嘉定位于岷江与铜河[2]交汇处，雅江[3]就在这座城市上方不远处注入铜河（参见图55）。除了重要的地理位置之外，城市轮廓看上去犹如一只寓意幸福美满的凤凰，立于两江之间的岬角顶端，让嘉定成为一个典型的风水宝地。城市按山南水北取势，其北面依着遍布寺庙的山脉，南面眺望横流而过的铜河，东南面岷江岸边耸立着巍峨险峻的崖壁，上面的无数建筑及石刻为崖壁平添了几分神圣的色彩。崖壁朝向岷江的一面上雕凿着许多佛像，其中有一尊规模巨大，单是佛首便有六米之高。这尊石刻大佛背后还建有大佛寺。数不清的石窟中摆放有观音像及众多石碑，碑上内容同代表宇宙的崇高法则、原始且神秘的太极有关。山崖上建有一座宝塔，塔身中设有一珍贵佛龛，龛内供奉有一具被制成木乃伊的高僧坐化像。该肉身像通体镀金，面容神态一如生者，从圣界望向凡尘。城市风水塔坐落于常见的东南方，同城市中的宝塔遥遥相望。山崖立面两侧各有一处

1　古地名，今乐山、峨眉地区。——译注

2　即大渡河。——译注

3　即青衣江。——译注

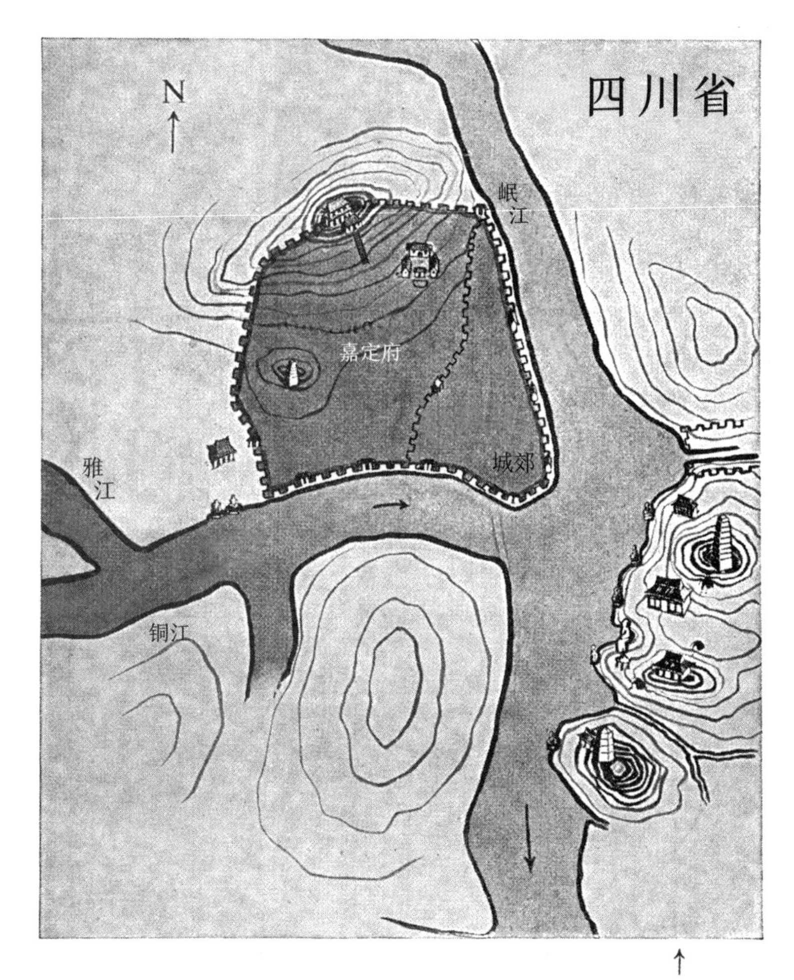

图 55. 岷江边嘉定府平面图

平地，它们让整体崖壁显得更为多姿活跃。其中一处平地位于一个山谷内，谷中流水潺潺，土地肥沃。同山崖隔江相望的便是那只金色凤凰——嘉定府。这是怎样一个风水宝地啊！

苏东坡于此处获得天赐文采，他的纪念祠堂便也建在这座山上（参见图 56）。其魂灵同其他圣迹一道，始终护佑着当地民众，为这片土地降下平安喜乐。从祠堂向外望去，视线穿过灌木与树丛，壮美画卷展现在眼前。因为祠堂主殿为一座二层建筑，所以又被称为东坡楼。这种称呼很容易让人联想到供奉着主管文运的魁星或是文昌的魁星楼，此二者相互之间或有关联，这一点在前文提及济宁城墙时已有涉及。同很多诗人或将军祠堂类似，这处东坡祠的保存状况并不理想，但祠内众多刻于石碑上的铭文及图画弥补了因建筑物破损残缺而产生的遗憾，整体建筑因此仍显恢宏大气。建筑布局宏大别致。祠堂主入口大门前有一方平台，平台边缘有低矮护栏。站在平台上，人们可以俯瞰下方的江流与城市，壮阔景致尽收眼底。坚固高大的入口围墙同时充当影壁的功用，墙上装饰有蓝白两色陶片，开有三扇大门。穿过大门，经过紧挨着围墙的过道门厅，眼前便出现了宽敞的庭院。院子

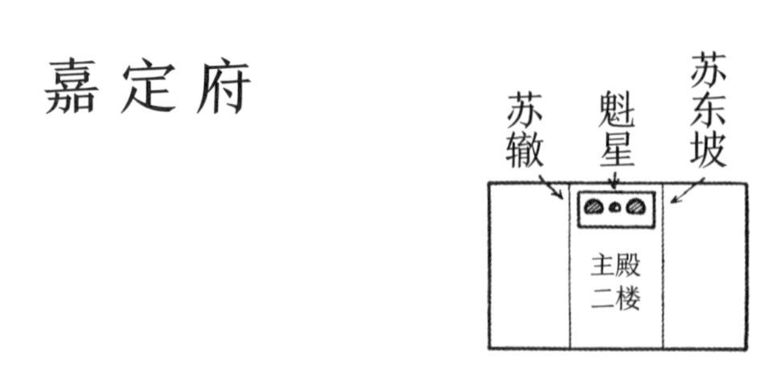

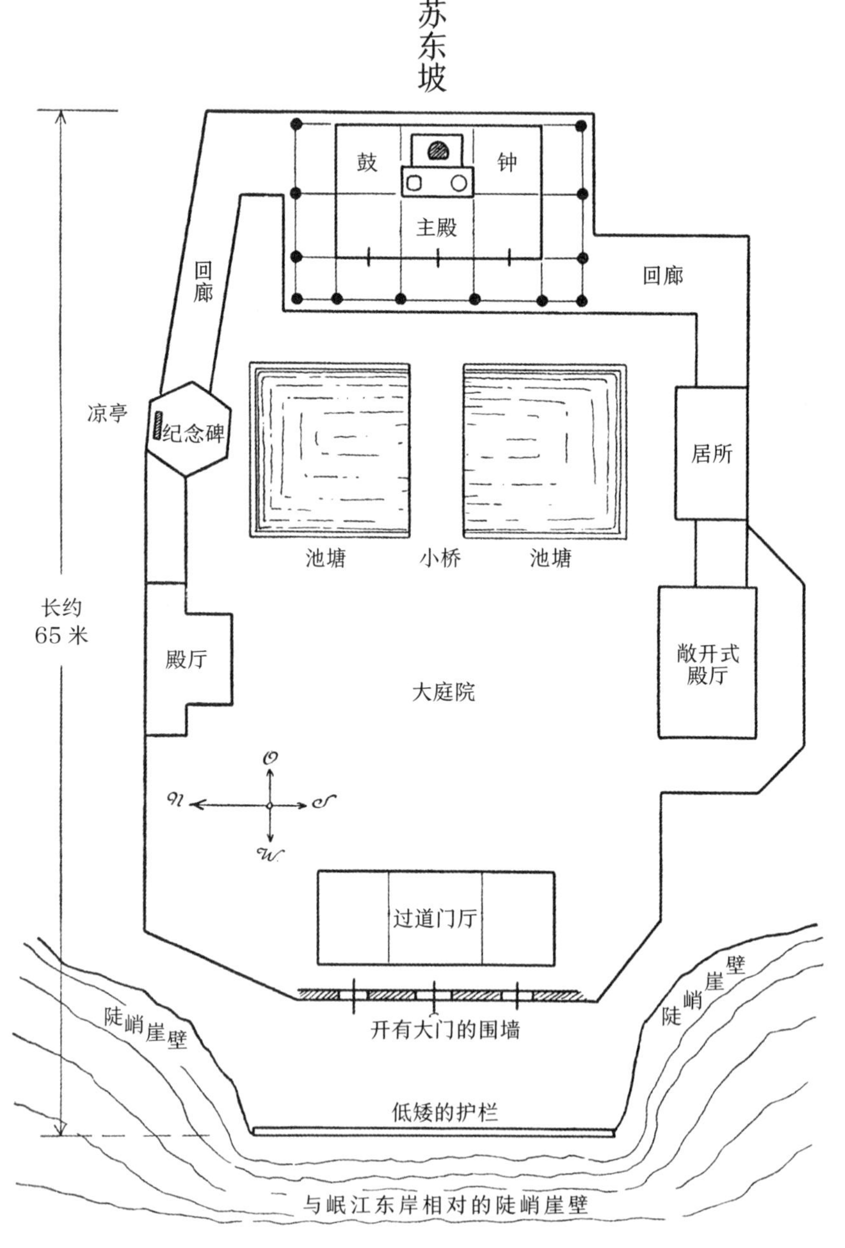

图 56. 嘉定府对岸苏轼苏辙兄弟祠堂平面图

东西两侧被回廊与多座小型殿厅包围，轴线上一座小桥架于莲花池上，这一元素会在下文作进一步介绍，它是文庙建筑的一大特征，也因此被视为文采修为的象征。主殿正面及两侧带回廊，殿内一楼供奉有苏东坡坐像。祭坛前设有一供桌，摆放着钟鼓各一。二楼端坐着苏轼及其弟苏辙像，两人中间还有一尊坐于三足蟾蜍上的魁星小像。他作为主管文运的神祇，将天赐文采降于苏氏兄弟身上。二楼的这种三像布局清楚地表明，人们深信文豪英魂始终萦绕盘踞于城市周边，渗透进这一片土地深处。

这座苏东坡祠堂的建筑特征可以总结如下：三扇一组的入口大门；敞开式设计，通过露天回廊相互连接的庭院殿厅及凉亭（花园建筑中也多见这种设计）；带小桥的莲花池；供奉有苏氏兄弟及魁星的塔楼。

以下为祠堂内的若干石刻铭文，原文将在其他场合出现，此处为德文意译：

心如炭灰，身似浮舟。尔等问吾生命内涵为何？前往杭州、前往常州、前往惠州，大师东坡已在彼处给出答案。

石碑上还有一幅绘画，它生动地再现了诗人东坡的一则逸事：

> 贬谪昌化期间，一日东坡身背一个大葫芦，唱着歌儿前往田间。路上他碰到一位七旬老妪，她对他说：“你以前家财万贯、声名显赫，可这些只是一场春梦。”东坡闻此连连点头。自此之后，村里的居民就称呼这位老妪为“春梦婆”。

另外两处铭文描述了诗人乐天达观的生活理念、朴实无华的生活作风以及对普通民众亲切友善的态度。他像农夫一样戴着大草帽，雨天还换上高木屐。这种怪异的装扮遭到村里年轻人的嘲笑。可他听了却戏谑地说道，人们对普遍流行的衣着趋之若鹜，所以自己要穿上这一身绝无仅有的、充满“东坡思想气息”的装束。闲暇时分，东坡喜欢背着那个大酒壶，混迹于普通民众之间，歌咏而行。

时至今日，中国的城市与乡间仍穿行着众多自由自在的吟游诗人。他们或单独一人，或结伴而行，有时自弹自唱，有时则伴着同伴的琴声放歌一曲，其身影随处可见。我在北京居住期间以及旅途中投宿客栈寺庙时，就经常请他们进来一展歌喉，其乐声优美令人陶醉，他们唱的大多是人们耳熟能详的曲子。不过，现在这些浪迹四方的行者当中又有多少人能作文赋诗，能像东坡这般学富五车的著名大家那样留下一首首脍炙人口的诗词歌赋，也许他们只不过是因为时运不济才籍籍无名的吧？

3.8 近代

从宋朝到今天，隔了长长的时空隧道。但即使相距年代久远，人们也会惊讶地发现，无论是宋朝还是现代，大名鼎鼎的政治家与学者一旦亡故，个人、城镇甚至国家便会立刻为其建起祠堂，以示纪念。而逝者从凡人被擢升至神祇的神化过程，也用不了多长时间。过世的著名人物会很快被大众赋予宗教色彩，成为一个特殊的宗教神祇形象。出于这样的虔诚信仰，人们为其建起众多祠堂，对他们的推崇与敬仰不止局限于逝者各自的氏族之内，而是扩散至普罗大众。欧洲也会为新近过世的名人建起纪念建筑，以示尊敬。这两者从表面上看似乎并无二致，但若分析其内含深意，则千差万别。西方对伟大人物的崇拜并未掺杂丝毫宗教成分，而在受泛神论思想浸淫的中国，这些人物则被视为掌管万物运行的自然魂灵的一个个具体代表。每一处地域及当地民众都有自己独特的自然魂灵崇拜，中国人所秉持的宗教哲学体系因为这样的民众参与与塑造行为，加之被源源不断地补充进一个个从真实历史中发展而来的具体神祇形象，从而具有明显的民族色彩。可与其他同样优秀的民族相比，中国在国际上缺乏政治话语权，故这种带有民族色彩的精妙思想体系很难被人注意到。不过无论如何，中国人从内心道义出发，将自己引以为豪的伟大人物当作尊崇的神祇崇拜，这清晰地表明民族意识是如何始终流淌在中国人的血液之中的，而这也就是我们口中的爱国主义精神。

3.9 河南开封府二曾祠

河南首府开封城内建有一座规模较大的祠堂，祠堂主人为近代著名的曾氏兄弟曾国藩（1811—1872）及曾国荃（1824—1890）。他们二人成功镇压了太平天国起义，为大清帝国的国祚延续立下汗马功劳。开封北城有一个大型湖泊，城市中轴线上的主道自南城门起，经此湖泊笔直通往一处山丘。道路在沿湖发挥了堤坝的功用，尽头的山丘上还有宋代皇家宫殿遗迹。同道路隔湖相望的湖岸东南角矗立着一组高大的祠堂建筑群落，

图 57. 开封府二曾祠（从湖边望向祠堂的双鞍大殿及双亭的景致）

这便是二曾祠。祠堂布局简明，由若干前殿、偏殿及一座主殿组成，曾氏兄弟牌位被供奉在主殿之内。祠堂连接着一处兼具社交及政府办公功用的较大建筑区，众多侧间供贵宾及仆从居住或供官员办公使用，重重庭院被建造得如花园一般，不过此处并未出现戏台。站在湖畔望向祠堂，映入眼帘的景致让人难以忘怀（参见图 57）。只见宏伟的露天台阶通往高大坚固的月台，月台上屹立着雄浑肃穆的大殿，大殿四周围一圈完整的回廊。大殿内部气氛庄严，呈现巴洛克式的尊贵风格。建筑屋顶为双鞍式样，体现出祠堂主人为兄弟二人这一信息。同样地，基于这一理念，主殿旁深入湖面的空地上建有双子亭，亭子通过一座曲桥同岸边回廊相连。双亭均为攒尖六角设计，其中一面共用，亭顶相互连接，轮廓极为生动飘逸。[1]

3.10 李鸿章祠

近段时间来，众多纪念高官的祠堂都将花园、住宅及各类庆典殿厅作为建筑的一部分，列入整体布局之中。至少，我所遇到的众多李鸿章祠堂便几乎均是这种格局。这位近代中国大名鼎鼎的政治家生于 1822 年，死于 1901 年，有人将他称为“中国的俾斯麦”。他刚一辞世，中国各地就在清皇室的支持下，为其建起众多纪念祠堂。直隶首府保定、北京、天津、苏州以及大多数省府均建有著名的大型李鸿章祠。此外，我在一些偏远小城中也看到过相关祠堂。规模较大的祠堂除了祭祀场所之外，还建有花园、居住庭院、用于公共活动的殿厅，甚至还经常出现戏台的身影。不过迄今为止，这些建筑仅供官府使用，只有那些历史上的伟人祠堂在某些特定场合才会作为庆典场所对大众开放，这一点我们在前文已有提及。

聚焦天津的李鸿章祠堂平面图，我们可以清楚地看到其规划及建筑构造严格遵循中国传统古制（参见附图 4），这是现代祠堂祭祀部分建筑构造的一大特征。建筑物数量及布局均依照至简的原则，这一点在当今的皇家陵墓祠堂中体现得尤为明显。此处建筑设计秉持先祖崇拜这一中国传统核心思想，没有任何一点能比这更加鲜明地展现出中华民族几千年上下传承的力量。清晰划分的两个庭院、前院带影壁的大门、独立的偏殿建筑、中轴线上的大型纪念碑亭、轴线末端供奉有祠堂主人纪念牌位的单檐主殿，便是天津李鸿章祠堂的全部内容。在这里，我们看不到其他众多寺庙中常见、引领了某一建筑发展潮流的纷繁元素。在诸如曾氏兄弟、李鸿章等当代政坛伟人的祠堂中，大道至简、古朴无华的特征体现得淋漓尽致。悠久古制作为历史思想的强有力表达，被视为准则，指导着当前的建筑规划，建筑物因此更添一分恢宏气魄。这是内涵精神对于外在形式的胜利，后者仅是表达前者的一种载体，与之相比处于次要地位。那些纪念远古伟大祖先的古老建筑以特有的构造方式，

1 Chavannes, M. Arch. 第 929–933 中收录有多张二曾祠照片。

被人们视为圣地，后人以类似方式将当代伟大人物的生平神话，通过艺术将他们同远古统治者相提并论，这便是对他们最大的尊崇。这体现在诗歌艺术领域，多以广受欢迎的典故类比；而在建筑艺术领域，则为古老原始建筑方式的忠实再现。

3.11 西安府育婴堂

人们为那些对国家做出过卓著贡献的伟大名人立祠建庙，以示尊崇。但除此之外，一些名声并不特别显赫甚至是默默无闻的小人物也会被人们所缅怀。人们至少会为其建起小供堂，以彰显他们在某一限定区域所留下的永久印记。陕西首府西安府内有一座收容婴幼儿的庇护所，便是一个鲜明实例。以下我们对这一建筑作进一步详细介绍，以唤醒大家对其创立者的不朽记忆。

该机构名育婴堂（参见图 58），旨在抚育父母双亡或惨遭遗弃的幼小女童。其第三进院子的东西两侧共建有十二间设有床铺的房间，可容纳约四十个婴幼儿。不过大多数时候，其中一半床铺空置。孩子们在五六岁时前往由政府开办的专为穷人设立的公学上学，同时也居住在公学之中。不过，通常她们在此年龄之前已被其他家庭收养，自然也就从育婴堂中搬出。稍大的房间中还设有一张保姆床铺，大多数保姆还要作为奶妈给婴儿喂奶。这些女士一人照料六名孩童，每个月领取四至六马克的薪水，有时甚至还无偿奉献，分文不取。几名监管住在第二进院中，德高望重的老总管与守门人则住在第一进院中。此外，这里还有一个房间专供访客居住，而临街的房间则为管理人员及医生使用。每年的三月及四月，医生们在这里给大约两千至三千名孩童接种早已在中国流行开来的天花疫苗。为此，每名孩童须缴纳约十芬尼的接种费，不过穷苦人家的孩童可免费接种。育婴堂各庭院及屋舍均干净整洁，原本的女宾厢房被一扇位于二号院及三号院之间的封闭小门巧妙隔开，一个竖立的转筒用于传菜或传递相关器皿。育婴堂一年的开销约为七百至八百两白银，其中陕西地方官员每年捐赠约二十至一百两白银。

这个公益慈善机构于 1847 年（道光年间）由时任陕西藩台的钟伦[1]创建，后来惨遭损毁。但很快，另一位藩台黄复州[2]又重建该机构。为缅怀这两位捐助者，人们在育婴堂第四进小院中为他们建起一座祠堂。建筑正中的大型供堂供奉着三大圣母，她们被视为女性的保护神。大圣母堂左侧的小供堂中摆放着一尊栩栩如生的小型钟伦像，只见他身着丝质衣衫，坐于玻璃神龛后的一把竹椅之上；右侧小供堂中则供奉着黄复州的牌位。这两人均享受香火供奉。

此处，我偶然探访了成都铸币厂，它与西安育婴堂类似，同样表达了对名不见经传的

---

1 钟伦，Chung Lun，音译。——译注

2 黄复州，Huang Fuzhou，音译。——译注

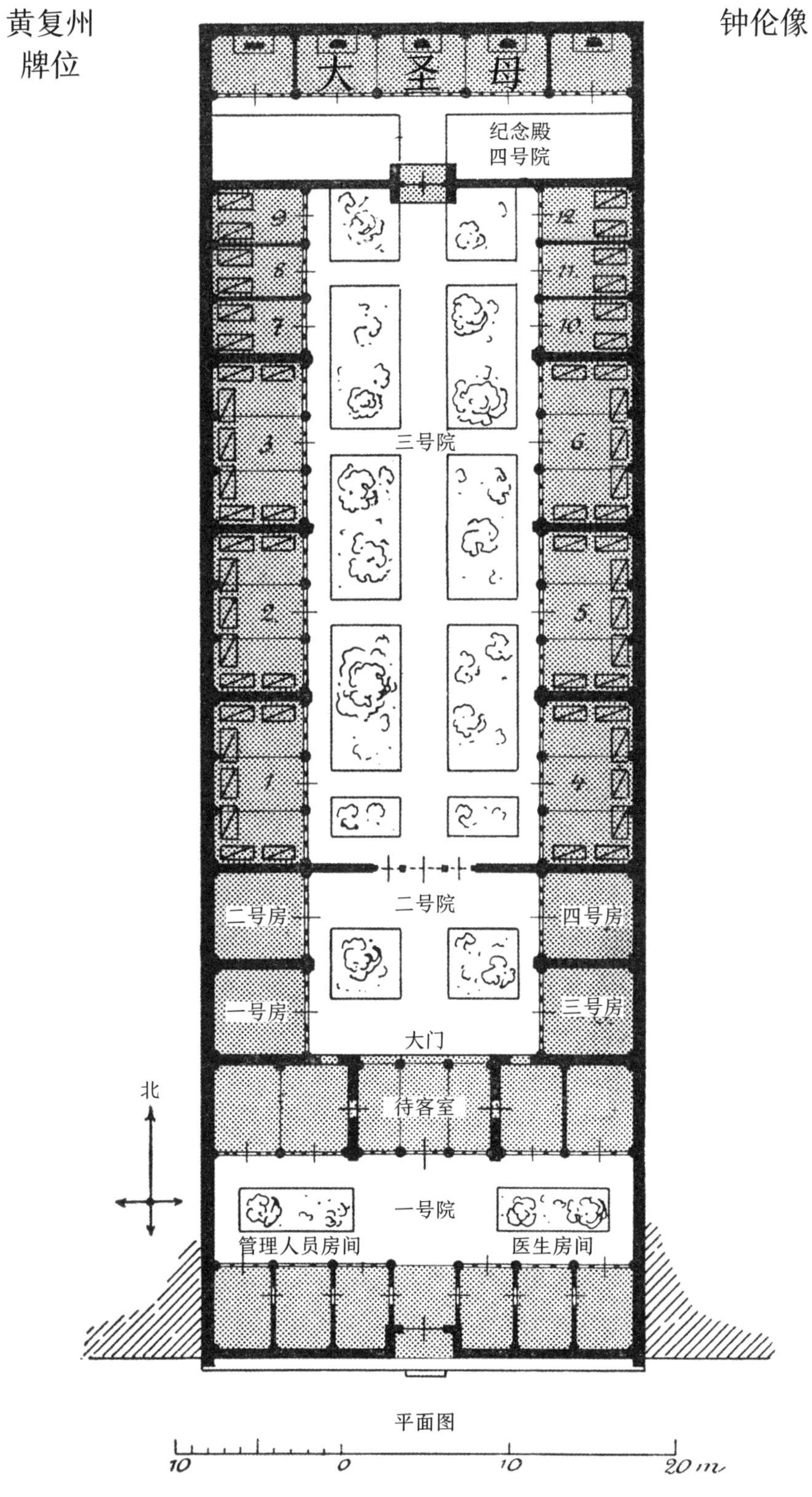

黄复州
牌位

钟伦像

大 圣 母
纪念殿
四号院
9
8
7
12
11
10
三号院
3
2
1
6
5
4
二号院
二号房
四号房
一号房
三号房
大门
待客室
北
一号院
管理人员房间
医生房间

平面图

10 0 10 20 m

图 58. 西安府育婴堂平面图，比例尺 1:600

逝者的尊敬与缅怀。它简单质朴、内蕴深刻，体现出典型的中国思维特点，我对此印象深刻。成都铸币厂是一家重要的官办工业企业，拥有最先进的生产设备及上百名工人，机器轰鸣、人声鼎沸，一派现代化工厂的繁忙景象。其入口大门处的墙体上开凿有一个小神龛，里面悬挂着五块牌位。这里纪念的是五位在生产过程中不幸丧生的普通工人。人们将其供奉于此地，让他们的灵魂可以永远飘荡在自己生前工作过的地方。牌位前同样放着一只小香炉，日常供以香火。无论是此处对于名不见经传的小人物的供奉，还是给其他名声显赫的大人物建祠立庙，始终出于同一种指导思想：万物皆圣灵。但凡有人生前因某个功德无量的善举或意义重大的事件而从芸芸众生中脱颖而出，那么在其逝世后，人们便会在他的故里或生前活动过的地方以凡人神化的方式，表达对他的尊崇。

3.12 社群祠堂及祠堂群落

从前文介绍的多个祠堂庙宇中我们已经了解到，一个祠堂除了供奉主要对象之外，还会供奉属于不同时代但具有内在联系的其他人物，他们被视为一个群体，共享后人香火。成都府杜公祠即这一群体中的一例。人们认为，英雄思想以其故土为中心，源源不断地向外散发力量。伟人肉体虽亡，但英魂永存。这一观念自然促成了以上群体供奉现象的出现。这里的“故土”并不局限于其出生地周边，还包括了更大范围的省市区域甚至整个国家概念。英雄人物的功绩大小及重要性决定了其辐射范围的远近。毫无疑问，帝王的感召力覆盖了整个国家。中国自古以来就以一个统一整体出现，所有帝王自然被视作一个天赋神权、际代延续的神圣统治群体，他们以整体形象出现于上文提及的北京帝王庙中，享有后世香火供奉。而早在周朝，那些为国立下汗马功劳的已逝名人、政客及将军就已经被人们或绘成画像、或塑成雕像，当作光辉楷模受人景仰。这种做法通行于历朝历代，每一段历史篇章中的国家英雄及著名人物都会被请进如欧洲英灵殿[1]一般的集体祠堂中。这一行为从古至今，从不间断。

人们深信，英雄故去之后，其英魂仍会不受时空限制，传承于后世。基于这一信念，一些看似并无多大关联的独立个体被挖掘出内在联系也就并非是件难事了。先贤的各种精神力量有时跳过若干际代，突然彰显在后世某一人身上，此人由此被认为是先贤传人，这便是灵魂传承的方式之一。这本质上是一种泛灵论思想的体现，它让精神与灵魂的结合代替了血缘结合。这一思想打破了亲密血缘的局限，寺院僧侣代际间的抚养关系便是如此。

在上文介绍成都府武侯祠时，我们已对这种思想传承进行过阐述，不过当时强调的重点是，这一精神传承主要同故土紧密相关。若是以此为出发点，那么同一地区相互之

1 Walhalla（Valhall），北欧神话中的瓦尔哈拉宫，又名英灵殿，主神奥丁于此处设筵席招待战死的英灵。——译注

间存在内在关联的先贤可被视为同一个思想家族成员。人物群体生前所在地区越是灵秀壮美，个体相互间的关系就越紧密，他们所辐射的影响力也越为深远。我们不止一次地看到，很多时候对于英雄的记忆之所以如此历久弥新，令人印象深刻，正是因为这段记忆与令人惊叹的灵山秀水结合在一起。另一方面，纵观历史长河，有时也正是这些风景秀美的钟灵毓秀之地孕育出一批批互有联系的著名人物。优美的景色可以塑造当地人的精神高度与艺术造诣，这一点为世人所广泛认可。中国思想大家或艺术大师多出自风景秀美壮丽之地，这一事实足可有力证明以上观点。著名风景地多建有祠堂寺庙，这种现象清楚地表明，中国人将自身与自然视为一个密切整体，它也是中国人自然崇尚的根源所在。这也解释了人们为何喜欢在自家的院中开辟出一小块自然景观，以期让心灵同自然和谐共生。

在风光秀美之地建立祠堂，还可以为周边自然增添一份动人美景。帝王、中央朝廷或各省级政府、地方官员、当地富商、学者以及普罗大众，所有的人与机构都以自己的方式，共同塑造出中国那一处处让无数游客为之倾倒的迷人景致。在这里，自然美景、历史记忆与艺术升华被完美地结合在一起。面对数不胜数的灵山秀水，下文只从中选取一二以作介绍。

济南府大明湖

山东首府济南位于一处辽阔的平原上，城市周围耸立着几座孤立的山峰（参见附图5）。平原南端是一座四面封闭、自成一体的山体，山中建有千佛寺。这座山如一道影壁。城市北面静静躺着占地面积巨大、在中国家喻户晓的大明湖，它被城墙围进市区。大明湖接纳了发源于济南城内的众多泉水，外排的几条河流滋养着城市北郊的葱茏花园。一丛丛芦苇将整个湖面分成无数小块，婀娜的莲花遍布水面，人工水道纵横交错，人们驾着游船在水道中悠然前行。湖岸及湖中小岛上建有座座祠堂，掩映在参天大树的浓密荫影中。祠堂内有池塘，塘中还有更为精致的小岛，岛上修着亭台楼阁。人们登上建于高处的亭子，周边景致尽收眼底。亭台围墙上开着各种几何及树叶形状的窗子，透过每一扇窗，人们都能有一个全新的观赏湖面与邻近祠堂的视野。亭中还供应食物与饮品。那些祠堂始终深受游客喜爱，人们在那里闲谈、娱乐，并且经由这些建筑物，感知过往历史中伟大人物的精神与情感。其中最新修建的一座，便是李鸿章祠。

东湖与西湖

长江南岸有三个巨大的内陆湖，分别为洞庭湖、鄱阳湖及太湖。湖岸或湖中岛屿上有很多祠堂寺庙，它们昭显着一段段历史记忆。不过，从地貌特征上看，大明湖与这三个湖泊截然不同，它同东湖及西湖更为相似。这两个湖泊作为一组相反概念，经常被人一道提及。东湖位于深入内陆的中国西部陕西省凤翔府东城门外，凤翔这座城市在华夏文明初露曙光的远古岁月中扮演了一个举足轻重的角色。西湖则位于与之相对的东端城市杭州府附近，西湖周边的大量精巧建筑让这个湖泊一再为人所称道。东湖位于中国西部，而西湖则位于中国东部，这种奇特的交叉命名自然成了人们创造一个个诙谐有趣的文字游戏的绝好素材。东湖似乎已经辉煌不再，但它仍保留着几分令人陶醉的美景。那里古木苍虬，岛屿林立，堤坝延展，山丘四合，座座祠堂与水榭凉亭点缀其间（参见图59），如今依旧游客如织。在骄阳似火的七月第一天，我在那儿度过了一个令人难忘的下午。虽然东湖景致美丽依旧，但因为其远离于主要交通干道，且当地经济落后，故建筑无法得到很好的维护与扩建。凤翔是我们熟悉的文豪苏东坡的故乡，所以湖边坐落有一座东坡祠堂。

与东湖相比，西湖明显恢宏大气许多（参见图60、图61）。那里坐落着众多建筑，除了上文已提及的刘关张结义庙、东坡祠、苏小妹墓以及岳飞墓外，还有许多其他名胜，褚遂良祠堂便是其中之一。褚遂良出生于杭州当地，是唐朝开国皇帝唐高祖年间的一位重要政治家。此外，还有晚清军事家、政治家左宗棠（1812—1885）及李鸿章祠堂。后者已在前文略有提及，而前者所取得的丰功伟绩也将在下文深入阐述。左宗棠成功镇压了太平天国运动及回民起义，为清帝国立下了汗马功劳，本卷末尾将对其位于长沙府的祠堂作具体介绍。

图59. 陕西省凤翔府东湖，小桥、双亭、莲池与垂柳

图 60. 西湖岸边林立着的祠堂与茶舍

图 61. 杭州府西湖边的某座祠堂，内有带假山的莲池、曲桥走道及凉亭

我有幸被允许在西湖边的张曜祠堂住上几日。这座建筑规模虽小，却可称得上是建造最为精美的祠堂之一。张曜出身寒门，仕途生涯中曾履职多省，依靠自身卓绝才干与正直品格获得民众爱戴。1891 年他去世之后，中国各地纷纷为其建祠立庙，表达对其不可磨灭的功绩的尊敬与感激。1886 年至 1888 年，张曜任山东巡抚。虽然在此任上仅两年时间，但他政绩斐然，当地民众对其感恩戴德，这种感情延续至今。我的小友杜先生来自山东，伴随我进行了一年多的考查。他告诉我，自己的父亲始终将张曜作为教育后代的光辉榜样，让子女牢记这位伟大的父母官。张曜去世之后受到国葬礼遇，送葬队伍伴其棺椁十里之远，据说其墓地就在西湖附近的凤凰山上。湖边的张曜祠由两部分组成，其中较小的祭祀区域内有一座大殿，殿中玻璃祭坛内挂有一幅精美的张曜像。祠堂的庭院很大，有一座美丽的花园，园内处处可见池塘、小桥、凉亭、树木与鲜花（参见图 62）。我到访时正是春天，园中充盈着花朵的馥郁芬芳。这里还有一座塔楼，楼内设多间客房，来的多是巡抚及各级官员，他们在此推杯换盏、觥筹交错。正如上文二曾祠及李鸿章祠章节所述，这些祠堂还具有社交功用。

美丽的西子湖畔除了由各具体祠堂组成的大规模的祠堂组群外，还有一座群体性祠堂群贤祠，这里供奉着所有出生于浙江或是在浙江这片土地上创造了瞩目功绩的历史名人，人们以此表达对他们的尊敬与感激之情。这座荣誉祠就在湖边，呈狭长布局，由一座门厅、若干东西走向的横殿、小偏堂以及最后的四号主殿构成（参见图 63）。祠堂内摆放着数百

图 62. 杭州府西湖边张曜祠堂一景

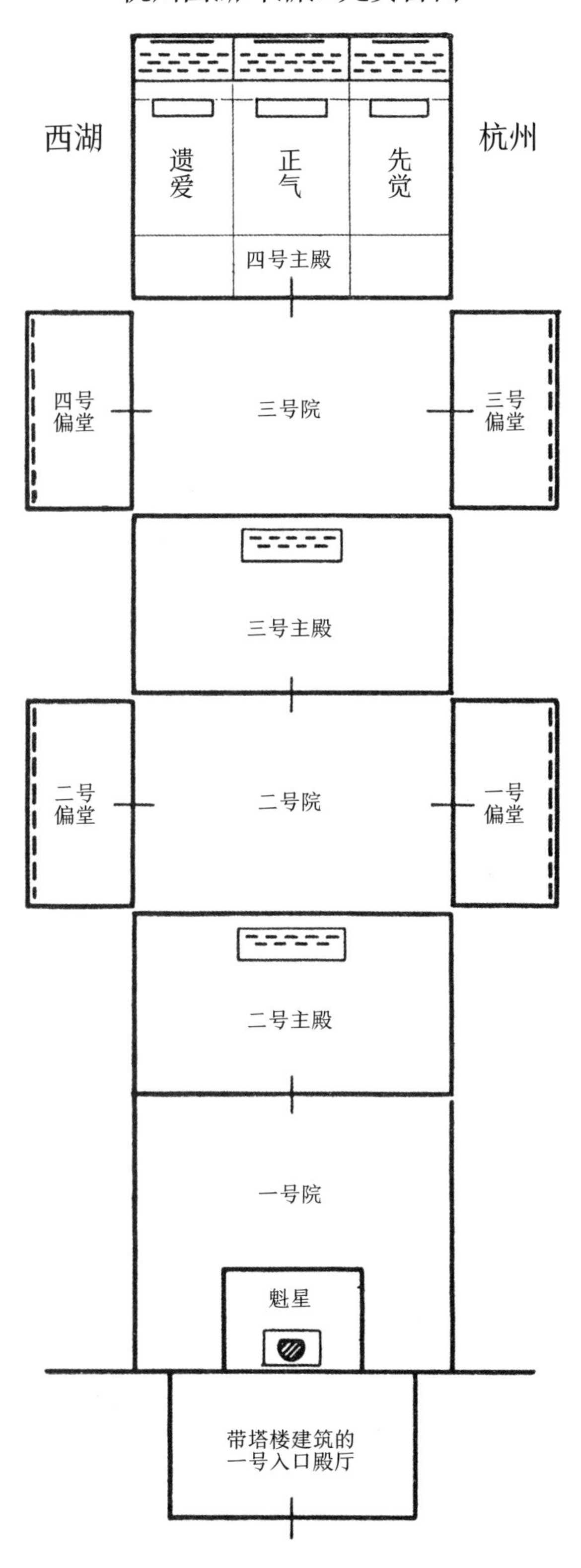

图 63. 杭州府旁西湖边纪念浙江骄子的群贤祠平面布局

块由名贵楠木制成的荣誉牌位，上面写着各先贤的名讳与称谓。这些浙江骄子就这样跨越时空，齐聚这处群贤祠。建筑入口为一座两层凉亭。亭子背靠坚固的墙体，其开放式一楼中竖有一块年代悠久的铭文石碑。低矮的二楼被装饰成红、金两色，楼内玻璃罩后供奉有一尊小巧的魁星坐像，隔着玻璃罩仍能将它看得清清楚楚。群贤祠中的所有先贤皆饱读诗书，即使是上阵杀敌的武将亦是如此，这就解释了主管文运的魁星为何被供奉于此。横殿及偏堂的墙体上嵌着众多石碑，上面镌刻有诗赋著作。二号及三号主殿内设有专门的供坛，供奉着一众群贤中尤为突出的人物。四号主殿中则设有一组三个供坛，供奉着最尊贵的先贤。此处还有三组文字，分别为："先觉""正气"、"遗爱"。这三个言简意赅的词语意为，伟大人物将睿智见解、浩然正气与人间大爱传于我们后人，他们是集这三种美德于一身的光辉楷模。正因如此，这座群贤祠全名即为"先觉正气遗爱合祠"。建筑东西两侧还有几个房间，供待客及居住。整个祠堂只有一位和气的看门老妪，她同时还照看着入口边的一个小铺子。祠堂建筑的维护还有诸多有待提高之处，但无论如何，它内蕴深远，同时又位于浙江明珠西湖之畔，地理位置优越，这些都让祠堂显得意义非凡。

苏州

"上有天堂，下有苏杭。"这句俗语清楚地表明了两座城市如明珠般璀璨美丽。除了美景之外，苏州自古以来便是中国文脉之中心所在，很少有其他地方像苏州这般将儒学推崇至如此高位。在整座城市中，人们到处都可以感受到对于本市或本省学者及伟大人物的缅怀。这种崇文重教的风尚开启于著名历史人物范仲淹。范仲淹谥号"文正"，公元 989 年出生于苏州，是宋仁宗一朝的名臣。时至今日，苏州知州及众位高官仍会一年两次至范仲淹祠堂进行祭祀。文正公品行高洁，他创办宗祠，以帮助穷困族人。此外，据说苏州城内的大型文庙便是当年由他买下田地建造而成的，建筑落成之后他又将其赠与这座城市。出于对范文正公的感激，人们在现今规模巨大的苏州文庙中单独设立一殿，供奉这位本土骄子。其他学者大家也在文庙中享有自己的殿厅，不过大多以人物群组形式集体出现。此外，除了按规制摆放的孔子七十二弟子牌位之外，苏州文庙中还有一个特殊人物群体，他们皆为儒学大家，深受孔子思想影响。

从某种程度上说，苏州城内的无数祠堂建筑可算作一个相对独立的完整集合，它们展现了这片土地上的人民对乡土的浓厚情感、对先贤精神的虔诚传承、对深厚文化底蕴的骄傲自豪，具有鲜明的整体特色。苏州众多文庙的偏殿中都供奉着本土先贤，这一情况便能有力地说明以上论点。同样是在苏州，还有另一座祠堂将一众英魂集中供奉，它也因此引人瞩目。从本质上说，这一建筑同浙江西湖边的群贤祠秉持同一思想。世人皆知，苏州拥有数量庞大的精美私家园林，其中沧浪亭更是将建筑的花园属性同纪念功用巧妙地结为一体。沿着一道跨过宽阔水渠的小桥，来到沧浪亭的入口，大门背后便是占地面积巨大的绝美中式花园（参见图 65）。溪流之间莲池之中建着一座小岛，岛上各式醒目建筑挺拔矗立。廊腰缦回，以或封闭或敞开式设计出一段段曼妙多姿的曲线，连接起一座座殿厅与亭台（参

图 64. 苏州沧浪亭内带殿厅与游廊的池塘

图 65. 苏州沧浪亭，沿着这座小桥，就可以进入大门

见图 64）。参天古木展开浓密的树冠，笼罩住庭院，堆叠的假山又让院子显得意趣横生。沧浪亭如一道分水线，将城市的喧嚣阻挡于大门之外，只留一份幽静，供人追思那些熠熠生辉的英魂。主殿坚实的墙体上嵌着一块石板，上面不仅镌刻有对联诗赋，还有五百位学者及政治家的画像，他们均为留名青史的伟大人物，且大多出身苏州。此处选取了"五百"这个数字，正合佛经中由十八罗汉扩大而来的"五百罗汉"一说，这是自成一体的固定概念。这些数字因不同理解，在具体语境中经常以不同形式出现。有些文献收录了一百位伟大先贤，对其生平作简短介绍，以此创作出百位文坛大家的集体形象。而在有些文献中，这一数字则为五百。沧浪亭将对这些伟人的尊崇做到了极致。在这里，他们被塑成半身石刻像，每一尊石像都标注了各自姓名，还配有介绍其生平特点的一首小诗。石像按人物历史先后顺序排列，五人一组刻于每块石板上。一些较大的石板上则呈现出众多全景图，画面上有几位老者，他们在花园中享受生活之乐，园中流水潺潺、奇石林立、古木参天、亭台楼阁，步步皆景，这个花园或许正是沧浪亭。因为篇幅有限，本卷无法将这些石刻画原图一一展现，它们应该会与同样将在本卷中提及的其他图片一道，被收录进另一本专门为此而出版的著作之中。沧浪亭在文人雅士圈中享有盛誉，对苏州的每一位文人而言，它更多的是借由登峰造极的园林艺术及建筑艺术体现出故乡璀璨的文学高度及深厚的历史底蕴。

第二章　庙台子

目　录

1 祠堂建造功用及地理位置

本章将对祠堂庙台子作深入介绍，这一建筑的首要功用为缅怀著名汉朝丞相张良。公元前250年至前186年，这位足智多谋的伟大人物在史书上写下了浓墨重彩的一笔。祠堂地理位置优越，周边景致迷人，单这两点就足以吸引人们的目光。庙台子所在的紫柏山为秦岭山脉中段（参见图66），无论从哪个角度看，秦岭在中国都极为重要。张良生于此处，人生末年又回归至此，以求得道成仙。一座纪念祠堂所具有的宗教及艺术表现，是这个地方历史、地理及自然风光叠加在一起的产物。这一点已在第一章反复阐明，庙台子亦是如此。甚至可以说，庙台子是此类在自然景致与精神内涵塑造下诞生的祠堂的典型代表。基于这一原因，我们将会对其所处地区的历史、地理、自然三大基本条件作一阐述，为就建筑本身所展开的深入介绍提供尽可能充足的支撑材料，同时也尽力呈现一幅生动鲜活的建筑全景图。

首先简要介绍一下本章结构。地理位置突出的秦岭山脉在经济、地缘及交通、政治领域同样扮演着一个重要角色。这一地区对中国的政治历史影响重大，并且在诸多历史英雄人物神化的过程中发挥了至关重要的作用。张良所享有的历史高度及所做出的历史贡献同这个地区密切相关，很多文献资料中都有与其有关的传说记载。在这些传说中，他被上升为紫柏山保护神，庙台子周边群山中的七十二洞窟便是张良崇拜的体现。祠堂的建造历史以及整体布局清晰体现了这位英雄与这座山脉的紧密联系，具体建筑细节更是处处透露着这一主旋律，祠堂整体所具有的建筑特点则突显出人们对于各种高级艺术形式驾轻就熟的运用能力。

整个陕西省被秦岭分为南北两部分。自古以来，中国人就将这座山脉视为昆仑山脉的余脉。昆仑山又被称为老祖山，其巨大的山体向八个方向绵延伸展。秦岭如一段狭长的楔子，自亚洲内陆一直深入至这个古老文明发源地的富庶省市。它似一把锋利的剪刀，将黄河流域同长江流域分割开来。它又似一道铁壁堡垒，把南北自然与文化一分为二。因此，秦岭是中国最重要的一座山脉。天地初开之时，人们在混沌之中对华夏自然地理有诸多理解，而秦岭是唯一一个被正确认识的地理存在，这一事实足可证明它所具有的非凡意义。它还是少数几座仍保留原始名称的绵延山脉，起码其中的大部分山区自古便被中国人称为“秦岭”。由一众平行山脉构成的东昆仑山系绵延至东经104度时骤然收缩于一处，南北两处山体在此戛然而止，只留秦岭继续向东延伸。它就像一道连绵不断的城墙，向着东方一路进发，直至进入河南省东部，才隐入平原，但又在南京附近骤然巍峨屹立，并最终消失。

秦岭北坡已是陡峭险峻，南坡更是如刀劈斧削般悬崖万丈，它就像一道不可逾越的高墙，横亘在中华大地上。在本卷第一章中，我们已经介绍了若干位于此山脉中的地点。秦岭作为一道自然分界线，从各个方面将中国划分为南北两部分。来自北方平原、见惯了北方气候及植被的旅人，自秦岭北坡上山，一路越过山峰，感受过魅力无限的高山地

图 66. 陕西南部穿越秦岭的大型官道，自凤翔府往汉中府，继而经太白山西脉往四川省。依据德国总参谋部的中国地图绘制，其上沿途标记与数据即本人 1908 年 7 月的所经路线。

貌，及至秦岭南缘，眼前骤然出现一幅温和气候滋养下的常青大地，这一转变带来的冲击极为震撼。除了气候与植被之外，秦岭同样是众多其他重要风土人情的鲜明分界线。在中国北方占据主导地位的黄土地貌延伸至此基本宣告终结，作物产出、交通方式、商贸活动亦是南北各异。这道天然堡垒甚至还如密不透风的屏障，将轰轰烈烈的政治变革、战争冲突、暴动起义拦在一面，使其无法逾越推进至另一面。当然，最后一句只是一种大致表述，并非绝对。如前文所述，汉朝末年三国初立时期，各路诸侯便早已率军越过被诸葛亮称为“蜀汉咽喉”的天险秦岭栈道，征战四方。在创立汉朝的决定性一战中，这条道路也发挥了至关重要的作用。而本章主人公张良，正是指挥这场战役取得成功的掌舵人。下文将继续介绍，张良所追随的主公刘邦当时是如何佯装毁道，以迷惑对手项羽的。再往前推，据说战国时秦国国君秦惠文王（前337—前311年在位）设下一计，送给蜀人五头镀金石牛，蜀人为运送这些礼物而扩建山中道路。在此基础上，秦惠王耗费极小的人力物力，进一步扩建该道，最终经由此道长驱直入，于公元前316年夺取蜀地。结合实际情况，这条古道只可能位于秦岭之中。值得一提的是，秦岭之名就来源于“秦”这一国号，意为“秦国关隘”。无论如何，秦岭山脉中的第一条道路肯定可以追溯至混沌的远古时期。今日的秦岭官道川流不息，呈现一派繁忙生机，甚至催生并壮大了凤县及留坝厅这两个深藏于秦岭之中的城市。我们将要详细介绍的庙台子，便是位于这两个县城之间，那条穿越秦岭的山路正中。

秦岭如此特殊的地理位置，造就了南北方经济、文化、民俗众多差异。在这样的背景下，张良出生于秦岭、暮年重返秦岭、终老于此处显得尤为特别，其形象因此被蒙上一层神秘的色彩。历史与自然自此又一次完美融合，张良这位出生于秦岭的历史人物，被视为这座山脉的力量象征，进而被奉为秦岭之魂，人们在这里为其修祠建庙，以示尊崇。在具体描述祠堂周边环境及建筑本身之前，我们有必要对这位英雄人物的历史功绩作一简单梳理。

2　张良的历史地位

张良为秦末汉初人士，当时正值汉朝初立、中国大一统格局由此开启的时期，这一阶段在中国历史进程中意义非凡。公元前210至前200年的一系列事件，促成了这个大一统的最终实现。而正是在此过程中，张良发挥了举足轻重的作用。他是刘邦（谥号“汉高祖”）的谋士与丞相，后者之所以能够战胜所有对手、作为汉朝开国皇帝登上龙椅并以此开启辉煌的汉家天下，首先要感谢张良这位足智多谋的奇才。为了能够全景呈现那段峥嵘岁月以及丞相张良在此风云际会中所创下的丰功伟绩，下文将对当时中国整体情况及各重大事件作一具体阐述。

首先让我们来看一看中国的大一统过程。经过漫长的周王朝统治，中华文明到达一个崭新高度，中国在一定程度上成为一个文化统一体，这一点仅凭老子及孔子学说的诞生这些事件就能得到有力印证。然而与此相对的是，在政治领域，中国陷入四分五裂的状态，无数小邦国划地而治，群雄自立为王，相互间混战不止。据说，在这一混战开始的公元前1000年左右，中国共出现了1800多个诸侯国，其中124个在历史上留下了名字。在诸侯争霸的过程中，中国疆域向外扩展，但主要局限在渭河流域及黄河下游地带即今天的长江北岸各省。长江所流经区域只有少数地区处于当时的中国版图之内，其南岸更是只有两处，其中一处位于长江入海口，即今日的苏杭地区；另一处则在长江中游同汉江交汇处，即武昌及洞庭湖旁。后者为楚国的国土，该诸侯国统治了汉江下游。

在这几百年的时间里，中国版图一再扩大，到最后其疆域北至满洲里，西至西川，向南甚至到达今日中国的南方多省。可与此同时，各诸侯自立为王的欲望却越来越高涨，整个中国支离破碎。到了周朝的最后几个世纪，人们已经很难将其称为一个王朝，各诸侯国混战不断，生灵涂炭。正是在这样旷日持久的争夺中，一些诸侯渐渐羽翼丰满，成为一方霸主，然后在冥冥之中踏上实现中国政治统一的道路。

在经历了早期的割据之后，帝国在极短的时间内以大一统的姿态重新出现。这一情况清楚地表明，时代是始终一步步朝着统一这个目标前进的。在和平时期，秦始皇缺乏足够的政治智慧与把控尺度来维持通过武力取得的天下。他凭借铁血战争征服各诸侯国，取得控制权，这已招致不满，之后又继续以严酷刑罚鞭笞天下，行事完全按照个人喜好。虽然他身上也具有伟大帝王的其他闪光点，但这种独断专行是其狂妄自大的表现，他也因此被视为一个典型的暴君形象。在他统治时期，中国各地就已屡屡出现大小不等的起义。而在他那昏聩无能、听信奸臣佞言的儿子胡亥的两年统治期内，起义势头全面爆发，秦始皇建立的强大帝国瞬间轰然倒塌。大秦灭亡之后，中国的未来掌握在互为对手的两位人物手中，其中一人即极具智谋的刘邦，另一人则是英勇善战但残酷无情的项羽。最终，经过四年鏖战，刘邦取得胜利，开创了汉家天下。如前文所述，在这一过程中，张良功不可没。他忠心追随刘邦，在战争中发挥自己过人的政治智慧与谋略才能，是大汉建立的重要功臣。

由此，灿烂辉煌的汉朝开启了其长达四百多年的统治。在这段历史时期，这个政治统一体还完成了内在一体化，在思想及艺术领域达到了一个伟大的高度，并且实施积极的对外政策。今日中国十八个省[1]的疆域便是在当时奠定的，此外中国军队最远还征战至遥远的西域。在耶稣诞生前后，中亚地区就已建立了完全由中国人进行管辖的西域都护府，这些均是这一积极对外政策的鲜明体现。公元220年，汉朝覆灭。在其后直至公元600年的几个世纪中，中国再一次陷入混乱的分裂局面，这一情况出现的主要原因便是毗邻的北方游牧民族的入侵，这些民族成为割据势力之一。自公元618年唐朝建立起，中国在历经长

1　又称内地十八省，指清朝时汉族人的主要居住区，除东北地区、蒙古、青海、西藏、新疆以外的中国大部分地区。——译注

时间分裂之后，又重新被统一成一个整体。

无论是政治生活还是精神生活，无论是历史本身还是承载历史的艺术，无论是过去还是现在，中国所具有的一个最鲜明的特征便是其文化的统一性及思想的深邃广博性。这些民族特征主要诞生于历史循序渐进的发展过程中，这一点是古今中国学者的共识。不过，人们也很清楚，汉朝的创立为这一令人骄傲的发展奠定了基石。人们以那些为这个王朝的建立做出过贡献的伟大人物为豪，他们被奉为英雄，为后世所缅怀，其功绩至今仍鲜活存在于人们的记忆当中。这其中最重要的一位便是一代霸主汉高祖的伟大丞相，即我们的主人公张良。

3 张良及其历史功绩

张良字子房，亦被称为“张留侯”，死后谥号“文成”，意为“文教之完美典范”。他出生于韩国，这或许也是百姓崇拜张良的原因之一。

公元前 300 年左右，周王室摇摇欲坠，中国疆域被分裂成无数小国。这些众多诸侯国相互间连横合纵，渐渐地，七个势力较为强盛的国家脱颖而出，韩国正是这战国七雄之一。据说，张良祖上任职五朝韩国宰相。有道是张良出身布衣，以雄才大略青史留名，最终又回归平凡的布衣生活。这里的“布衣”指的并不是出身卑微，而应被理解为恬淡不出世的生活状态。在张良十岁时，他全家被秦始皇下令杀害。家族被屠，故国被灭，张良满怀国仇家恨，散尽家财，招募了一队敢死壮士。公元前 218 年，他率领这些敢死壮士埋伏在今河南博浪沙地区附近，试图在秦始皇路过一段狭窄山路时投掷巨大铁锤，以杀死这位暴君。他的这一行动被世人称为忠于故国故主的高义之举。不过，这次暗杀行动并未成功，暗器击中了另一辆车辇，张良不得不开始逃亡。他被官兵围追堵截，但最终成功逃脱，销声匿迹。直到公元前 209 年，他才又一次出现在世人的视野中，这时他已投入后来大汉王朝的创立者刘邦麾下，并对其忠心耿耿，为其出谋划策。刘邦出身卑微，但通过起义树立起自身威望，在秦始皇死后实力逐步强大，人称“沛公”。在混乱的时局中，他羽翼渐丰，成为继承大秦帝国遗产的一支强有力的势力。经过一系列的战争，刘邦组建并掌握了一支南方军队，他北上逼近秦都咸阳。不过，其强劲对手、骁勇善战的项羽同样率领着一支优势明显的庞大军队，自东向西朝咸阳进发。两支队伍在今日的西安府前方（今日临潼附近，当时临潼被称为“鸿门”）相遇。在此情形下，刘邦不得不提出谈判，以平息一触即发的紧张局面。在张良的建议下，刘邦前往项羽营帐，向其说明自己只想维持现有利益。可是项羽对他的话疑虑重重，在一场刻意为之的舞剑表演中，刘邦差一点就要丢掉性命，不过最终机智逃脱。可还是要感谢这次惊险的谈判，刘邦最终从项羽手中获得原韩国及四川地区。也正是从那场鸿门宴起，项羽权势达到鼎盛，人称“霸王”。此后，刘邦采用张良妙计，毁坏部分秦岭栈道，以此向项羽展示自己的臣服之心，解除对方的疑虑与提防。可暗地里，他积极备战，并最终在公元前205年，拉起一支五十六万人的军队，同项羽交锋。战争一开始对刘邦并不利，当年春天他在彭城（今天的江苏省徐州府）战败，损失超过十万人，他自己也仅是侥幸逃脱。他的父亲与妻子还被项羽俘获，后者遣人告诉刘邦，若仍坚持不降，那他的父亲就会被活活烹煮而死。可刘邦这样回话道：“从前我们互道兄弟，所以我的父亲也就是你的父亲。如果你煮了他，别忘了给我分一碗肉汤过来。”项羽听到这话，明白了自己的人质威胁对刘邦并不奏效，也就将其父亲给放了。项羽对自己的高超武艺极为自信，他提出要与刘邦单打独斗，以决胜负。可刘邦让人带话道，他更愿意以智慧为武器决一雌雄。随后双方在广武附近对峙，唇枪舌剑相互叫阵，暴躁的项羽突放冷箭，重伤刘邦。为了不引起手下将士的恐慌，中了箭的刘邦迅速弯下身子，假装只是脚趾受伤，让张良搀扶着回到帐中。从这些逸事中，我们可以看出张良的影响力。刘邦的另一位追随者大将韩信智勇双全，因出生于淮阴县，故受封“淮阴侯”。公元前203年，韩信向刘邦提议，让后者封自己为齐王并授齐国国印，以保该地不生动乱。就在刘邦当场将内心不满显露于脸上时，张良偷偷踩了主公一脚，暗示其同意这一请求。铲除异己，徐徐图之，韩信后来被刘邦毫不留情地斩首杀害。在山西省太原府南面有一条以其名字命名的山路，即“韩信岭”，这一名称沿用至今。

公元前203年，项羽、刘邦二人达成“鸿沟之盟”（人们推测鸿沟在今日河南省开封府的西面或南面），双方划鸿沟而治，项羽控制该地东面地区，刘邦则取得鸿沟以西的控制权。项羽未作多想，按盟约规定率少部分先行军东进，大部队则留在后方。可此时张良向刘邦献计，认为应抓住这一天赐良机，将项羽一举歼灭，如若不然，便是放虎归山，后患无穷。刘邦采纳了这一建议，率大军追击项羽。此等背信弃义、撕毁盟约的行为让张良在史书上留下了不光彩的一笔，其光辉正直的形象因此蒙上一层阴影。这次行动一开始并不顺利，大将韩信、彭越这两位表面上的刘邦盟友在后方虎视眈眈、蠢蠢欲动。在此情况下，张良又献一计，刘邦紧急与两人联系，许诺若他们帮助了自己，日后必定将大片国土分与对方。两人因此也率军追击项羽，并最终在垓下（安徽凤阳辖境内一小村庄至今仍保留这一地名）对项羽形成合围之势。显然，这一围攻之策同样出自张良之手。项羽这位从未打过败仗的骁勇霸王，深知等待自己的将是毁灭。他对着自己的爱姬，吟出垓下歌，哀叹伴随多年的坐骑乌骓战死沙场，哀叹命运的无望，情感之悲切，让所有士兵闻之泪流不止。虽是如此，项羽仍率领所剩无几的将士，坚持数日之久，英勇抵抗到最后一刻。最终，楚军全员战死。在最后一场交战中，项羽自刎于乌江岸边，一代霸王就此归于历史的尘埃。

自此，即公元前202年始，刘邦再也没有强劲对手，最终登上龙椅，成为汉朝的首位开国帝王，史称“汉高祖”。早在公元前206年，刘邦便自立为汉王，现在，他终于以此为国号，实现了对中国的大一统。登基之后，他将三位为王朝立下大功的人物尊称为“三杰”，他们分别是留侯张良、韩信以及之后成为权相的陈平。[1]毫无疑问，汉王朝的建立，其中最大的功劳来自于刘邦手下智囊团所献的高瞻远瞩的计谋策略。大局已定，张良便不再对国家事务发表意见，他说：“我凭借自己的三寸之舌，做到了帝王谋士的高位，这已是一介布衣所能达到的巅峰。”他随后辞去官职，回到秦岭之中，定居紫柏山庙台子，远离世事喧嚣，在那儿度过余生，据传于公元前 189 年或前 187 年离开人世。

4 传说中的张良

古往今来，我们的主人公张良始终被人们视为集聪明才干于一身的典范，他既是伟大的政治家、谋略家，同时又是驰骋沙场的英勇战士。其生平及所取得的伟大功绩为其形象笼上了一层浓重的神话色彩，他被人们赋予了众多超自然能力。人们视其为拥有法力之人，其整体形象与后世蜀王刘备的丞相诸葛亮相似，后者我们已在第一部作过介绍。无论是成都府的诸葛亮祠堂还是此处庙台子张良祠堂内，都建有一座凉亭，亭内有一张石制棋盘，两者之间的这一相似点非常显眼。这种设置再一次表明，对弈之术是谋略之术的体现。有一首诗展现了这种不动声色的谋略所具有的强大力量，诗赋描述了张良命人在敌军营外吹起长笛，演奏故土曲调。笛声四起，深受思乡之苦的敌方将士军心动摇，急急撤军返回故乡，回到家人身边，刘邦军队由此轻而易举便获得对方领土。[2]

在众多的传说与神话中，这位伟大的大汉丞相又是另外一种形象。人们将他与今日的道教文化做了历史性的巧妙结合，故其形象显得尤其生动。道教公认的首领为居住于江西省龙虎山大型道观之中的张天师，这一宗教领袖的原型即道教圣人张道陵，他出生于公元 34 年，被认为是张良第八代嫡孙。张道陵在江西龙虎山中选择了一处大型洞窟作为修行处所，而在此之前，他还在其他圣洞中居住过很长时间，据说在遥远的西部昆仑山脉中也留下了他的印记。现今中国有十个大型天师洞，三十六个小规模天师洞，其中第三大天师洞便在紫柏山庙台子附近，这个传统中式建筑门口写有铭文：第三太虚极真洞天（参见附图 9）。

不过，该道教洞天并不属于下文将要介绍的紫柏山七十二洞穴之列。但这一洞窟体系归类恰恰揭示出，人们是如何努力在张良与这些洞穴之间建立起紧密关系的。人们很早就将张良这一人物形象同道教联系在一起。根据传说，最早的道教思想出现在《阴符经解》一书中，据称该书由神话中的远古帝王黄帝亲自编写而成，于唐朝面世。在唐朝的初版中，众多的著名学者与文豪都为该书做过注释，这其中便有张良及后世的蜀相诸葛亮。

1　通常认为，“汉初三杰”为张良、韩信和萧何。——译注

2　此处描述的应为“四面楚歌”事件，原文叙述同历史稍有出处。——译注

据说，张良曾碰到过两位神秘人物，他们为其开启了才智天眼。这一神话元素在庙台子中处处可见。这两人分别为赤松子与黄石公，他们同大多数此类虚构形象一样，原型无从考证。不过，他们在一定程度上可以被理解为是自然宇宙的象征，因为其名字暗含森林、山脉之意，也是指庙台子所处的环境。所以，庙台子的众多铭文中频繁出现蕴含着如此深意的表达。在神话传说中，赤松子是神农时期的仙人，精通观察预测风雨气象。在向神农传授了这一神秘技能之后，他消隐在凡人无法到达的昆仑山洞窟之中。神人黄石公被理解为前者赤松子的另一化身。他编写了一部兵法奇书，并将该书赠与张良。张良在此后峥嵘岁月中之所以能凭借种种计谋叱咤风云，便是此书之功劳。

据记载，孩童时期的张良一日在今天庙台子的位置遇见一位老者。老人骑着骡子，正从桥上经过，突然脚上的一只鞋掉到桥下小溪中。张良见状立刻拾起鞋子，跪在老人脚下，重新给他穿上。老人轻叹一句"孺子可教"，从袍中拿出一本书送给张良，并嘱咐道："好好读一读这本书，以后可凭此成为帝王师。"在另一版本的传说中，老人屡次踢掉张良捡回穿上的鞋子，直到三次后才对张良开口，让他五日之后在同一地点来见自己，到时会有奖赏送给他。五日后张良按照约定时间到了桥上，结果老人已在此等候，他让张良回去，下次再来。第二次仍然如此。直到第三次，张良早早地便等在桥上，老人这才感到满意，最终以兵书相赠。张良所具备的此种恭谨、忍耐的崇高美德，还体现在其他传说中。相传他曾毕恭毕敬地等在一位老妪身边，看着她将粗大铁杵磨成细针。[1]

故事中桥上的老翁即仙人赤松子，只不过他化身为看似普通的黄石公，将兵书赠与张良。根据紫柏山当地传说，赠书地点为山上庙台子授书楼。在江南也有一个地方号称黄石公授书处，但由于庙台子授书的信息言之凿凿，所以其他地区发生该事件的可能性微乎其微。黄石公所赠是一本兵法书，据说名为《三略》或《太公兵法》。相传张良便是在紫柏山中的一个洞窟内认真研读此书，培养军事智慧，并凭此在日后的军帐中排兵布阵、指点江山，取得一场场胜利。有道是"运筹帷幄之中，决胜千里之外"，这句俗语用来形容张良、诸葛亮以及以其为代表的著名军事家最是恰当不过。

以上这一事件是造型艺术常见的表现主题，在绘画艺术领域更是明显。人们常常把黄石公画成同老子极为相似的形象，他拿着一本书，骑着骡子经过小桥；张良则手拿鞋履，站于一旁。又或者老翁站在桥上，张良立于桥下小溪中，左手高举着鞋子，右手则挥舞宝剑，同一条神龙对峙。汉高祖刘邦的形象也经常出现在与神龙搏斗的场景中。这种意象表达了同旧统治者作斗争以创立新王权的深意，神龙即代表至高无上的王权。另外也有一种说法，认为与龙搏斗正是刘邦生平众多传奇事件中的一个，此处通过绘画这一形式加以展现。不过在我们的研究中，这种外在艺术表现更多地被理解为具有普遍意义的中国元素象征，而非个人行为。

同几乎所有的中国故事一样，黄石公授书张良的故事被吸纳进日本文学及艺术创作领域，成为常见的表现主题。这一情况其实稀疏平常，但极为有趣的是，据说那本兵书

1　此为作者原文。中国人所熟知的"铁杵磨成针"的故事主人公为诗人李白，两者信息相左。——译注

之后以原版文字传至日本，众多大名鼎鼎的日本军事家从此书中习得兵法谋略。

公元前202年，汉高祖刘邦登上皇位，建立大汉，天下大局已定。这之后不久，张良便急流勇退，他说："我现在希望归隐山林，去追随仙人赤松子的足迹。"在茫茫秦岭中他开始不食不饮，按照一套修炼方式逐步将身体圣化，直至长生不老。关于这一方式，道家有一个专门的概念，即"辟谷"。不过，张良并非完全断绝饮食。据说有一次他禁不住吕后的揶揄，吃了一些米饭。

5 以张良为颂扬主题的文赋

一本题为《紫柏山志》的小册子收录了一篇某位旅人所作的文章。该作者[1]在短暂探访庙台子的过程中，写下了这篇锦绣文章，以此表达对先贤张良的追思。作者学识渊博、文采斐然，他以极短的篇幅，将自己心目中的英雄形象勾勒得清晰鲜明。在无数描述张良的文章中，这一篇堪称典范，下文将为读者呈现全文。不过，为了保证大家阅读时的完整思维体验，在此有必要先对真实历史作一背景介绍。

该文作于公元1684年。在此之前不久，祠堂刚在清庭高官于成龙的主导下进行了一次彻底的重建，所以这一年在建筑历史上意义重大，这一点将在下文描述祠堂历史时作进一步介绍。在作者看来，张良身上鲜明地体现出两种不同哲学思想的融合。这两种思想均出现于大约公元前4世纪，彼时距其后的亚圣孟子时代十分接近，它们相互对立，水火不容，但通过张良这一人物，两者之间又神奇地建立起可能的联系，它们互为补充，出现于同一个人身上。这两个学派的创始人一为杨朱，一为墨翟。前者主张"为我"，推崇个人享乐主义，强调个人享受无需顾及他人生活。[2]后者则是极端的利他主义者，倡导"兼爱"思想，并以此成为中国创立普世性人道主义博爱概念第一人。而亚圣孟子作为身体力行的社会学家，对这两者都持尖锐的批评态度。以下我们介绍的这篇文章结构清晰，分成引言、主题描述、论点提出、六个事实例证、结论及结语几部分。文章通篇皆出现将张良比作老子的描述。这里还涉及了老子所著的《道德经》，该书将基本概念、宇宙秩序以及人性美德巧妙地融合在了一起。此外，文中出现的"太史公"即前文已有提及的史官司马迁，"项王"即汉高祖刘邦的强大对手项羽。

全文如下（参见图67）：

余承乏守汉中八年矣。庚午、辛未、壬申旱荒，奉督抚命，运汉米入西安，以济兵饷。北出云栈，过紫柏山山麓，石碑上书曰：汉留侯张子房先生辟谷处。余望山遥

1 作者为汉中知府滕天绶（1648—1690）。——译注

2 此处仅为作者对杨、朱思想的理解。——译注

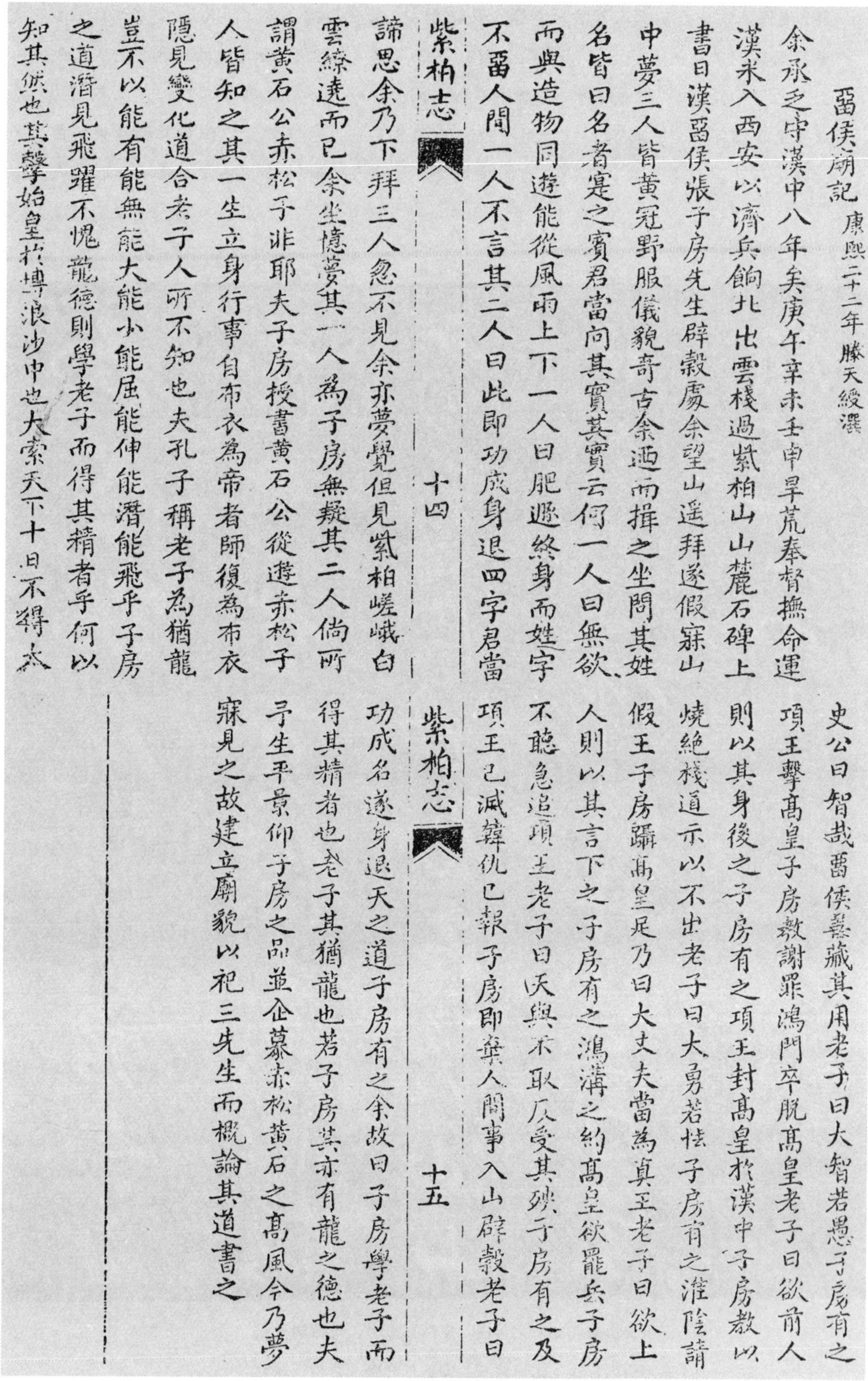

留侯廟記 康熙二十二年 滕天綬撰

余承乏守漢中八年矣庚午辛未壬申旱荒奉督撫命運漢米入西安以濟兵餉北出雲棧過紫柏山山麓石碑上書曰漢留侯張子房先生辟穀處余望山遙拜遂假寐山中夢三人皆黃冠野服儀貌奇古余迎而揖之坐問其姓名皆曰名者寔之賓君當向其實其實云何一人曰無欲而與造物同遊能從風雨上下一人曰肥遯終身而姓字不留人間一人不言其二人曰此即功成身退四字君當

紫柏志 十四

諦思余乃下拜三人忽不見余亦夢覺但見紫柏嵯峨白雲繚遶而已余坐憶夢其一人為子房無疑其二人倘所謂黃石公赤松子非耶夫子房授書黃石公從遊赤松子人皆知之其一生立身行事自布衣為帝者師復為布衣隱見變化道合老子人所不知也夫孔子稱老子為猶龍豈不以能有能無能大能小能屈能伸能潛能飛乎子房之道潛見飛躍不愧龍德則學老子而得其精者乎何以知其然也其擊始皇於博浪沙中也大索天下十日不得太

史公曰智哉留侯善藏其用老子曰大智若愚子房有之項王擊高皇子房教謝罪鴻門卒脫高皇老子曰欲前人則以其身後之子房有之項王封高皇於漢中子房教以燒絕棧道示以不出老子曰大勇若怯子房有之淮陰請假王子房躡高皇足乃曰大丈夫當為真王老子曰欲上人則以其言下之子房有之鴻溝之約高皇欲罷兵子房不聽急追項王老子曰天與不取反受其殃子房有之及項王已滅韓仇已報子房即棄人間事入山辟穀老子曰

紫柏志 十五

功成名遂身退天之道子房有之余故曰子房學老子而得其精者也老子其猶龍也若子房其亦有龍之德也夫子生平景仰子房之品並企慕赤松黃石之高風今乃夢寐見之故建立廟貌以祀三先生而概論其道書之

图 67. 1684 年滕天绶所著文章，出自《紫柏山志》

拜，遂假寐山中。梦三人皆黄冠野服，仪貌奇古。余迎而揖之坐，问其姓名。皆曰："名者实之宾，君当问其实。""其实云何？"一人曰："无欲，而与造物同游，能从风雨上下。"一人曰："肥遁终身，而姓字不留人间。"一人不言，其二人曰："此即'功成身退'四字，君当谛思。"余乃下拜，三人忽不见，余亦梦觉，但见紫柏嵯峨，白云缭绕而已。余坐忆梦，其一人为子房无疑。其二人倘所谓黄石公、赤松子非耶？夫

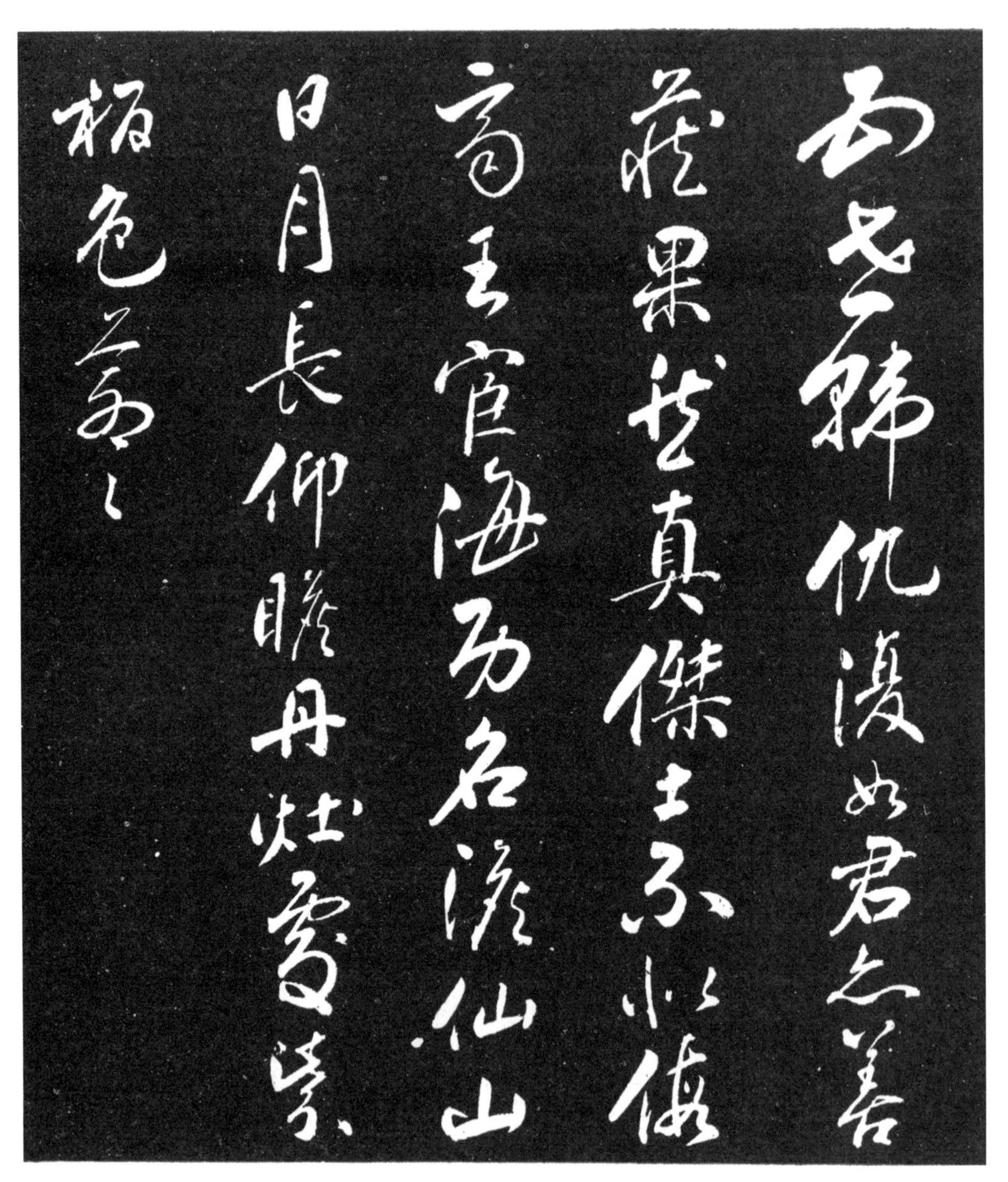

五世韩仇复，如君之善庄。果然真杰士，不似伪齐王。
宦海历名流，仙山日月长。仰瞻丹灶处，紫柏色蒙蒙。

图 68. 庙台子石刻铭文

子房授书黄石公，从游赤松子，人皆知其一生立身行事，自布衣为帝者师，复为布衣，隐见变化，道合老子，人所不知也？夫孔子称老子为犹龙，岂不以能有能无、能大能小、能屈能伸、能潜能飞乎？子房之道，潜见飞跃，不愧龙德，则学老子而得其精者乎！何以知其然也？其击始皇于博浪沙中也，大索天下，十日不得。太史公曰“智哉留侯，善藏其用”，老子曰“大智若愚”，子房有之。项王击高皇，子房教谢罪鸿门，卒脱高皇。老子曰“欲前人，则以其身后之”，子房有之。项王封高皇于汉中，子房教以烧绝栈道，示以不出。老子曰“大勇若怯”，子房有之。淮阴请假王，子房蹑高皇足，乃曰“大丈夫当为真王”。老子曰“欲上人，则以其言下之”，子房有之。鸿沟之约，高皇欲罢兵，子房不听，急追项王。老子曰“天与不取，反受其殃”，子房有之。及项王已灭，韩仇以报，子房即弃人间事，入山辟谷。老子曰“功成名遂，身退，天之道”，子房有之。余故曰：子房学老子而得其精者也。老子其犹龙也，若子房，其亦有龙之德也。夫予生平景仰子房之品，并企慕赤松、黄石之高风，今乃梦寐见之，故建立庙貌，以祀三先生，而概论其道书之。

另外，在我游览庙台子时，还发现了一些石刻碑文（参见附图7）。

6 紫柏山及祠堂环境

第二部分开篇及随后已反复提及，紫柏山是秦岭的重要山脉，我们的祠堂便坐落在此山之中。“紫柏”一名据说来源于两汉之后的晋朝某位公侯的名字。紫柏山依着秦岭走势自西向东绵延伸展，山中还修有宽阔的官道。中国人认为它是太白山的支脉，后者位于西安府南面，是秦岭构造带的北线，意义重大。主干道自北而来，其中一段向东修于紫柏北坡上，迂回越过地势较低的柴关岭，复又向南延伸。自柴关岭往东行约一个小时，便至庙台子。在发生于川陕交界的众多战斗中，柴关岭一直扮演着重要角色。据道士口述，西楚霸王项羽曾率军驻扎于此，以阻挡刘邦的进军。当时这里并没有如今这条宽敞的主干道，只有一段自周朝便修建而成的狭窄小道。关隘附近的道路崎岖艰险，地理位置易守难攻。刘邦大造声势，摆出一副将要前往此地的模样。项羽谋士范增看破了刘邦的迷魂阵，可项羽对此深信不疑，并没有听从范增的意见，只是在柴关岭按兵不动，想要守株待兔。结果，刘邦从另一条山中小路迂回而至，突然出现在陕西北部。

东汉时，道路主体得到大幅扩建，但柴关岭仍艰险难至。不过正因为如此，此关隘具有重大的军事意义。蜀相诸葛亮深知这一点，他曾说，蜀国有两大咽喉命脉，一为长江险峡，二为秦岭柴关岭。因此，他派五百士兵常年驻守于此，以扼天险。可惜在其死后，无能的后主刘禅目光短浅，撤走驻军以减少军费开支。之后不久，魏国大将邓艾便经由此路长驱直入，攻至四川，结束了刘禅政权。在途经柴关岭时，不少魏军相继翻下陡峭的悬崖。若当时此地驻有蜀军，那么等待这些魏军的便是束手就擒的命运了。

柴关岭之所以具有如此重要的战略意义，原因便在于紫柏山独特的地势走向及地理构造。为了充分说明这些情况，在此请允许我逐字摘录冯·李希霍芬先生关于这一地区的精彩描述。

第五日 自武冈关至苍木陇[1]（参见图66）：

行至武冈关附近，道路离开仅穿行了一小段距离的纵谷，顺着一处自左而来的横谷谷底向上延伸，朝南一直到连云寺，继而依着溪流自西向南逆流而上，直至水流源头。

三岔驿纵谷：

两侧山势陡峭，从谷底到最高点，垂直距离达1500英尺（约427米），两山间坐落着由众多客栈组成的南星村。到处都是半明半暗的页岩石块，发着幽幽的绿光。仔细观察却是另外一幅情景，这些页岩只是一道夹层，它将上下平坦光滑的砂岩层衬托得更加明显。立于连云寺中，回首北望，美景映入眼帘。山谷行至连云寺附近，转而朝东偏南方向延展。山体构造由砂岩变为石灰岩之处，地势骤然下降。这两种地质构成泾渭分明，一目了然。但从此处起，页岩与石灰岩交替出现，时而是体积硕大的石灰岩山体，时而又是薄薄的页岩山体。山脉朝南陡峭倾斜，有几处近乎呈九十度垂直状。

视线越过由石灰岩及页岩构成的南坡，后方是一道巍峨险峻、山石峥嵘的山体，其高耸入云的锯齿状顶峰远远地吸引了我的目光。这就是紫柏山。据当地人说，紫柏山绵延不止，是秦岭山脉中响当当的一段。道路逆着山溪而上，慢慢接近高处的紫柏山，我期待着即将完成对它的翻越。可我随后发现，这似乎没有可能，因为就在距离山顶咫尺之遥的位置，即行至南星村山溪的发源地时，北面突然横出一道天堑柴关岭。道路自柴关岭始，垂直坠入一处深谷。深谷另一端楔入紫柏山北面及与其平行的其他山脉，那里的道路更显惊心动魄、深不可测，让我震惊不已。

根据岩层构造判断，乱石嶙峋的紫柏山应属于武都山石灰岩山体支脉。但其实早在一过连云寺时，山体中就已呈现无数结晶钙质碎片及带状玄武玻璃成分，此外还有细粒花岗石的存在。在到达松林驿之前，周边便已大多为这种岩石构造。石灰岩多为漂亮的白色大理石形态，但其内部几乎都夹杂了呈玄武玻璃形态的页岩层。

柴关岭就修建在夹杂着页岩层的石灰石山体之中。道路一路急坠直下，沿途可见众多大型花岗石地质层，有时整段山体均为单独地貌形态。岩块峥嵘，林木森森，道路延伸尽头的幽谷因此显得更为神秘梦幻，这也是为何很早之前，那座著名道观选址于此的原因之一。建筑地基边界同交互连接成一体的花岗岩地质边界重合。路旁频繁出现的石灰岩及页岩中又沉积着火山喷出岩，后者以或宽或窄的岩层形态，呈现出纵横交错的网状样貌。

---

1 苍木陇，Tsaumulung，音译。——译注

上段提到的道观即庙台子，李希霍芬未搞清中国寺院的叫法，认为留侯庙与庙台子为两个不同宗教建筑，但事实上，这两者指的是同一座道教场所。

我在日记中记录了自己从北面行至庙台子附近时所看到的周边景致，这一路径同李希霍芬的路径一致。描述开始于前文介绍过的凤岭，日记便是接着当时凤岭路段一篇展开：

1908 年 7 月 6 日

待我们到达凤岭下方的谷底时，蓄势已久的乌云终于变为瓢泼大雨。我们穿上早已准备好的或桐油涂制或橡胶制成的雨衣，紧跟着一路向前的驮畜，躲进最近村庄的一处客栈，在那儿避了一个多小时大雨，此间还趁机吃了顿早饭。气压计显示，此地海拔 1490 米。大雨一停，我们继续上路。沿途经过卵石铺陈、礁石林立的河流，又有瀑布飞溅、悬崖耸立，还有无数藏于僻静处的如画小舍及灌木、密林。一路行来，一旁的武都山峥嵘而鲜明的轮廓始终出现在视野中，山体遍布侵蚀溶洞与风化岩石，看起来就像是被蠹虫咬出了一个个蛀洞。随处可见独特的地质断层和几乎垂直的地势走向，几处奇特显眼的山峰顶部生长着茂密林木。山谷绵延不绝，风化剥蚀的页岩地貌一路展开，上面是一处处山头、危石、洼地与山脊。跋山涉水之后，我们再一次迎来一段平坦的行程。我们沿着溪流一路走来，行至一个宽阔谷地，出现另一条水流，两河交汇处坐落着三岔驿。流水滋养了大片稻田。眼前出现一座美丽的门楼，一旁挺立着两棵大树，煞是显眼。这个村庄因一件发生于某位旅人身上的历史故事而出名。相传一位旅人投宿于此地的一间客栈，但客栈主人是个强盗。夜晚强盗露出真实面目，想要谋财害命。想不到对方却是一位大名鼎鼎、武艺高超的山东剑客，他轻而易举地制服了强盗。这一事件被搬上舞台，成为一出广受欢迎的剧目。[1]——自三岔驿始，河流沿岸多见嶙峋险崖，宽阔水面在深谷中奔流向前，如画景致让人叹为观止。海拔 1190 米的武冈关上修建有一列农庄，它们或零散分布，或成群出现。最远的农庄一直建到一处山头上，该山如楔子般插入新旧两条河流所在的宽阔谷地之中，谷内稻田连片。黄土坡紧挨着巍峨的岩石山体，河床上因此沉积有大量淤泥。我在两河交汇处附近的山间盆地内发现一支急流，河床上布满大型鹅卵石，流水沁爽清澈，我在河里舒舒服服地泡了个澡，顿觉神清气爽。随后我们向东南方前进，顺着流淌于页岩间的山溪而上。此段蜿蜒于狭窄山谷中的道路被精心修缮，几乎一路平坦，落差极小，沿途可见座座美丽村庄。行至中段，河道收窄，溪流变得咆哮不安，两岸绵延着株株柳树。这样相似的怡人景致，让我想起远在德国的美丽故乡。道路两旁还生长着许多枝繁叶茂的树木，有些树干呈黄棕色，有些是有巨大叶片、结青色果子的野核桃树，有些是巨大树冠间挂着一丛丛红色果子的山梨树，另有洋槐、松树、柏树。无数缤纷的花朵盛开在田野与缓坡上，生机无限。时隐时现的山峰提醒着我们，自己正穿行于巍峨山脉之中。我们路过无数迷人的村庄、水车磨坊和打谷场，同一顶顶轿子以及一位位骑手、邮差、挑夫擦肩而过。人们口中不断吆喝着，赶着骡子、驴子、公牛和奶牛。高处是

1 即《三岔口》——译注。

成片的麦田，一旁还有玉米和大豆。这是充满田园风情的两个小时！我们一行人加快速度，超过驮畜，赶到队伍前头，带着它们转了个弯，继续前行。七点半，我们终于到达海拔 1240 米的南星村。村子位于一处谷地南缘，如定位星辰一般，从北面俯瞰整个山谷景致。如此看来，“南星村”村名名副其实。

7 月 7 日

自南星村始，眼前展现出一派高山地貌。越往山谷上部走，溪流越窄，涓涓细流如梦似幻，可爱迷人。路上茂密的植被越来越多，两侧高山上也是树木林立。从主路转入岔道，我们穿过一个位于路旁的小山谷，攀登过一段陡峭的上坡路，来到一片几乎可被称为森林的密林中。为众人称道的紫柏山便是从此地开始。这里有一处十人编制的警察站，其哨楼旁一根高杆上挑着一面小旗，旗子迎风招展，煞是有趣。陡峭攀爬行程的最后一段植被又变得稀疏了，最终，我们到达大名鼎鼎的柴关岭。眼前出现了一座并不十分恢宏瞩目的门楼，但它足以体现出这个建筑的重大意义。它并没有高大到给人一种咄咄逼人的压迫感，其造型朴素简洁。但正是这种质朴感，使其与大气磅礴的周围景致相得益彰。立于此建筑前，草木葱茏的紫柏山及庙台子所在山谷的壮美风光尽收眼底。一条石子路顺着陡峭的山势攀援而上，虽然石板路到处坑坑洼洼，但至少还能供人行走。我们沿路而上，经过几个小村庄，绕过几处急转弯，行过一条水声喘急的溪流，来到谷中那片茂密森林附近。在两侧巍巍青山中，高大岩块上孤零零地傲然挺立着一座亭子。亭子高两层，屋檐线条飞扬灵动，引人注目。这就是我们向往已久的庙台子。渐渐地，视野中出现越来越多的清晰影像，庙台子周边的众多屋舍、祠堂建筑的连片屋顶、农人小舍、入口大门、溪上小桥……终于，我们来到了祠堂院子中。道士们热情地同我们打过招呼，陪着我们先去了接待室，接着又前往位于花园中舒适的住所。

7 月 10 日

在中国人的眼中，祠堂所处地理位置具有浓烈的诗情画意，又兼宗教神圣色彩，同其有关的神话传说由此产生，英雄形象因此显得更为高大神秘（参见附图 8）。一条山溪自西面柴关岭而来，同另一条自南而来的溪水交汇于此（参见附图 9）。两溪之水合流一处，向东蜿蜒，一处盆地因此诞生。据估计该盆地直径约有 400 米。有些谷地虽为敞开式构造，但其附近因有深入内部的山体存在，故看起来仍有封闭之感。但这处封闭式盆地与众不同，其北面以巨大山体为界，东南及西南面则矗立着其他山脉的众多山头，整体与世隔绝，遗世而独立。西南面的一处山峰据说应为紫柏山最高峰，与其他山体不同，上面难觅草木踪影。山脚处下有一道深渊，一旁孤零零地立着一块高大而陡峭的圆锥形岩石，上面便屹立着那座二层亭台，它犹如一个鲜明地标，给我们留下了关于祠堂的第一个深刻印象。亭子四周呈艰险之势，人们只能通过其东面一处坡度和缓的山脊，从祠堂或谷地进入亭内。就在这座亭台上，在紫柏山最高峰的怀抱之中，仙人黄石公将那本大名鼎鼎的兵书赠与少年张良。张良的英魂萦绕在此处青山上，享受着人们一日三次的香火与诵经供奉。

这里并非只有一座庙台子在纪念张良，整座巍巍青山更是以自己的方式，始终缅怀着圣人英魂，缅怀程度之深切，我们从紫柏山七十二洞窟中就能获得真切感受。这七十二窟塑造了祠堂庙台子的外在景致框架，同时也奠定了祠堂建筑内蕴气质的总基调。

7 七十二洞窟

以下内容摘自《紫柏山志》，该书重刊出版于同治十年（即1871年）：

“紫柏”之名见于晋常璩《华阳国志》者。《紫柏坂周地图记》云，其山两头高，状如龙形，一名龙如山。其大干自太白山，南趋柴关岭，而西至火龙门，分两翼为前后山，绵亘五百余里。诚栈中第一名山。旧有七十二洞、八十二坦（参见图69）。历代以来，栖真者复多开凿，今皆百数矣。虽巉崖削辟，人迹罕至，而奇闻异迹，有足纪者，不可没也。今以在厅境者，详注于后，以备考证焉。

紫柏山七十二洞名

1. 四方洞[1]；2. 黄龙洞；3. 不老洞；4. 风洞；5. 天星洞；6. 赤松洞；7. 说法洞；8. 太白洞；9. 四皓洞；10. 丹灶洞；11. 紫阳洞；12. 龙王洞；13. 肉身洞；14. 观音洞；15. 黑漆龙王洞；16. 鹁鸽洞；17. 寒冰洞；18. 悬羊洞；19. 砻钟硐鼓洞；20. 花熊洞；21. 西僧洞；22. 朝阳洞；23. 会仙洞；24. 清泉洞；25. 黑熊洞；26. 燕子洞；27. 云罩洞；28. 飞鼠洞；29. 露明洞；30. 鱼洞；31. 凤凰洞；32. 牛角洞；33. 双峡洞；34. 飞云洞；35. 猿猴洞；36. 避兵洞；37. 朝天洞；38. 天泉洞；39. 元狐洞；40. 四方洞；41. 白水洞；42. 锣鼓洞；43. 太白三洞；44. 飞虎洞；45. 雷神洞；46. 存真洞；47. 飞仙洞；48. 凌霄洞；49. 石莲洞；50. 日洞月洞；51. 白鹿洞；52. 乌龙洞；53. 蝉洞；54. 银洞；55. 乌云洞；56. 妖魔洞；57. 天门洞；58. 双泉洞；59. 山魈洞；60. 元女洞；61. 药水洞；62. 雄黄洞；63. 响水洞；64. 穿山洞；65. 鸡鸣洞；66. 喇嘛洞；67. 白马洞；68. 睡佛洞；69. 海水洞；70. 入海洞；71. 无底洞；72. 五云洞

1. 四方洞，在祠南十里，铁佛崖下，南向，如仓廒，石壁障于外，故人鲜知。

（铁佛洞，在祠后老庙下，南向，洞口如城市，石乳结如龙，蜿蜒壁间，中祀三铁佛）

2. 黄龙洞，祠西十里，南向，顶有清泉一泓，不溢不涸，草多紫叶红茎白花，虽严冬不枯。石壁题曰“不老春光”。

3. 不老洞，在长青坦岸畔，宽广不一亩。其山鲜雨雪，多鹿寿草。有粟，穗如犬尾，长尺许，粒如珠。洞顶透天，旁有一窟如盆，而内宏敞，芳草铺地，别有洞天。

---

1 此处作者标记为“四方洞”。事实上《紫柏山志》实际收录七十四洞窟，其中“铁佛洞”与“乌龙洞”未出现在德文原件中，以下介绍时以括号形式加以补充。另，“四方洞”出现两次，下文按《紫柏山志》同治十年重刊版原文呈现，其中出入或与重刊有关。——译注

4. 风洞，祠北七十里，口如瓮，四时风不息，将雨尤甚。

5. 天星洞，祠北五十里，西向，深不可测。行十余步，一窍透顶，散见数十窍，繁点如星。惜高数百仞，可望而不可即。

6. 赤松洞，在小火龙门下，北向。细柳如帘，障洞口。分柳而入，则洞壁石光如镜子。一石墩上棋枰并子具焉。

7. 说法洞，祠北五十里，外溢内宽，顶一窍，光明如昼。上有说法台，宽五尺，长丈余。

8. 太白洞，即老龙池，祠北五十里，有池三。大池水清而甘，二池碧而淡，三池翻如沸汤。春夏凉，秋冬热，可浴，祈祷辄应。

9. 四皓洞，与赤松异门而实一也。石床一，石壁如琴，叩之有声。

10. 丹灶洞，祠北六十里，西向，有石龙神像，旱祷辄应。石灶石锅各一。相传孙真人炼丹拯疫，飞升于此。

11. 紫阳洞，祠北四十里，有石墩，光如镜。人传紫阳真人坐禅于此，遗铁杖，长九尺五寸，插石隙中。

12. 龙王洞，祠北七十里。相传杨四将军降青龙于此，民德祀之，故又呼“杨四将军洞”。

13. 肉身洞，祠北七十里，在观音洞左，有女神坐盘龙石龛（请参考庙台子第16号建筑）上，相传肉身号“神姑”。昔以大树作桥，攀援可入。今树枯径绝。

14. 观音洞，祠北四十里，为山中第一大洞，与各洞多通。有庙，祀神甚多。昔时香火特盛，嘉庆中，贼蹂躏后，道人不居洞中，祀者遂少。奇石如人物立者，不一其状。水清澈，亦可鉴。

15. 黑漆龙王洞，祠北五十里，深黑不可入，唯洞口有龙王像。代传鄂将军肉身，明永乐中所封。有石桥、马各一。

16. 鹁鸽洞，祠北五十里，多鸽，飞常蔽天。

17. 寒冰洞，祠西九十里，口如瓮，凝露长如笋，盛暑不消，饮之，可却疫除热。

18. 悬羊洞，祠西九十里，多野羊，人称“羊神”，不敢伤也。常往来野羊河畔，故以名。

19. 砻钟硐鼓洞，在观音洞半崖。峡中横一枯木，大数十围，长十丈余。往者沿木蛇行而过，名曰“度仙桥”。洞中玲珑嵌空，光莹射目。壁上覆石，如莲花，乳珠凝滴。

20. 花熊洞，祠北五十里，西向，有熊大如牛，马头、牛尾、犬身，四足能立，如人行。黑背白胁，项足皆黑白相杂，不食五谷，食竹连茎。腹无五脏，唯一肠，两端差太。可作带系腰（！）[1]。

21. 西僧洞，祠北九十里，北向，一僧自西域来，坐禅于此，遂卒焉。

22. 朝阳洞，在五云洞左，如夏屋。外有石壁如屏。相传留侯坐静处，石墩犹在。

23. 会仙洞，祠西百里，内宏敞。紫气蒸腾，常有声如箫管。右一洞通红霞洞，不数寻可至。后通五云洞、朝天洞，北通柳林洞。昔有人穷七日始达。

24. 清泉洞，祠西百里，百仞崖上，一穴如龙口，喷泉一线如飞花，响彻四谷。旁

1　此叹号为作者所注，并非《紫柏山志》原文。下同。——译注

有飞济龙王祠，相传宋元时祷雨辄应，故封之。今祠毁于贼。闻有“飞济龙王”四字碑犹存。

25. 黑熊洞，祠西百里，冬至后有黑熊出游，春分则无。

26. 燕子洞，祠西七十里，多燕且产硝。

27. 云罩洞，祠西百里，云色紫赤则晴，青黑则雨。左一穴石台上，远观之，如有书随风翻页；近视之，则一石如砖，光洁如玉。相传留侯藏书处。

28. 飞鼠洞，祠西八十里，海进沟百仞崖上一穴。遥望之，黑雾蒙蒙，有飞鼠数百为群，朝出夜入，捕猫为食。

按《二申野录》云：“凤县东关外，飞鼠成群，居民获其一，长一尺八寸，阔一尺。两傍肉翅，无足，足在肉翅之四角。前爪趾四，后爪趾五，毛细长，其色若鹿，逐之去甚速。”盖即此也。

29. 露明洞，祠西一百里，门高五尺，阔二尺许，内暗，怪石笋立。行里许，有光如星数点。再进，高如楼。登石梯层上，则四壁光明，水结如晶，草馥如兰。石案、石凳、石灶、石床具焉。一石柱抵穴，积水封固，人不能入。

30. 鱼洞，祠西一百里，北向，一鱼长八尺许，须如针，红尾紫翅，三五年始一出。先有浑水洒如雨，然后小鱼随出，上下半里。巨鱼旋入，众鱼亦随之，水亦清矣。有钓者，则乌云倏布，风雷大作。

31. 凤凰洞，祠西百里，飞崖上，穴如瓮，人不能登，古有凤巢此。

32. 牛角洞，祠北九十里，两峰屹然峙立如牛角。有清流环绕，峰皆有洞，出云至半空仍成一线，而分如牛角然。

33. 双峡洞，祠北九十里，两山相交，水无所出，乃入峡中，一穴伏流，不知何往。

34. 飞云洞，祠西百里，门圆，吐云成片。昔有龙潜于此。

35. 猿猴洞，在大火龙门左。猿猴两臂能左右伸，故又名“通臂猿”。俗名线狨猴，数百成群，装入人形，鼻窍向上，尾双歧，长二尺，雨则以尾插鼻孔避之（！）。

36. 避兵洞，祠西七十五里，北向，可容千人。后洞暗小，左壁下一井，清泉上涌。东壁一罅，仅容一人，阻此即无径矣。

37. 朝天洞，祠北百十五里，高四丈，阔六丈。洞后山水横流，莫测其源。有好事者，自朝至，夜半出，行数十里，莫能究其径。

38. 天泉洞，在白岩河顶悬岩中，有瀑布，故又曰“龙泉”。谷雨时，有鱼跃出。

39. 元狐洞，祠西百里，有狐常现人形，坐于洞限，迹之不见。遇庚申日、甲子日，洞中有管弦音。觇之，则一青皂袍老者，望斗遥拜。

40. 四方洞，祠北八十里，石壁百仞，人不能登。洞门西方，有金瓶一，金壶二。日西照，光摇摇夺目；天将雨，有声如金、革、丝、竹。

41. 白水洞，即白岩河源，南向，通黄花坦。有入者迷之，忽见光如线，急乘之，行未几而出朝天洞，盖亦相通也。

42. 锣鼓洞，祠西南一百二十里，人迹罕至。洞顶有二水，左滴下如锣声，右如鼓，故名。

43. 太白三洞，源出白岩河，山顶三窟鼎列，飞泉如瀑布。阴雨，泉声闻数十里，祈祷极应。

44. 飞虎洞，祠北八十里，飞虎成群，形如鼠差大耳。

45. 雷神洞，祠北十里，半山子悬崖下，常有雾。将雨，则雷声殷殷。有樵者见一物如巨鹰，数翼而黑，翼动若击鼓云。

46. 存真洞，祠北六十里，门高一丈，阔仅尺许，侧身可入，可容十余人。石床卧一人如柴，饰以金指，爪长八寸余。不知何时人，俗传即留侯，其谬亦甚。

（乌龙洞，祠西百里，光化山顶，深不可测。昔潜黑龙，故祀之。两当凤，略之，民常往祈湫。今匾额满洞，洞内怪石嶙峋，状类人物。）

47. 飞仙洞，祠北五十里，东向，容一人入。内如宅，风雨不浸。云南妙觉居士王虚明坐禅于此。有遇之于华山者，归访之，见兀坐洞中，抚之已僵，不知何时飞升也。

48. 凌霄洞，祠北十五里，缀梯以进，深不可测，有白气上冲必雨。

49. 石莲洞，祠北七十里，门如圆镜，内宽如屋。洞顶结一石莲，如承露盘。露甘如蜜，唯可遇而不可求耳。

50. 日洞月洞，两石壁立，中隔溪流，壁皆有一穴，光灼灼射，遥望之如日月，故名。

51. 白鹿洞，祠北六十里，北向。有见白鹿入者，尾之，不见。以深不敢进，乃大呼，鹿始惊而出逸。

52. 乌龙洞，祠北六十里，化皮沟南进至黑沟顶，北向，门高广皆丈余。石乳堆砌如花，古藤缠远，草细如线，蔓延洞口。内有石乳，如龙盘壁上，鳞甲爪牙如绘。再进，又一龙，亦如之。鳞如针锋，从壁上旋绕数匝，延颈至洞顶，复垂首下，张口吐舌，滴乳如珠。祈湫者以瓶承之，往往得雨。其山石如鸟兽状者恒多，诚为奇观，他洞不及。

53. 蝉洞，祠北六十里，南向。有天然石佛一尊，倚壁盘膝坐，左一石蒲团，光莹如玉。后洞有三足蝉，甚巨。夏秋常雨雹，或疑即蝉所为。雹伤竹不伤禾稼。

54. 银洞，祠西六十里，光化山峡中。洞如城门，多银矿。明嘉靖时为官厂，后封禁。

55. 乌云洞，祠西南一百一十里。日出时，间有黑雾，一线冲霄，遥望之，如有鳞甲爪牙。

56. 妖魔洞，祠北九十里，迷魂坦岸右，北向。洞口寿藤萦绕如帘。

57. 天门洞，祠西百里，古木丛茂，险不能入。嘉庆二十年有僧言，术能入洞伏妖，众赀敛以助。僧至半途，堕石笋上，贯腹死。

58. 双泉洞，即古鸳鸯井，在大火龙门半崖中。崖上题曰“游人乐取山井水，只此无尘见道心”，不知谁氏手迹。又一石如笋，一面光如镜，题曰“即是桃源故处，不让首阳山巅”。乃明万历丁亥春，凤邑妙觉居士徐文献从梁泉刺史盛广游此题也。可知当日尚可登峰，今则虽缀云梯，亦难跻也。崖有一窟，分清浊二水各一线，夭矫而出，若黄白二龙抱合状。

59. 山魈洞，祠西南九十里，墩子沟盘龙岩峡中，南向，深暗，昔多飞升于此。

60. 元女洞，祠北百里，一窟如印，广丈余。俗传元女在此教孝妇织锦巾供姑，今有石机、石梭各一。

61. 药水洞，祠西百里，白岩河悬崖上一穴。水出如瀑布，有硫黄气，浴可愈疮。

62. 雄黄洞，祠北九十里，产雄黄如珠，水流亦赤。孕妇佩之左胯下，能转女为男。

63. 响水洞，祠西百里，北向。崖高数丈，有泉飞喷如帘。

64. 穿山洞，祠北八十里，深无底，阔数寻。中一柱，顶上一穴透天，俗名“天外天”。怪石人立，异香氤氲，有猎者入半里许，见一白巨鹿，欲举铳击。火灭，鹿惊，逸。归谋众，复往，则水积满石柱矣。

65. 鸡鸣洞，在五云洞左，人不能至。阴雨常闻鸡鸣，或见有黑白形者，大于飞雁，三五成群。

66. 喇嘛洞，在蒲团坦畔，相传有喇嘛至此坐禅际，草即结如蒲团，故名。

67. 白马洞，祠西百里，不甚高阔。

68. 睡佛洞，祠西八十里，口高六丈，宽倍之。入洞，下趋数武，益平旷。天然棬棚，泉流不断。祀神像颇多。左一石床，有丈六佛像卧其上。旧传明时有王者游此，坐石床听法，遂卒焉。马旁有石罅一线，容一人行，可通牛角洞。

69. 海水洞，祠西九十里，白岩河边。碧水一潭，深不可测。洞在水中，汲水上涌如沸汤。有蛇头鱼，黑鳞，有毒。久雨，潭映红霞则晴；久晴，见黑雾即雨。

70. 入海洞，祠西八十里，南向。高五尺，宽二尺。洞以内较宽，有一潭，碧清可鉴，中有石柱。凡祈湫者，以黄纸覆瓶口，红绳系瓶颈，投之自沉。未几，水作泡，瓶随涌出，纸覆如故，而水已注瓶中。间有归至半途，湫忽破纸出，作乌云上升，甘霖踵至矣。

71. 无底洞，祠西九十里，石峡中一石窝，深不可测。昔有人从柳[1]林洞行七日出此。

72. 五云洞，祠西一百里，有留侯遗像，相传为辟谷处。又名“经板洞”，以唐时曾刻经于此也。洞高三丈，阔倍之，深十余丈，中有殿，二层，道寮客舍具备。旁有玉皇池，注灵湫，池畔有石如鸭。洞后石楼天然如夏屋，三层，皆有乳珠，久阴则累累下滴。下有巨石如龟，引颈张口，若承乳状。后洞深不可测，通于前火龙门。

小册子《紫柏山志》中附有地图一张（参见图 69），以上所描述的大多数洞窟均被标记其上。此外，地图还标出了众多其他洞窟及诸如摩崖石刻、天然石门、石坦或山泉之类的值得注意之处。

以上对于七十二洞的描述，主要是为了向大家表明，中国人喜好将思想精神同周边自然环境合二为一，这两者之间具有内在关联。中国疆域内名山大川无数，以此处紫柏山为例，它从属于地位非同寻常的秦岭山脉，自身地质构造与众不同，加之又是众多著名历史事件的发生地，自然引得人们极力发挥想象，将紫柏山中的一个个地点同神话传说及历史传承结合起来，为此地赋予了深厚的精神内涵，而整座山脉也由此获得内在生命力。自然天地被注入饱满灵魂，放眼欧洲文化圈，这种方式也只有在古希腊及古罗马时期才能找到相似之处。

1　伯夷、叔齐于首阳山不食周粟而亡，是为忠君之范例。

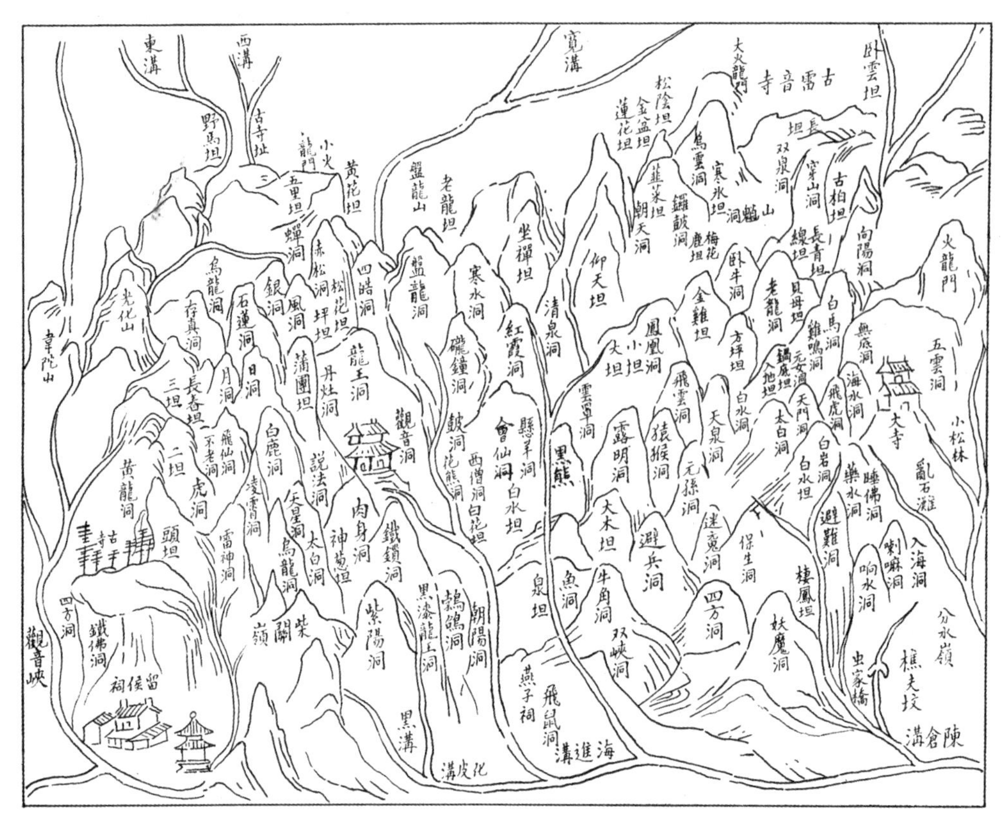

图 69. 紫柏山庙台子洞窟及山峰图。临摹自《紫柏山志》内一份地图

中国人认为自然万物皆有灵魂，均有神灵居住其间。这种信仰作为精神总基调，始终出现于各种故事新编或旧闻改编之中。不过，万灵论思想并非突兀地孤立存在，它被巧妙安插于整体神话传说的大构架内，同真实历史也互有融合。

人们从自然中分离出单个生命体，感知其中所蕴藏的永恒神圣灵魂，这也是中国人具有高深诗歌造诣的源泉。上文对七十二洞的介绍均篇幅短小，有些听起来好似天方夜谭，但始终流露出虔诚与严肃之情，其行文间几乎处处体现着中国人饱含情感的诗学才情。汉相张良本就在一定程度上被视为秦岭所有超自然神秘力量及奇迹的化身，加之在中国人这样一种自然观的塑造下，其祠堂整体氛围也就不言而喻了。

8 祠堂历史

《紫柏山志》一书除了有上文由滕天绶所著颂扬张良的诗赋名篇以及对七十二洞的详细介绍之外，还收录了大量文稿，其中一部分为祠堂铭文石刻原文，可以帮助人们了解道观历史。此处无法对这些原文作精确翻译与阐释，但下文会节选其中若干篇章，同当地人口述以及祠堂现有风貌一道，为读者呈现庙台子的整体面貌。

很久之前，紫柏山林立的山峰间就有一座留侯祠。关于该祠具体的建造年份，众人并不清楚。有书记载，早在汉朝首位帝王汉高祖时期，祠堂便在皇帝命令下被修建起来。其后历经几番波折，祠堂在宋代重建，并迎来鼎盛时期。明朝末年，乱民与盗匪摧毁了楼宇屋舍、铭文碑刻及整体地基，建筑十之有九被毁于一旦，损失难以估量。万历年间（1585），祠堂再添新伤。这一次，祠堂被官府勒令上缴粮草逾150公斤。面对此种情况，祠堂只能依靠人们捐助善款善物才得以维持运转。后来，一位杨姓官员主政此地，才彻底终结祠堂生存所面临的威胁。人们出于感激，在一块石碑上以铭文记录下这一事件。[1]

康熙年间，大臣于成龙奉皇命办差，途经紫柏山。去时，他看见留侯大殿仍在，一些道士居住其中。可当他办差归来，再次途经此地时，却发现留侯像已消失不见，取而代之的是一尊释迦牟尼像，那些道士也已不见了踪影，里面住着一群和尚。于成龙彻查此事，很快查明，道士被和尚暴力威胁赶出了住所。于成龙义愤填膺，马上驱逐了这些恶僧，并命人重修大殿，再塑留侯像，遣道士潘一良及若干道士入驻其内。自此，留侯祠迎来一段鼎盛时期。1684年，就在勤勉正直、对祠堂贡献巨大的于成龙逝世的同一年，这里举行了一场声势浩大的朝圣大会。乾隆在位时期（1736—1795），祠堂又历经数次翻新扩建。可在这之后，破败荒废情况再次出现。一篇石刻铭文显示，在19世纪第一个十年中，祠堂倾塌严重。当时访问祠堂的人，必定会对此深表遗憾。祠堂也被当地民众占据，充当客栈使用。1809年，道士陈松石将这一情况禀告给主政官员。政府下令，所有非法居住在祠堂中的人员一应迁出，所占祠堂土地一并归还。1816年，陈松石上报称，祠堂复已香火旺盛，自己从祠堂收入中已省下一部分，希望能够翻新留侯祠。不过这些资金并不足以进行重修，后来，官方又募集了部分资金，祠堂才得以重修。工程持续了四年，至1820年，即嘉庆帝在位的最后一年，祠堂翻新终于全部完工。

祠堂内另有一块立于道光年间（1840）的石碑，上面镌刻有官员俞逢辰下令保护祠堂周边林地的铭文。（摘自《禁氏紫柏山树示》）：

> ……汉留侯子房辟谷于此，岂非仙踪遗韵欤？道光九年，宰乐城，过此览庙后山岗，古柏翳天，无闲杂树，乃知山名“紫柏”良不虚也。而其树皆千数百物，使非禁斧入山，曷如此盛。越十年，权守汉中，复过此地，见山谷依旧，林木全非。究其故，皆佃户希图渔利，私行转佃，一任砍伐，住持亦从中肥己，以致古木荡然，实为神人所共愤。为

1 参见《紫柏山志》一书中的《紫柏山免粮记》。——译注

此泐石，示该庙住持及佃户人等知悉：尔等山居，即有看守之责，敢任佃户辗转顶拨，侵垦山场，擅伐树木，人问罪，地充公；住持不禀，惟住持是问。其从前垦地若干，某处宽长若干，着开单报厅，以杜影射，添垦辗转顶拨弊。居民亦宜同心保护稽查，遇有前项弊端，随时禀究。庶千百年之紫柏，虽泯灭不能复原，而千百树之青林，尚葱茏可以继盛也。

在随后的十年中，人们对祠堂所属边界进行勘定。道光二十三年（1843 年）七月，官方正式出具文书，祠堂地界被最终确定。“周边人等不得将祠堂地皮鲸吞私用，不得砍伐林木，违者严惩。”[1]

在此期间，祠堂在道长任圆真逾半个世纪的主持与建设下，经历了又一段兴盛期。1840 年，任道长从北京来到陕西首府西安，修道于著名的八仙观。过了一段时间，他又迁居庙台子，不久便被任命为该庙首任住持。在他之前，这座留侯庙并无住持这一主持大局的官府委派人员，只有几名地位相当的道人居住其内，其中一人负责祠堂各项事务。任圆真殚精竭虑，教化信众。他创办印刷厂，并向祠堂所在地留坝厅的主管官员求助，得到官府捐资，进而劝募其广种福田，以此为祠堂带来可观的经济收益，同时也使得祠堂扩建成为可能。庙台子主体扩建工程从 1846 年开始，一直持续到 1860 年，捐资者人数众多。1846 年，武将、文官以及百姓私人捐献从二十两至五十两甚至一百两白银不等。在当时，一两白银约合七至八马克。1850 年，陕西巡抚捐银一百两，其他官员、民众、商人等各捐三十至五十两不等。1855 年，一位道台捐银一千两，其中现银四百两。这些银两被用来建造起了坐落于山坡上的授书楼。咸丰四年至七年（1854—1857），祠堂又建成并美化“南花园”，同时落成杰阁。之后，一位陕西兵备道捐银一百两，一位四川知府捐银一百两，几位乡绅捐银五十至一百两不等，一位翰林捐银五十两。祠堂借此进一步翻新整修，三清殿、东华殿、拱桥、凉亭、廊腰等均被修饰一新，南花园也得到精心维护。咸丰十年（1860），祠堂接管勉县武侯祠武侯墓及马公祠，三处合一作为“下院”，并自此定期为其提供香火保障。同治二年（1863），留侯祠因暴民动乱而被迫关闭。1869 年，住持任圆真颁布严格道规，并于两年后的 1871 年收五十九名道人入祠受戒。综上所述，留侯祠能有今日之规模，任圆真道长居功至伟。今日祠堂或许仍不能再现宋朝鼎盛时期的辉煌，但它无疑是这条闻名遐迩的秦岭官道上众多精美祠堂中的一颗闪亮明珠。以前祠堂中存有大量经书及其他典籍，传说为张良以及仙人黄石公所作。可惜现在这些书籍多已不见，许多古老的碑石铭文也荡然无存。不过，任道长担任住持期间，尽可能地恢复这些原有物件，由他牵头编撰的《紫柏山志》一书便是其中一大突出成就。本书汇集了众多同祠堂相关的先贤圣人事迹，我们在本章节中也已多次摘录其中内容。此外，书中还收录了一篇旅人文赋，作者以斐然文采，描绘了山川景致，抒发了胸中感怀。作者一路行来，足迹遍布城市、郊野、群山、关隘以及众多历史名胜，其中最重要的一段路程便是秦岭之中的官道，沿途两汉三国峥嵘岁月留下的痕迹，让作者感慨万千。任圆真道长宅心仁厚、才干卓越又勤勉耐劳，对信众及祠堂

1　此句未在《紫柏山志》中找到原文，此为根据作者德译的回译。——译注

付出了自己的满腔热忱。1896 年他逝世时，人们专为他建起一座纪念堂，以表达感激与缅怀之情。

留侯祠现任主持是位避世之人，他几乎只待在自己的一方天地之中，极少外出。即使是有客来访，他也很少现身。在我来到这里的前几日，刚有一位掌管一省财政的藩台在赴任途中经过此地，在祠中逗留了一日。这位官员原本就是四川成都府藩台，此番调至西安府任藩台。其随从队伍之庞大，辎重车辆之华丽，让见惯此类情景的中国人也连连咋舌。此官或许结识本省最位高权重之人，其影响力在某些情况下甚至超过一省巡抚。面对这样的高官，住持不为所动，照样闭门谢客。藩台对此心有不满，却也毫无办法，只能压下怒气，作出一副欣然之态，并且虔敬地捐出白银三百两。我同住持有过一次较长时间的交谈，对话氛围也算较为融洽，宾主尽欢。在我看来，他是个能干又略微内敛沉默的人，平日离群索居，避世缄默，可在某个时刻又会突然打开话匣子，滔滔不绝，谈性甚高。据说他曾中过举人，若此事为真，那么这在道教住持群体中无疑是一个非同寻常的事例。虽然大多数旅人想当然地认为，道长普遍具有较高的教育背景，但高至举人实属罕见。

祠堂今日的经济情况看起来极为乐观。方圆七十里内均属祠堂地界，其面积共约一万摩尔干[1]。不过，这些土地大多为光秃的荒山，又或是被视为圣林而精心养护、产出极少的林地。但除此之外，祠堂还拥有众多耕地，其中很多田地被租给他人，一些则由祠堂自己耕种。祠堂南面十公里有一谷地，同样属于祠堂产业。据说 1907 年，谷中发现铁矿，日产 2500 公斤，目前承租这一铁矿的企业为此每年支付一百四十两白银作为租金。听说就在前不久，谷地更南边又发现了金矿与银矿。

前段时间，住持办起了一座学堂，还聘请了一位先生。先生年纪轻轻，友善谦逊，还下得一手好棋。可惜现在学堂里只有六名学生。住持一心办学，希望能以精神文化开蒙身处边远山区的孩童。他于附近各村庄广而告之，劝人进学，不仅学费全免，伙食住宿还一应由祠堂承担。可农人们对此并不积极，他们认为读书无用，且庄稼活也缺不了孩子们的劳力。道士们对此抱怨不已。不过无论怎样，他们似乎仍对未来充满期待，认为这一情况在以后会有好转。现在，学堂最宽敞的三开间经堂内供奉着孔子。对任何一座旧式私塾或新式公学而言，孔子神坛及牌位都是必不可缺的设施。我们希望，未来会有更多的孩童来此上学，师生也能从现在的小教室搬入这个宽敞的大经堂。

1　摩尔干（Morgen），旧时欧洲面积衡量单位，根据年代及地区不同，1 摩尔干为 0.25-0.34 公顷不等。——译注

9　祠堂布局概览

祠堂选址于三个谷地相交之处，坐落在紫柏山主峰山坡上，倚靠着一座几乎是在平原上拔地而起的圆锥形小山。该山丘孑然而立，只通过一道窄小的马鞍形山脊同大山相连，山头上孤傲地挺立着一座小亭。祠堂的位置，实为风水宝地。本节将大致介绍祠堂各建筑组群分布，具体单个建筑则会在下一节中作深入阐释。

祠堂中心建筑由两部分构成，每部分各依一条主轴展开（参见附图 31）。这一点十分抓人眼球。第一建筑群围绕一号主院而建，第二号则位于前院及二号主院周边，这两处建筑轴线以直角相交。一号院的 11 号与 18 号偏殿之间的横轴连线向东延伸，串联起 21、24 号建筑，一直到达位于山丘顶端的 50 号凉亭，它们所组成的路径为第二处主建筑群的展开提供了轴线基准，两个建筑群也由此被有机结合在一起。这就意味着，18 号侧间相当于第二部分建筑群落的入口，而与其相对的 11 号侧间则连同屋内神像一起，充当这一群落体系的影壁。

这种两部分相交而建的布局由祠堂整体构造的目的及理念决定。为表达对张良的尊崇以及对其圣化形象的虔敬，人们建起留侯祠，在他逝世后将他奉为万千神祇之一。在中国人看来，张良的形象是无数诞生于某一特定历史时期、象征着无上自然力量的载体之一，正是这些力量创造了我们这个世界，并不断重塑这个世界，位列仙班的道教众神祇便是这些力量的化身。对广大中国百姓而言，他们并非高不可攀，而是活跃于通俗易懂的神话故事中，是一个个鲜活的存在。

人们若想要了解张良这类人物的影响力，可将其形象放入神祇体系进行整体把握。依照这一理念，留侯祠一号建筑群可被看作是二号主体群的铺垫与基础，其内众多建筑中摆放有大量道教神像。它们作为不可或缺的背景，讲述祠堂主人的丰功伟绩，烘托出祠堂主人鲜活的形象。而这位主人此刻正端坐在位于总轴线末端的 24 号建筑内，隐于拔地而起、被视为整个祠堂支点的独亭圆丘投下的阴影之中。正是在这座傲然挺立的山巅亭子中，少年张良从山神黄石公手中接过那本无价兵书，从而习得雄韬大略，在峥嵘岁月中开创一番伟业。如此看来，这样的布局暗含深意。

张良与众神祇间存在着不可分割的密切关系。同样的，两处建筑群也以类似的整体思想有机联系在一起。依据近乎成为准则的中国祠堂建筑的布局概念，每个祠堂中只能有一条主轴线，所有建筑依此轴展开。此外，这里诸如张良这样的主神祠堂应位于众神殿后，只有在极少情况下才会被建于殿前。因山中盆地狭窄地形所限，建筑无法在一个方向上有过多延展。加之建筑主入口需从古老栈道进入，且孤亭圆丘作为精神象征也应被纳入祠堂整体中，所以常规祠堂布局并不适用于情况特殊的留侯祠。不过，中国建筑师已经一次又一次向世人表明，他们正是在限制重重、互有掣肘的情况下，创造出那些巧妙而璀璨的设计规划。留侯祠亦是如此。在当地具体情况的局限下，人们规划出一座气势宏伟的建筑群。它较其他建筑更具宗教气韵，楼宇屋舍更显别致布局，而山水灵秀之地所展现的自然美景也更加淋漓尽致地体现在建筑之中。

中国祠堂中常见的坐北朝南布局在留侯祠中也未得到体现，其一号主要建筑群甚至以几乎完全相反的坐南朝北形式布局。祠堂主入口直接开在道路边上，而 1 号门与 2 号门则一西一东，将这条道路收进祠堂内。如此一来，访客沿路走来，即使还未进入真正的祠堂建筑区域，也能感受到一种遗世独立的桃源氛围。主入口两侧还设计有偏门，这表明祠堂建筑事实上遵循文庙礼制布局。入口附近的街道两边林立着简易客舍与小商铺，旅人及香客可在此住宿或购物。这一建筑组群看起来就像是一个小小的村落。这处小店聚集区同与之相对的祠堂入口之间留有一片空地，恰好可以提供空间以建造祠堂前的小型广场与影壁。访客穿过一道大型拱门，走过一座小桥，走入大门，便来到一号主院。院子四周坐落着一号建筑群，其各式屋舍中放置着众多道教神像，这一点在上文已有提及。院中紧挨大门两侧矗立着钟楼、鼓楼各一，正中则建有一座八棱四方亭。亭内双神坛上供奉着两尊佛像，它们背靠着背，分别注视着南北方向。

我在祠堂内看到了建筑原始设计图（参见附图 9），那上面并没有这座亭子的踪影，所以我们可以肯定，它是后来才建造起来的，但至于具体的建造年份，我并不能妄作断言。外行人乍看之下，都会以为亭子本该修建在两条主轴相交处。不过，设计师并没有选择这种习以为常的布局，而是把亭子稍往北移，这一举动非常必要。按如今这种布局，醒目的 11 号建筑以震撼之势表明纵轴线自此而始，同时也与挺立于山丘之上、作为压轴建筑的 50 号亭子一头一尾遥相呼应，整条轴线呈平衡稳重之势。若遵循第一种方案，那么亭中的两尊神像就只能以并肩相向姿势立于 2 号主轴上。若是如此，现在这种平衡状态将被打破，11 号建筑不再被视为轴线起始，整条轴线布局也将会显得混乱无序。

如此一来，向北移动了的 9 号亭以醒目的姿态立于纵轴线上，这一位置设计对建筑外观构造提出了特殊要求。一般说来，高规格祠堂建筑的屋顶为马鞍形顶部加山墙设计，正脊垂直于主轴，山墙位于侧边。但若 9 号亭遵循这一常规原则，那么其山墙就会落在 2 号主轴上，这完全不符合中国建筑观。放眼整个中国，没有哪一座建筑的山墙是朝向走道的，又或是在山墙上开门进入房屋。相比之下，希腊神庙出入口均建在山墙上，故而中式祠堂这一截然不同的设计极为引人注目。而这只是中式建筑与众不同的一处体现，这些不同造就了中国建筑艺术的独立性与独特性。当然这只是题外话。若是一处中式房屋出口正对着另一座建筑的一面山墙，便会给人一种不适之感，似乎这种布局是为了抵御对面屋中的恶灵，或至少是施下某种咒语以作防御。出于这个原因，人们在建造 9 号亭时放弃了山墙设计，转而选用四角帐篷式样（参见附图 10）。

18 号偏殿是通往 2 号主建筑群的入口建筑。穿过这座建筑，首先来到前院，后面是开放式的 21 号拜殿。立于拜殿之中，目光越过前方 2 号主院，人们可以看到带殿前平台的 24 号祠堂主殿以及殿中的丞相张良像。两个院子均建有小偏房，供居住及待客使用。按先后顺序，这些建筑规模逐步提高。18 号入口门厅本身面阔三间，加之同 16、17 号小神殿相连，共面阔五间，此外两侧又连接 19、20 号偏房，它们共同构建出一个气势恢宏的整体，而这正是祠堂的起点。中心祠堂区为一整体，布局规划层层递进、错落有致，这与欧洲的教堂略有相似，只不过其庭院均为露天设计。

1 号及 2 号建筑组群相交的西北角上建造有 4 号偏院，院子带小屋舍，供祠堂工人居住。其西南角挨着 1、2 号院也建有若干屋舍。此外，1、2、3 号偏院连同 27、28 号库房以及 33 号大型厨房也在这一角落相互连接。其中厨房位于 30 号谷仓的中轴线上，这两者连同 31、32 号侧廊一起，在祠堂内部形成了又一个封闭的完整建筑群。在三个偏院中，3 号偏院是最大的一个。挨着三个偏院建有众多殿厅及小屋，它们多为开放式设计。此外还有一些棚圈、一座水车磨坊和一条将南端围墙划入祠堂中心区域的小溪。这些建筑布局错落有致，三个偏院由此被巧妙连接在了一起。

祠堂最美丽动人的部分位于西北面的走道旁。那儿坐落着园林式庭院，院内建有一座座供贵客及其随从居住的屋舍，一条开放式廊腰蜿蜒至走道。走道由此被纳入这一园林庭院区域，成为其终端。廊腰带众多铭文石刻，均表达着对丞相张良的缅怀与赞颂。整个院子风景如画，展现了极高的中式庭院艺术。留侯祠在中国三秦地区之所以如此声名显赫，很重要的一个原因便要归功于祠内这个庭院的动人景致。而庭院本身又作为一条过道，通往整座祠堂最重要的精神核心区，即位于山丘之上的小亭。我们向着高处前进，沿途路过众多各不相同的小巧亭子，它们或为六边形，或为四边形，又或为圆形，以木头或石头为材质，顶上覆盖着砖瓦或是茅草。一路向上，先是一段斜道，继而是一段石制阶梯。台阶陡峭，气势恢宏，一直通至崖间山顶平台。就是在这个意义非凡的地方，仙人黄石公将兵法宝书授予少年张良。为了纪念这一事件，这座屹立在高处的两层方形亭得名授书楼。

立于高亭之中，俯瞰祠堂，尽收眼底。人们可以清楚地发现，建筑的严谨构造同布局的灵动多样完美融合在一起，祭祀功用与居住功用由此得到全方位实现。祠堂同周边景致互相依存，它不仅以外在方式与大自然有机结合，还通过将圣丘作为建筑精神内涵的一大支柱，同天地自然建立起一种内在关联。这种自然与人文景观的组合并非牵强附会，而是通过巧妙规划显得脉络清晰、和谐自然。祠堂整体有至少四处依轴线铺展的建筑群组，它们分别为 1 号及 2 号主建筑群、2 号偏院及园林庭院。其中后者布局虽看似随性肆意、不拘一格，却如一道坚实的脊梁，承托连接起相对而建的 40、41 号建筑。这便是艺术规划布局的奥秘所在，它通过一种内蕴思想，将看似零碎散落的建筑结合成一个有机整体。祠堂所具有的这种灵动与和谐，也鲜明地反映了这座位于陕西南部的建筑是怎样集中国南北精粹于一身。一方面，它占地巨大，气势恢宏，轴线布局严谨且体系完整，这体现了中国北方人民为生存而艰苦斗争的粗犷气概及逐鹿天下的英武豪情；另一方面，建筑精致玲珑，含蓄而又富有想象力。它以自然作为布景，借助舒适怡人的生存环境以及活跃的商贸交通，对建筑进行不断的细致雕琢，突显建筑至高无上的精神及艺术价值。这体现了中国中部、尤其是四川及南方地区的建筑风貌。一南一北两种神韵交汇于一处，造就了这座留侯祠。

10 祠堂具体建筑

祠堂入口

上文已有简单提及，祠堂北面门前是一条东西走向的山路，东侧建有 2 号门楼，西侧建有 1 号门楼，山路从这两座建筑内笔直穿过。东门楼同祠堂主建筑非常近，几乎直接与商铺、客栈等外侧建筑相连，而西门楼位置较远，靠近柴关岭方向。两座门楼皆为二层建筑，下部由巨大石块及砖块砌成，上部为木结构三段设计，内部摆放有若干神像，有时也供守卫居住。门楼正脊带镂空陶土雕饰带，上面有若干花卉及小巧宝塔装饰，它们以意趣盎然的造型，暗示着整个祠堂建筑的面貌。正对着主入口建有 3 号影壁，墙体以砖石砌成，外涂灰泥，墙上修有砖瓦墙帽，呈波浪状式样，除此之外则无其他装饰。

影壁对面建有一座结实的大型拱券建筑，即 4 号牌楼，它是进入祠堂的第一道入口。该牌楼庄严雄浑，顶部设计灵动有趣。坚实的大型楼体连成一体，中间部分因下方开有拱形走道而向上抬升。两侧墙上雕凿有假窗，以烧制而成的砖瓦雕饰出精致至极的壁毯纹饰图案。三段牌楼屋顶修建在带少许纹饰的平面水平饰带以及大幅向外伸出的斗拱上。瓦片依着坡面盖板，以极陡的角度向上铺设，檐口线在两端划出一个略微上扬的弧度，正脊及戗脊有大量动物、花卉及其他式样的雕饰。牌楼正面拱形过道上的铭文打破了大面积墙面产生的单调感，两侧垂直挂着一副对联。拱弧上方石板上写有祠堂全名“汉张留侯祠”，这五字均为石膏砖块雕刻而成。祠名旁有两块古老石块，上面同样刻有铭文。墙上还有香客们贴的白纸，纸上写有其他话语，并无重要意义。

穿过牌楼，只见一座简易小拱桥（5 号）架于小溪上。这条山溪自柴关岭而来，一路逶迤于此。人们站在前院，越过入口门厅，便能看到拱桥的木制栏杆。栏杆通过两小段低矮的墙体，同门楼连接起来。该桥名进履桥。据传说，这里便是张良初遇黄石公的地方。当时山神黄石公化身耄耋老翁，将鞋子扔到桥下溪流之中。张良反复几次，为其捡起鞋子，送上桥来，终获黄石公的肯定“孺子可教”。6 号大山门（参见图 71）是整个祠堂建筑的主入口。这一称呼显示出，在人们的观念中，祠堂庙宇同苍莽大山密不可分。这一点在日本体现得尤其明显，日本人常将山号与寺号结合起来，山名即寺名。在中国，这一紧密关系则体现在称呼祠堂庙宇入口的“山门”一词中。门上有一横匾，上书“极真洞天”四字。此匾意为：该祠是至上神圣之象征，人们于此可获得真谛，明了人生方向。敞开式大山门质朴简洁，面阔三间，带石制山墙，顶部呈鞍形式样，脊梁处有大量装饰。山门中间开有一道门，院内一侧的两根独立柱柱头被绘以白色线条作为装饰，两柱之间横有一块镂空木板，上面纹饰雕工优美飘逸，绘画着色缤纷多彩。这一精致的柱间木板就像一处精华凝缩，向人们揭示出门内祠堂其他建筑将会是何等的巧夺天工、美丽动人。

图 70. 庙台子入口牌楼（参见附图 31-4）

图 71. 庙台子大山门内侧（参见附图 31-6）

1 号主院

自大山门进入院中，右侧为 8 号钟楼，左侧为 7 号鼓楼（参见附图 10），它们的建筑风格完全一致，均为六边形式样，木制立柱略微向内倾斜，柱间内侧砌以白色石灰衬壁，达柱子一半高度。楼顶皆为雅致的攒尖式样，檐口与戗脊交汇处向上大幅翘起，在空中划出灵动的弧线，顶尖缀以葫芦状玲珑宝顶。楼中的大鼓与洪钟均已不存在，它们或许毁于火灾，或是在曾经的匪乱中下落不明。现在，人们盼望着能有一位虔诚的香客捐赠钱财，以重制钟鼓。

与钟鼓楼一样，9 号灵官殿屋顶也呈攒尖帐篷式样，三者顶部外观因此互相契合，组成了一个自成一体的优美建筑群。至于灵官殿这一较大型建筑为何同样采用攒尖顶设计，其原因在上节祠堂概述中已有提及。建筑外围立柱为矩形排列，但其内部中心区域则为八角设计，其中四条斜边同矩形四边重合。屋顶重檐的下部是围绕建筑一圈的单坡斜顶，上部是四角攒尖顶，顶端缀以带有佛教色彩的纤细分层圆球状宝顶。两重屋顶的各檐脚与檐口线交汇处均大幅向上飞扬，脊线末端带大量装饰，几乎竖直指向高空，线条优美灵动。在陕西邻省四川，这一屋顶细节工艺几乎被雕琢到极致。殿内两个神坛上背靠背供着两尊神像，其中灵官胯下有一条神龙，目视北入口；武财神则骑着猛虎，目视南面主殿。该殿即以灵官为名，他被中国人视为土地神圣力量的化身，大山更是直接处于他的神力管辖之下。不过，他只负责掌管邻近范围，影响力仅限当地。出于这一原因，山区的祠堂寺庙及神坛中尤其常见灵官这一形象，以四川峨眉山为首的中国各圣山便是如此。灵官大多出现在建筑入口的过道门厅中或是主殿内部，但都会紧挨着前门摆放，其造型通常非常生动。人们或许以此昭示着无处不在、永不停息的自然力量。

掌管财富的财神在广义上也掌管着一切积极正面的事物。在这座张良祠堂中，财神以两重形象出现，即武财神与文财神。确切说来，前者同社会生活中所需的精明能干有关，后者同文学修养这个塑造个人思想世界的基石有关。我们的祠堂主人公张良，同时具备这两种能力与素养，被视为这两个方面的光辉典型。武财神出现在 1 号主院的中心建筑中，同灵官背向而坐，互为影响；而文财神则被供奉于祠堂中心区域的 18 号入口中。在中国，灵官与财神通常都以整体形象出现，这一情况在四川及南方尤为常见。此外，在这些地区数不清的祠堂寺院中，他们还常与“土地”一道作为一个整体，受人香火。

宽敞的 1 号主院地面上密集排列着宽而大的石块，只在中轴线通往 13 号主殿位置留出一道空隙，以三列方形石板铺成一条走道（参见图 72）。院子横轴线位置上相对建有两栋建筑，分别为编号 18 的第二座门厅以及 11 号神殿。11 号建筑北面为 10 号客厅，该建筑外形质朴无华，占地三间，内设双人炕床及桌椅。客厅依普陀山法雨寺前例，取名云水堂，意为来往此处的纷纭香客如聚散流云、往复流水。顺带一提的是，祠堂内并没有很多客房供香客居住，人们大多投宿于祠堂外主干道旁的众多客栈中。11 号神殿名东华殿，供奉有十七尊神像。殿中修有一圈连贯基座，神像便靠着正面及东西两侧墙体，端坐于基座上。塑像为 1.5 倍真人大小，由石膏制成，外绘华丽法衣。他们是十七位著名道教人物，不过很遗憾，我无法一一确定他们的名字。殿厅中央供奉着一组惹人注目的三元神像，其中正中主像为东华帝君，又名王首阳，据说他是众多老子转世人物中的一位。事实上，“转世”这一概念源于佛教，原本同道教并无关联。同样地，“法衣”的概念亦来自佛经思想。此处道教圣人塑像身着的法衣类似佛教百衲衣，它原为表现佛僧清贫苦修的行为，这里体现道教人物的朴实无华。早在佛教传入中国之时，这种道教袍衫式样便已出现。

殿内众多神像中还有著名的八仙形象。三重主坛上方挂有一横匾，上书“驾鹤西来”四字。鹤为寿星座下神兽，而寿星形象又几乎与老子重合。

东华殿南面连接着编号为 12 的小型建筑，供奉着这座道观中地位超群的圣人丘处机。丘处机又名长春子，是一位历史真实人物。他出生于 1148 年，逝世于 1227 年 7 月 23 日，是当时传教授道的首批道士之一。他之所以名扬天下，并不只是因为作为先驱四处弘扬道教，更因为他远赴西域的壮举。1221 至 1224 年，他自山东出发，横穿亚洲抵达印度边界，劝说成吉思汗止杀爱民，后重返中原。[1] 至于他为何会被奉为庙台子主要神祇之一而单独享有一殿，以及他是否同这座道家建筑有直接联系，恕我在此无法做出回答。人们告诉我，

1　1228 年，丘处机的一位弟子（李志常——译注）著《长春真人西游记》一书，记叙了这次意义非凡的行程。Bretschneider 在其研究中世纪的文献中曾对此书作节选翻译。

他是祠堂的捐资者之一，因此我将这座小神堂称为丘长春殿。从年代上看，他与庙台子之间或许真的存在着更为紧密的联系。丘处机是宋朝人士，而根据史料记载，正是在宋朝，祠堂经历了一段前所未有的鼎盛时期。在这座小神殿中，他独自端坐于神坛上。而东华殿的十七位道教圣人像中也有他，属全真七子之一，另外六位是与他关系密切的圣人或是其得力弟子。[1] 北京白云观是缅怀丘处机的一大祠堂，他本人也被葬在那里。在白云观中，他也同样与这六位道友一道出现。

1 号主院轴线末端坐落着道教主神殿，中心位置为 13 号殿，两侧为 14 号及 15 号殿（参见图 72）。每殿面阔三间，各供奉一组三位神祇，故三殿之中共有九位主神。中间主建筑为三清殿，占地面积及建造规格均超过两旁稍显朴素的偏殿。三清殿前堂带石制护栏，侧面靠墙处立有三块带铭文的石碑。坚实的山墙在偏殿屋顶遮挡下仍清晰可见，上部以砖块雕凿成墙垛式样，带大量装饰。三殿正面立柱之间均横跨有形状细长、雕刻精美、绘有花卉图案的木制花板，其外观如一道帘幕。上文“大山门”一段中已对此有过描述，下文其他建筑中还会继续出现此类木刻花板的身影。建筑屋顶为单檐歇山式样，各脊线均带大量雕饰。主入口轴线前方立有一块轻巧木制护板，充当影壁。

左至右分别为：三法殿、三清殿、三官殿。

图 72. 庙台子 1 号主院从三座大殿内各供奉有道教三圣（参见附图 31-14、附图 31-13、附图 31-15）

1 全真七子：马钰、丘处机、谭处端、王处一、郝大通、刘处玄以及孙不二。此七人为道教全真道创始人王重阳的七位嫡传弟子，相互间应是同门关系。——译注

下文将逐个描述此三大殿以及西厢偏殿中的神像，虽然这似乎偏离了纯建筑构造主题，但实为必要之举。通过这一步骤，我们将了解神祇形象所具有的重要内涵。事实上，其他学者已对这些神祇有过众多深入且精彩的介绍，但以下这张祠堂平面图，则将第一次为读者呈现神祇塑像的排列布局情况。虽然我们通过文献对各神祇已有了解，但只有将他们放入整体关系中进行梳理与比较，才能深化这种了解。而这一切的前提，便是人们需要对祠堂所体现的宗教整体思想有深入的认识。这一思想对理解张良神化形象也意义重大，该点在前文已反复提及。只有具备了这样的认识，我们才能在除却文献之外，从祠堂中解读出各神祇所蕴含的深意。首先我们要明确一点，中国祠堂寺院中如此众多的神祇塑像的摆放并非随心所欲、混乱无序，也不是严格按照死板规矩一成不变，其位置排列体现了多种生动圆活的宗教及哲学思想。对所要供奉的神像进行的选择虽然有一定的自由度与想象发挥空间，但总体而言遵循一个逻辑标准。下文某一神像可能较其他塑像着墨甚多，刻画更为深入。这种特殊处理方式并无不妥，配以对各神像内在关联的阐述，能更加有力地提升人们对宗教的理解。

中间的 13 号大殿内端坐着 2.5 倍真人大小的“三清”像（参见图 73），故该殿名为三清殿。三尊塑像旁各有两位侍从。此三者被视为道教三大至尊，但其具体称呼以及所代表的含义并不是一个固定概念，不同的宗派教义对其各有理解。不过鉴于人们根据各自的想象将认识中的鸿蒙宇宙划分为不同的原始力量，所以这种不一致的理解显得不足为奇甚至近乎必要。但不管各派有何具体理解，有一点是得到公认的，即“三清”主宰着宇宙天地。大多数情况下，“三清”以一组三位神祇形象出现，象征着那至高无上的存在。此三者分别为：

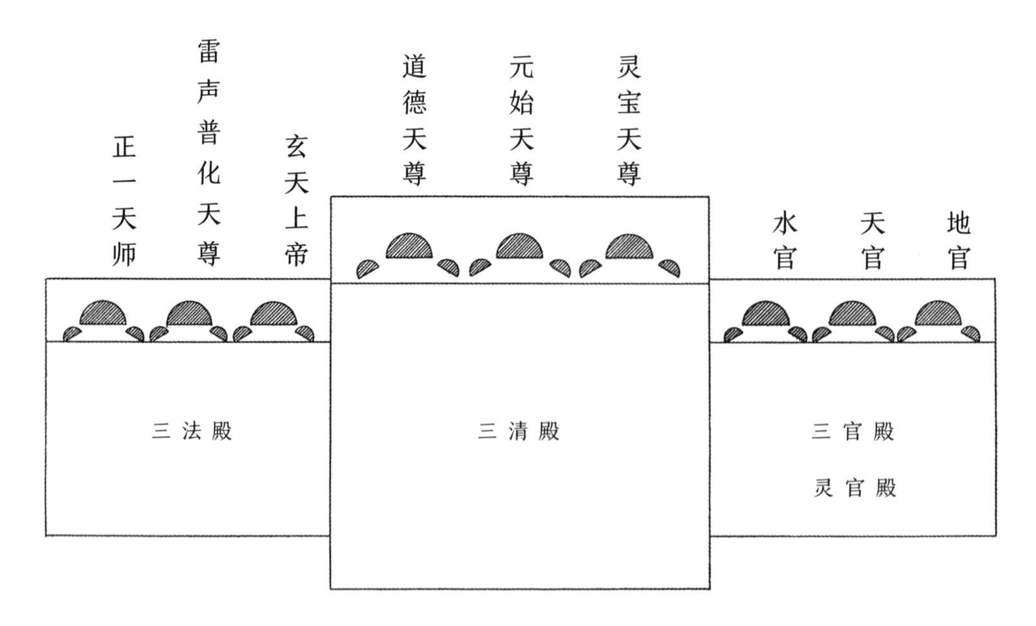

图 73. 庙台子 1 号主院三座大殿中的道教三圣排列示意图（参见附图 31-14、附图 31-13、附图 31-15）

1. 太始。万物自其初始发展，复又追寻太始本原。

2. 玉皇上帝。上天的统治者，具有巨大而神圣的力量，统治并领导着天庭。有时他也被人们奉为三清之首。

3. 老子。神祇的人间化身与显圣，凡世间神圣与完美的象征。他是人亦是神，为人神合一形象。

人们从留侯祠三清神像组合中，也能体会到老子所代表的这一深意。在道士们神乎其神的描述中，老子当时向周朝三位著名道人注入了三口仙气。也就是说，老子再世附身于这三者身上，三位道人由此成为被一分为三的原始神力化身，他们便是老子的三位一体。中国长篇神话小说《封神演义》中就出现了这三者形象，他们分别为：

1. 原始天尊，代表神圣的万物起源与准则。

2. 灵宝天尊，万物发展之根本，同玉皇上帝类似。

3. 道德天尊，代表规范人言行举止的智慧与道德。

这三位道教神祇被人们普遍认为象征着完满本原、强大力量、上天启示以及人类道德准则。古往今来，几乎所有民族的哲学及宗教体系中都有对这一理解的体现。

在这一道教三体思想中，人与道德被放至重要高度。与此不同的是，另一种传统中国三元论哲学着眼于大略的事物起源与变化情况，并通过太极这一理念进行阐述。这个哲学思想中只存在着根本准则、强大力量以及空间概念，其中空间概念承载了前两者。具有影响作用的强大力量被分为“阴”“阳”两部分，只有两者合二为一，才为完满。

三清殿旁连接着样式较为简单的 14 号建筑三法殿，殿内也供奉着另外三尊神祇。这些神像同样 2.5 倍真人大小，以石膏制成，外涂华丽金粉与彩绘。神像背后的白墙上绘有样式相差无几的光轮图案，但每尊塑像后的光轮一定有各自不同的意义。同殿外一样，殿内立柱间横跨有带雕刻图案及精致彩绘的雀替，外形类似褶皱帘幕。此外，殿内还挂着一道真正的帘子，给观看神像的访客造成一定的视觉遮蔽感，这种设置较为常见。每尊神像旁各有两名侍从。正中神祇为：

1. 雷声普化天尊（参见图 74）。他身披华丽镀金战甲，骑着一头传说中的神兽麒麟。麒麟头上长两角，鳞片呈蓝、金两色。神祇额间长着第三只眼，又有人说这只眼是一枚无瑕的宝石。他左手持电锤，右手拿棒槌，头部后方墙体上的光轮以巧妙的几何笔触，使人联想到道道闪电与吐着火舌的烈焰。其左侧是座下使者雷神，该塑像真人大小，右手舞锤，左手持凿。侍者雷神在人们口中被塑造成多重形象，此处借鉴了印度神鸟迦楼罗造型，长着鸟喙、巨翅和鹰爪，眉毛及耳朵上方是燃烧的火焰，暴露在外的躯干呈紫色。雷声普化天尊右侧的另一位侍从并非是常与使者雷神一道出现的电母，而是一位书记官。只见他左手拿着一本簿子，右手拿着毛笔，把所有事情记录在册。这种形象常见于主神像左右，他们直接决定着凡人在尘世或是彼岸的命运与境遇。

正中雷声普化天尊左侧神坛基座的第二尊位上端坐着：

图 74. 庙台子 1 号主院三法殿中的雷声普化天尊像（参见附图 31–14）

2. 玄天[1]上帝。他手拿一柄长剑，斩杀世间妖魔恶灵。其左右两侧为武士与年轻侍女，侍女手中拿着玉玺，这代表了玄天上帝的天赐权威。

第三尊神像为：

3. 正一天师。留侯祠中的道士们告诉我，正一天师掌管着天下所有动物。特别是那些在荒郊野外或废弃宅院中令人谈而变色的狐狸精，更是受到这位神祇辖制。我们也可以说，他是至高无上的驱邪师，能够镇伏所有邪祟鬼怪、诡谲法术。只见他身旁的两名小童一人手拿簿子，上面有天帝记载下的所有禽兽名字；另一人手拿一卷画轴，上面绘有所有禽兽图案。两名小童的这种形象反映出正一天师所具有的驱邪镇灵的神力。

普遍说来，神话传说中的每一位圣人都可被称为天师。他被视为天庭使者，是玉皇在凡间显圣的化身，有时也被理解为是太始或元始的化身。

据道士说，此处的正一天师是祠堂主人公张良的后人。若是如此，那么这一形象便应为张道陵。在神话传说中，张道陵被认为是张良的直系后裔。修道之人当然拥有魔力法术，作为道士之祖的张道陵自然被认为法力出众。或许正是在这种想法之下，留侯祠道士们赋予了正一天师降服狐怪兽精的神力。而这一神力被描述得如此精确，同祠堂处于偏远孤寂群山之中的地理环境不无关系。在三位神祇中，人们对雷声普化天尊及玄天上帝的理解稍显距离感与空泛感，相比之下，天师则是尘世间凡人的直接保护者，同祠堂主人公张良联

1 玄天，意为鸿蒙初辟时的无尽苍穹。

系更为亲密。其后代张道陵出自苍莽群山之间，聚天地灵气于一身。自遥远岁月以来，人们便将十处大型洞窟及三十六处中型洞窟尊奉为这位道教开山祖师的修道之所，加以香火供奉。时至今日，这些洞天福地仍享有盛誉，带着神圣光环，其附近的祠堂寺院内信众往来如织。根据道士讲述以及地图标注（参见附图 9），在庙台子附近的紫柏山中便坐落着其中的第三大福地洞天，但其具体地点恕我无法确定。不过另外也有一种说法，认为第三大洞天位于湖南的南岳衡山上。关于洞天的这些信息，总是众说纷纭。

三法殿内的正中主神天尊以雷霆万钧之力震慑于塑造出万物，他所象征的强大自然力量，事实上同一旁 13 号三清殿中的 2 号主神灵宝天尊形象相重合。若从内在含义上分析，灵宝天尊的神力在三法殿中被分成三部分，即：

1. 一种以雷电作为具体表现、能够影响与改变万物的广泛力量。这一力量又被细分为如下两块（即 2 与 3）。

2. 一种源于原始物质的力量，它造就了众多单独个体。

3. 一种充满奇幻魔术的智慧力量，它能指引人类，驱除灾祸，实现人类与上苍之间的沟通。

此处三法殿内的三位一体神祇形象仍然来源于具有广泛性的根源论思想，人们认为此本源之中固含强大力量，人类的诞生便是这一本源力量作用的结果。在同 14 号三法殿对称而建的 15 号三官殿中，这个三位一体概念得到进一步补充。三官殿又被道士们称为“灵官殿”，此称呼同 9 号亭台重名。分析这三位神祇形象时，我们要脱离形而上学思想那宏大而虚无的概念，转而着眼于同我们关系密切、肉眼可见的周边自然。“三官”分别为天官、地官与水官，他们负责维系人类与天、地、水这三种自然元素之间的联系以绵延不断。此三元素象征着大千宇宙，它们在艺术中通常表现为云、山、浪这三种组合成一体的意象。天、地、水三者合力作用于个人，其影响看似只局限于个体，但实际也对周边环境产生作用，因为所受影响的个体不可避免地处于相应环境之内。根据神话内容，三位神灵更接近世人形象，故人们称其为“官”而非“神”。据传他们是龙王的三位女儿与同一位凡人生下的孩子，某位高人向这三个孩子注入龙王神力，三官由此诞生。可见，此三者身上直接带着生父的凡人烙印。在后世流传过程中，其形象逐渐发生变化，被添加上一些人们喜闻乐见的元素。现在人们多理解为，三官中天官赐福、地官赦罪、水官解厄。

除了同人这个因素的关联之外，三官又同周边环境密切相关。他们作为一个整体，代表了自然之力。通常这股力量以神龙或者龙王形象为象征，而有时则以较为独特的灵官形象进行表达。因此，三官殿亦被称为灵官殿。灵官在祠堂中心位置 9 号亭内接待进入祠堂的访客，而在此处通往道教至尊奥义及至高神祇的三清殿及三法殿的必经之路上，他则以天、地、水这三重化身形象出现。此三者同时也与风水相关，风水的好坏决定了该地居民的福泽抑或灾祸。

还需要指出的是，天、地两元素可单独作为一个整体，它们相互补充，一道构成阴阳二元论。在这个思想体系中，再无第三种元素出现。相比之下，带有“水官”要素的“三官”思想体系则着眼于肉眼可见的具体凡尘。对我而言，这两种学说并无冲突之处。人们在不同角度下，经常不得不将同一样事物归纳为不同属性。在进行中国神灵研究时，人们必须始终清醒地认识到其众多形而上学的玄幻思想体系间存在着紧密的联系，某一体系常常来源于另一体系。这一点在欧洲形而上的思想界亦是如此。若观察者眼光狭隘、理解肤浅，自然就会认为其中很多情况相互矛盾对立，可在严谨细致的思想家眼中，它们则构成一个和谐整体。

之前对于三殿众神祇的介绍始自道教至尊，终于三官，逐渐接近凡人生活。现在我们将目光转向 2 号建筑群这一祠堂真正区域的入口建筑（参见图 75），其内神像同凡人关系更为密切。16、17 号建筑的两翼内供奉着一系列神祇（参见附图 10）塑像及画像，其形象与含义更为直接地反映出世人的情感与渴求。16 号菩萨堂中供奉着选自佛教四大菩萨之中的一组三尊菩萨像，其塑像有真人大小。正中端坐着普陀山圣灵观音菩萨，坐下莲台环绕有数条神龙。观音两旁分别为骑着蓝色白点猛虎的山西五台山圣灵文殊菩萨以及骑着一头白象的四川峨眉山圣灵普贤菩萨。后墙及部分侧墙上人工凿刻出一众岩洞，内有无数不同神祇的画像。在主座三尊菩萨像上方的一个较大神龛中绘有一幅小型三菩萨坐像，其中左右两侧同样为骑着神兽的文殊与普贤，四周守卫有四大天王。他们旁边是二十至三十厘米高、呈腾空状态的众多小巧神灵或地狱恶鬼像。

庇佑妇女与孩童的大慈大悲观世音菩萨或许是中国自古便有的一位本土传统神祇，而发展到今日，其尊崇而超凡的形象早已被理解为佛教神祇，她成了最受中国人喜爱的神祇。随着佛教思想的广泛传播，其影响扩展至道教领域，她和另两位同样出自佛教的神祇一道，几乎出现在每座道观之中。在此三者中，观音被视为人间命运的直接掌管者。人世间有善恶曲直，便也有嘉奖惩治。一旁的小型神灵或恶鬼像表明，三神祇犹如审判团，对世间种种作出神之判罚。在此处菩萨堂中，地藏王这一大名鼎鼎的特殊神祇或许因为空间所限并未出现，而这三尊神像则表达出神祇对尘世日常命运的关怀。

在与菩萨堂相对应的建筑另一侧门内，佛教观音以纯道教神祇的形象再一次出现。17 号建筑名为三圣母堂，民间又把三圣母称呼为三娘娘菩萨。堂内四周墙上同样遍布人工雕

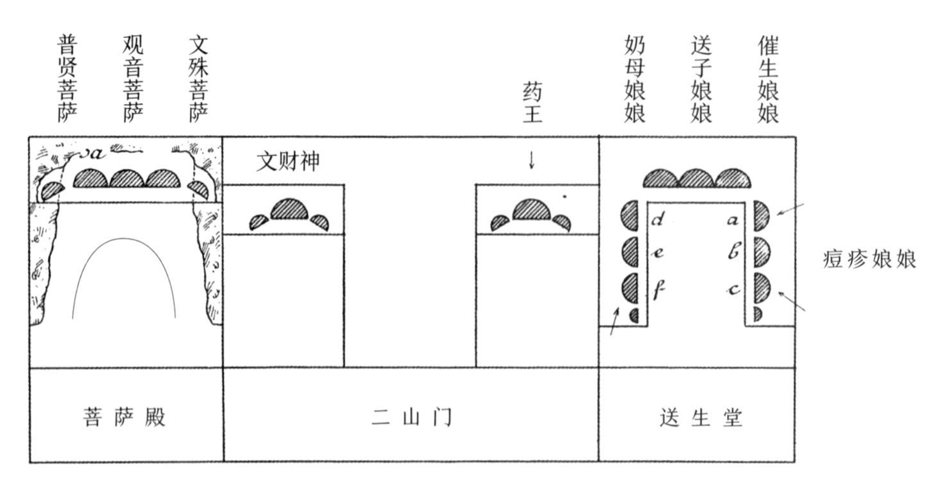

图 75. 庙台子中通往张良祠 2 号建筑群组的过道门厅内神像排列示意图（参见附图 31-16、附图 31-18、附图 31-17）

凿而成的岩壁石窟画像，描绘简洁却内含深意。主坛上供奉着三尊四分之三真人大小的圣母坐像，她们均拿着一块写有吉祥话语的护符板。据说，三位圣母可以给人送去子嗣，故此建筑又被称为送生堂。馈赠子嗣这一神力具体由三位女性神祇体现，她们分别为“送子娘娘”、“催生娘娘”以及“奶母娘娘”。三圣母像左侧分别有：

a. 张仙，他持弹弓一把、弹珠一枚。弹珠落到哪儿，福运便降至何处。

b. 痘疹娘娘，带一小罐象征豆疹的物体。

c. 书记员，带簿子一册，世间之人所有行为均被记录在案。

三圣母像右侧为三位侍女，即：

d. 为达官贵人服务的侍女。其身旁一头麒麟背上骑有两名小童，小童手中高举一枚象征财富的铜币。

e. 为中等阶级服务的侍女。

f. 为贫苦人民服务的侍女。其身旁的孩童正在洗浴。

送生堂中还有众多小塑像，多为孩童造型，或欣喜雀跃，或爬高走低，或骑着麋鹿抑或竹马，又或者举着写有诸如“福禄寿”字眼的条幅。除此之外，还有描述凡间生活之乐、天堂之乐的绘画，热闹的戏台、节日游行队伍、高朋满座的宴席、弹弓、舞龙、骆驼骑行等场景与元素。画面最上方清晰可见四扇门，以欧洲人的理解，它们即通往无忧伊甸园的入口。

除了送生堂中的神像外，18 号过道门厅中的小神堂内还供奉着另两尊神像，他们同样具有自己独特且同凡人关系密切的神力。其中北面为药王，他在民间很受欢迎。加之祠堂位于苍莽群山之间，山野遍布具有治愈功能的草药与山泉，其名声甚至大过那些福地洞天，故药王这一医药之神在此地尤其受到推崇。小神堂南面为文财神，与位于 9 号亭中同灵官背向而立的武财神构成一文一武一个整体。此处这尊文财神直接引导人们进入真正的祠堂区，去感知祠堂主人的风骨气概。

若对这个宽敞的 1 号主院中的众多神祇作一总结梳理，我们便会发现，道教神祇体系并不庞大臃肿，但几乎世间各元素都能在道教仙班中找到相对应的神祇形象。入口处灵官接引人们来到这处清虚圣境，财神则象征着这里充盈着美好事物。元始天尊、灵宝天尊及道德天尊被奉为道教至高无上的存在，三者神力汇于一处，塑造出雷神形象，后者被同样冠以“天尊”称号。雷声普化天尊同受其神力影响的玄天上帝及正一天师一道，塑造出世间万物形态，决定着世人命运，并帮助世人免受邪灵侵扰。三官通过肉眼可见的天、地、水一体三元素对世人施加着影响，他们一方面同之前的灵官存在关联，另一方面又与人世间的日常生活关系密切。而这种尘世生活，则处于大慈大悲观音菩萨及其某种特殊的应化身的庇佑之下。除了以上神祇，大量道教圣人以及此清修圣地创立者形象的加入，更是丰富了道教仙班体系。掌握了这一脉络，我们便能在此基础上理解张良这一形象，理解他如何凭借伟大风骨，在这一圣地被镀上神仙色彩的。

张良祠堂建筑群

人们经由二山门进入张良祠堂的真正中心区，只见各入口前有旗杆两根、雄狮一对（参见附图 10），这种形制摆设体现了这一区域与众不同的突出地位。此类旗杆是书香门第或簪缨世家的荣誉象征，由皇帝特别赐予。根据赐予对象等级的不同，旗杆上设有一斗、双斗甚至三斗，旗杆斗用来悬挂旗帜，或是放置小灯。此处的荣誉杆即为双斗旗杆。旗杆杆身为锻铁铸造，旗斗以及盘踞于三段杆身上的神龙也为同等材质。杆顶雕凿有一只凤凰，底部则为一头蹲在四方形基座上的小巧铸铁狮子。入口大门前的狮子体型较大，同样由铸铁浇筑而制，蹲坐在石制基座之上。

门厅正中的 18 号建筑同编号 16、17 的侧翼建筑相连，三者顶部呈马鞍形。屋顶样式简洁，但连接部位带大量雕饰。立柱之间楔设有水平花板，其外形类似帘幕，线条灵动，这一点在前文中也有体现。不过不同的是，此处的花板并不连通贯穿，它们宽且重，位于额枋下方，由斗拱第二层附于立柱之上的垂直构件承托。如此一来，花板轮廓仍形似褶皱帘幕，但更显结构鲜明，独立突出。这种花板造型还明显地体现在 24 号主殿正立面上，并且那一处花板连成一体，华丽壮观，气势宏大，犹如一条蜿蜒巨龙。此外，21 号中殿的斗拱式样也同 18 号建筑一致。以上这些建筑元素已能突显出，同前方的 1 号主院建筑相比，此处建筑更具卓然超群的地位。

人们穿过前堂，首先来到一座小型前院。院内两侧建有 19 号及 20 号客房，均面阔三间。正中为待客及用膳厅，摆放有桌椅及日常物件。墙上有众多壁画，其中一幅五岳图为取自山东兖州府一块古石上的拓片。该厅两侧连接有起居室，内设简单的单人炕床，供道士或香客使用。

21 号拜殿带鞍形屋顶，为全开放设计（参见图 77）。站在外面，人们可以透过这个开放空间，直接看到主殿留侯殿。这座拜殿一开始仅作为某些特定时间下举行纪念张良活动的场地，人们从此地出发，边走边鞠躬叩首，表达对张良的顶礼膜拜。之后人们在殿中放置了众多石制荣誉碑，有些单独矗立，有些则被嵌入两侧墙面上。碑上铭文皆以诗歌形式，颂扬了我们这位祠堂主人公的丰功伟绩。穿过拜殿，进入 2 号主院。院内两侧建有小型屋舍。22 号建筑是一座由三部分组成的简单客房，中间正屋内挂有一幅佛教达摩像。23 号建筑除了有一众小偏间之外，正中还有一间宽敞的开放式待客厅，厅内摆放有一张大坐炕，此外还有若干套桌椅。我便是在这间房内，同留侯祠方丈交谈甚久。

主院末端即 24 号主殿留侯殿（参见图 76）。殿前辟有一宽敞月台，台上有大理石护栏，气势恢宏，构造精致优美，呈现出一种庄严的整体感。留侯殿屋顶为高规格的歇山式样，各条屋脊上带着数目极多、造型精美的雕饰（参见图 78）。大殿面阔三间，其内中轴线神坛上端坐着张良，他的身旁还有两名侍从。张良像约 1.5 倍真人大小，由石膏制成，外涂大量彩绘。殿内除了神像、几块铭牌和必要的神坛祭祀器皿外，再无其他特别装饰。神像每天早中晚三次受人香火供奉，其中早晚祭祀仪式由住持带领祠内道士进行。

正是殿内这种空旷的设计感，让端坐于其中的张良有别于 1 号主院中的众多道教神祇，

图 76. 留侯殿（参见附图 31-24）

图 77. 位于留侯殿前方的拜殿（参见附图 31-21）

图 78. 由客房月台望向留侯殿的景色（参见附图 31–41、附图 31–24）

享有整个祠堂区域最高的尊崇。从神祇品阶上看，张良几乎比不上任何一位其他神灵。他出身凡人，却结合了众多神力，具有人神一体的形象，同时又被奉为当地守护神。在两千多年前的那段峥嵘岁月里，他在史书上写下了自己浓墨重彩的一笔。而在今日，他的风骨气概仍深刻影响着祠堂内的居住者以及所有来此圣地顶礼膜拜的虔诚香客。

附属建筑

2 号主院中开有一扇小石门，人们经此门进入 1 号院。1 号院边上建有一座两层建筑（25 号）。该建筑一楼为方丈室，二楼为藏经阁。作为祠堂最高管理者，住持的起居之所只有此处的两个小偏间以及正中的一个待客室。每个房间仅 3 米 ×6 米大小，其内陈设简朴，这体现出祠堂内的居住者过着十分简单清贫的生活。1 号院旁还建有 26 号开放式小型殿厅以及面积较大、存放有各类物品及器皿的 27 号库房。库房设有小型前堂，位置突出于库房山墙。此外，就在一号偏院附近还有另一座编号为 28 的小型库房。2 号院可由此偏院进入，同时也与 1 号主院相连。2 号院同 2 号偏院以及周围相连的建筑一道，构成了又一个中心对称的建筑群。2 号院西侧建有占地三间的 29 号建筑，其正中一间的神坛上供奉着祠堂首任受官府正式册封的方丈任圆真道长，前文“祠堂历史”一节已对任道长作过详细介绍。两间侧房的其中一间为某位道士的起居室，另一间则同样用来缅怀任道长。这一对著名前任住持表示尊崇的纪念堂位于现任住持室之前（但两者中轴线稍有偏离），两座建筑同正对着建于 1 号主院旁的小型丘长春殿一道，构成一个完美的整体。也可以说，它们在整体内部又组成了一个不易被发现的建筑群，这一点值得注意。

30 号大型仓房位于 2 号院边上，它也被道士们称为粮仓。“粮食”一词有双重含义。其一即普遍意义上的具体谷物，它们在这里被贮存、分拣、加工，并以谷粒或面粉形式被分装为块、袋、篮、盆；其二则为引申意，道士们用粮食来比喻道教教义，这又同“钵”这一物体具有关联。钵为用于化缘的碗，源于佛教，不过道教并没有要求道士像佛教和尚那般外出化缘。钵中盛放着粮食，便象征承载着教义。每到新旧住持职务交接之时，老住持便会在这座粮仓中，将衣钵郑重地交予新任住持。因此，仓房正中一块巨大牌匾上写有“传钵演教”四字。

这里同样也是道士们聆听住持讲道之处。每逢诸如新年或是首任住持诞辰日等重大节日，道士们便会齐聚于此，悉听道法，进行法事。所以，此地又被称为讲堂。堂内坚固的后墙中轴线位置设有一张木制讲台，此布置同皇宫或高等府衙中的贵宾接见厅类似。后墙为红色背景，上带银色点状图案。讲台正中放置着一把供住持就座的华贵椅子，此外还有四把样式相对简洁的座椅供等级仅次于住持的道长使用，其他道士则坐在堂内众多长桌旁。后墙正中挂有一幅首任住持任圆真道长的画像。住持座位前的桌子上摆放有一尊小型财神像，神像右手挥鞭，左手持银元宝。在这座建筑中，财神主要被奉为五谷丰登的庇佑者。

同所有其他房间一样，讲堂四周墙上也挂着众多卷轴，上写严肃虔诚文字。以下为读者呈现其中若干带有浓重佛教色彩的对联。其一为：

一念纯真金可化

三心未了水难消

根据《三藏经》，下联中的“三心”应是一个纯粹的佛教概念，其中第一重“心”塑造了本原，第二重“心”建立在第一重的基础上，用以辨善恶，最后一重则致力于超脱感官之外。

这里还有一首篇幅较长的诗歌，似乎是对以上言简意赅对联的补充。诗歌批判了敷衍草率的生活态度，警示人们应珍惜福赐自然，努力勤勉劳作。诗歌具体如下：

一粥一饭一瓦一椽，

檀信膏脂农夫血汗。

尔戒不持尔事不辦，

可惊可畏可嗟可叹。

一年一月一日一时，

光阴迅速问汝何为。

尔貌渐改尔形渐衰，

可怜可悯可惧可哀。

粮仓背后是 2 号偏院，院子与粮仓共用一条中心轴。院子两侧为 31、32 号建筑，院末则坐落着 33 号大型厨房。宽敞的厨房在后墙边设有一座神坛，上面供奉着灶神。神坛左侧为一处以砖石砌成的灶台，上面有五口铁制及铜制锅具。右侧放着若干用以休息的木板床、用以备菜及进餐的桌子和用以盛菜的盆盆罐罐。厨房还连接着几间储藏室，它们同厨房一样，均外观质朴至极。同样简单朴素的还有那些位于宽敞的 1、2、3 号农家院子、经营酒水住宿的建筑。它们大多呈开放式设计，只有一些厩棚、储藏室、由山溪带动的 34 号水车磨坊以及建于山溪另一边的 35 号脚夫房为封闭结构。眼下正是庄稼收获的季节，这里人头攒动，熙熙攘攘，好不热闹。

3 号农家院子旁坐落着 36 号藏书楼。在一众朴素简单的建筑中，这座占地广阔、构造精美的两层藏书楼是个独特的存在。原本此处的老建筑因为失火而坍塌，其中的大部分书籍也随之毁于一旦。几年前，人们又在原址上建起这座新楼。在中国，这种建筑随着岁月流转而衰败倾塌的情况并非少数。在原本的建筑图纸中，这里是一座华美的塔楼式亭台（参见附图 9），它属于一处园林庭院，院子带有回廊，通往今日的祠堂花园。然而此地毁于火灾，祠堂也因此失去了一颗耀眼的明珠。原本的亭台或许名为英雄塔，据记载其建造于 1855 至 1858 年。火灾过后，人们无法复原出亭台的原有美丽，只得以较为简洁的实用性建筑替代。若情况许可，中国人肯定会依原样重建英雄塔。但面对限制条件，他们选择跳出原有桎梏。既然旧有珍贵典籍荡然无存，那么他们希望通过营造这座新建筑，至少能拥有一个全新的开始。现在的藏书楼底楼还是空置状态。人们传言，在这种无人使用的空房间内会有鬼狐作祟。二楼现在被当作小学堂使用，这一点在前文介绍祠堂历史时已有提及。目前人们只能借由 37 号天桥，自邻近的山坡进入这一建筑的二楼。走过露天设计的 37 号走道，我们回到山坡上。前方的道路依着和缓的坡度修建，途中偶有几处台阶，它一直通到高处的 45 号小茅草亭。而草亭之所在，便是整个祠堂建筑最璀璨动人的花园部分。不过，我们将从另一条道进入花园，现在请大家将目光转回至 2 号主院。

花园与山丘

（参见附图 1）

张良殿旁有一扇小门，门后是 38 号走道以及更远处的 39 号高处月台走道，这两条走道连在一起，包裹住花园庭院这颗祠堂明珠。花园两侧有两座相对而建的建筑，分别为占地稍小、供客人及仆役居住的 40 号房以及前方带宽阔月台、供贵客居住的 41 号房。后者面阔三间，但卧房只有一间，余下部分被用作厅堂使用，厅内放置有一张华丽坐炕和桌椅若干。与其相连的侧翼 42 号建筑中有一间较大的房间，内有一些床铺及必要物件，供贵宾的随行人员居住。在我看来，这一布局尤其实用。我住在 41 号主建筑中，一旁便居住着我的翻译和随从，对面的 40 号房中则住着厨师与几位脚夫，厨师甚至还支起了灶台。天若下雨，人们就会把灶台搬进覆盖有屋顶的走道内。以下关于花园及其附属建筑的详细描述主要摘自本人日记，摘录过程中，我在花园中的所见所感再次生动地浮现在眼前。

这座花园是天然雕饰的杰作。所有元素齐聚此处，赋予花园可爱怡人的特质。月台上的客房并不过分高大，它占地跨度大且向后缩进，好似一座美丽的乡间别墅（参见

图 79. 留侯殿旁花园边上的香室

图 82）。宽敞的前方月台垒着朴实无华的砖石护墙，墙头放着一盆盆各式花卉（参见图 78）。月台石阶起始处立有两根大理石柱，台阶通往下方花园。一条石板路顺着台阶逶迤向前，一座小桥划出柔美弧度，一条小溪蜿蜒而过，两方水池相互连通，这些都是传统的中国园林建筑元素。小桥上方有一个直接用木枝搭起的花架，各类攀援植物茂密生长，如同编织出一个绿色屋顶（参见图 81）。石制月台前方还有一处较低矮的土台，上面灌木郁郁葱葱，一方水池嵌在这葱茏绿色之中，意趣盎然。水池轮廓飘逸，池塘正中有一个被灌木覆盖的石台。月台还沿着北面自高处连接起花园的宽阔走道，并朝着花园纵向延展出一段区域（参见图 83）。走道朝向花园的一侧有众多木制支撑件，朝向外部街道的实心墙体上开有形状多样的窗户与窗棂。此外，墙上还嵌着许多铭文碑牌。道旁四株柏树拔地而起，直插云天，它们给这座庭园注入了自然与森林的气息，一如人们在这四周苍莽群山之上的所见所感。除了这四株巨柏，园内其他树木并不十分高大。一条条蜿蜒的走道两侧遍植树木，长针叶松、大果云杉、柏树等，它们始终伴随着走道延伸。这其中自然包含那四株醒目的参天柏树，其在树干部位就分出各种姿态的枝干，虬枝峥嵘，盘旋交错。条条曲径将花园分割成多个区域，有些地方依着小径用未经雕琢的木枝扎起一溜低矮的篱笆，上面几乎爬满了各种攀援植物。篱笆旁边的花盆中种满各色花朵，明快的黄色、粉色、白色时不时透过绿色藤蔓闪现在人们眼前。方形水池旁边还有圆形

图 80. 花园中的鱼池、柏树及走道（参见附图 31–39）

及八边形水池各一座（参见图 80），它们相互连通，池中的水通过一根地下水管，引自形似龙首的七曲山高处山溪。无数活泼的鱼儿在池中四处迅捷游动，一派生机勃勃的景象。鱼食一经撒下，鱼群便蜂拥而上，大口争夺。三个水池边缘都砌着平直的大块方石，旁边几株乔木与灌木从堆叠的石块丛中直起挺拔的身姿。这里还放着几张大理石材质的单人椅，人们在观鱼或喂食时，可以在这个略微宽敞的空间悠闲而坐。人们就是这样，以最精致的艺术，结合最细腻的观感效果，塑造出这方动人花园，它足以被称为一个杰作。自然与人工艺术在这里水乳交融，没有哪一处给人不和谐的负面感。同其他游廊一样，花园东面的游廊之中也藏有众多铭文石碑，诗赋字字珠玑（参见图 79）。游廊末端开有一扇通往外部的小门，一侧是锦绣花园如暖流熨过心头的轻松怡人，另一侧是祠堂建筑严谨对称的稳重大气。即使在花园中也有宗教元素的出现。留侯殿这一祠堂中心建筑气势磅礴的山墙成为花园东南隅一道令人注目的风景。就在花园靠近留侯殿的地方筑有一道白色小墙，墙上雕凿出一间供焚烧经纸、经卷及香烛的小型焚香室。这一建筑同高大的山墙交相呼应，给人以视觉上的平衡感。

位于客房旁的六角拜石亭（“石”指代黄石公）似是由自然孕育而生，它与周围景致和谐地融为一体，更像是一个脱胎于天然的杰作而非人工雕饰之景（参见图 82）。六角攒尖顶檐脚微微上扬，脊线粗壮，宝珠硕大。亭子基台高大，立柱短而粗，设两道台阶，

图 81. 花园中的小桥和鱼池

图 82. 花园边上的客房月台

图 83. 从拜石亭中望向花园的景致（参见附图 31-43）

图 84. 石砌八卦亭中的大理石桌椅（参见附图 31-41 及图 86）

图 85. 拜石亭中的大理石桌椅（参见附图 31-43 及图 82）

墙体三面封闭，再加上四平八稳的亭顶，整个亭子线条结构清晰，给人以踏实安心之感。亭内摆放着大理石材质的石凳石桌若干（参见图 85），墙面嵌有一些铭文石碑，木制护栏上点缀着一众花盆。人们站在这里，可以观赏到最美丽的花园景色（参见图 83）。

六角拜石亭旁还坐落着 44 号四角石亭，它紧挨着山脚，是这座住宿庭院中的制高点（参见图 86）。其外观庄严肃穆，顶部垂脊跃出高大的客房屋顶，引人注目。亭子以华贵石材作为装饰，闪闪发光，轮廓线条优美，且雕凿有大量纹饰图案。石亭顶部呈质朴的灰色，上面遍布苔藓，这一点与祠堂其他建筑顶部情况一致。但它同时又给人以与众不同的灵动之感，瓦片形状流畅飘逸，檐口大幅上扬，山墙线条生动，被藤蔓装点的正脊上雕凿有昂扬的神龙及神兽。亭子正面两根大理石立柱以及后墙共同承托起这个灵动飞扬的顶部。立柱、台阶、带有光滑栏板的护栏以及雕凿细致的柱头均为白色带青色纹理的极品大理石。台阶两侧的柱头上蹲坐着两只体型较小的狮子，四处边角的柱头上各有一尊跽坐在莲花座上的人像。亭内摆放有白色大理石材质桌椅若干（参见图 84），大桌桌面上还刻有棋盘。我们一行人就坐在这里，伴随着一旁婆娑竹林的窃窃私语，对弈、闲聊了一会儿。亭子顶部向外挑出的檐由雕鱼构件取代了原本的斗拱，梁架、木料以及立柱间的花板均是新近才被涂上华丽的彩绘。雕鱼为银色，其余大部分物件为蓝色，屋顶为灰色，所有这一切同周围的绿树青山搭配在一起，呈现出一种色彩上的和谐美。亭子内部为水平顶面结构，以横木搭建成九格天花板，每格之中画有八卦，故此亭唤名八卦亭。亭内还有几副精妙对联值得一看，其中正面大理石立柱上镌刻着：

赤松黄石有深意

紫柏青山无俗情

亭内后墙正中有一个巨大的红色“寿”字，其两侧竖挂着一对木匾，上书：

何处结仙缘尽流传千载赤松一拳黄石

此间真福地且领略万竿烟雨四面云山

对联中的“赤松”自然是指仙人赤松子，“黄石”则为黄石公。第二副对联一语双关，既指出了两位仙人的名字，又描写了周边自然风貌。祠堂周围确实遍布挺拔松树与峥嵘巨

图 86. 庙台子八卦亭（参见附图 31-44）

石，它们的存在唤起人们对两位仙人的缅怀与尊崇，同时也揭示了此地的内在深意。

通往小山丘的上山之路先是有几级小台阶，接着是一段不规则的盘山道。曲折的山道上用木板修出了众多简易台阶，穿过一片茂密竹林，一路向上蜿蜒，首先到达一处中等规模的六柱圆顶茅草亭（参见图 82）。圆顶轮廓优美，仿佛是这片巨木与修竹婆娑摇曳的枝叶投下的一处匆匆剪影，但同时也清晰可辨。人们知道立于高处的这座亭子是人工而建，但这一人工建筑并不突兀于自然之外，而是与天地自然水乳交融。亭子的设计建造几乎避免了一切人工艺术形式，只在立柱之间设置了一圈大圆木椅，一旁挂着竖匾，上写：

山水清音余太古

英雄晚岁合神仙

又有：

有亭翼然云山四望

其人邈矣松栢千秋

自草亭而上，我们开始最后一段登顶路程。山丘顶峰上坐落着之前被反复提及的二层亭台，它是整个祠堂建筑的终点。道路沿着陡峭的山脊向上，我们先行过一段窄小的石板阶梯，到达一块高峻且突兀的岩石。石块位于一处急转弯处，石上刻有众多铭文，其中大大的“松石”二字极为醒目，它又一次表达了人们对仙人赤松、黄石这两位张良恩师的尊崇。石阶平直厚重（参见图 87），没有多余雕饰，但其几乎未经修饰的天然线条与周边自然相得益彰，成为人工与自然完美结合的范例，台阶也因此显得意趣盎然。台阶护栏望柱之间连接有平滑宽大的石板，望柱顶端雕凿有样式简单的花球、狮子及猴子造型。绕过突兀的岩块，我们来到一处低矮敦实的门楼建筑面前，其上写有“传道处”三字。继续向上，走过最后一段陡峭台阶，到达最高处月台。山丘的制高点，矗立着那座两层亭台（参见图 88）。旅人无论从三面山谷的哪一处望来，最先看到的都是这座傲然挺立的亭台。而立于亭中，旅人又可以将三面山谷、葱茏群山以及整个祠堂尽收眼底，目之所及一片壮阔景象。亭台上下两层中均有十二根立柱，它们形成一圈回廊，包围住内部的一个祭神室。后墙位置设有楼梯。屋顶为重檐设计，下部单坡屋顶的檐口及檐脚略微上翘，上部攒尖顶线条飞扬，在空中划出极大的弧度，显得跳脱灵动。攒尖顶坡面极陡，各条垂脊线最终汇于顶尖，如此设计赋予了这座位于高处、遗世独立的建筑一种轻盈的凌云之感，天地由此相连互通，似乎灵魂便是自此腾云而起，飞升成仙。传说中，仙人黄石公就是在这里将那本兵法奇书交予少年张良，所以这座建筑得名授书楼。亭子一楼摆放着一张供桌，上面供奉有七块木制牌位。木牌边缘雕饰有云纹图案，牌身上的金色文字，为曾经向祠堂捐出大笔钱财的七位官员姓名及职位。以下是其中一块牌位文字，其他均与之类似：

太子太保头品顶戴兵部尚书

兼都察院右都御史四川总督

部堂丁公讳宝桢大人之神位

墙上挂有两副对联，其一为：

图 87. 通往山丘顶峰授书楼的石制云梯（参见附图 31-46）

水抱山环仙人辟谷

月白风清高士炼丹

其二为：

月丽青松玉龙飞舞

风香紫柏仙乐四翔

二楼门上方写着“神恩护佑”四字，其两侧挂着一副对联：

经世之才习自黄石兵法，兵法谋略师从仙人赤松。[1]

文字再一次表明张良形象的高大光辉，他集高超的经世济民的政治才能与布兵沙场的军事才能于一身。门后亭内的中轴线上有一神坛，供奉着一尊黄石公或是赤松子坐像。坐像右手边坐着张良，只见他面朝正中，左手握着一卷书。供桌上方写有四字“保佑平安”，一旁

1　根据德文意译，非中文原文。——译注

图 88. 从庙台子花园望向授书楼所在山丘的景致

一匾额写着“青年帝师”[1]，另一匾额写着“高祖一统中华创立大汉，丞相辞官归隐得道成仙”[2]。

还有一副对子，将大名鼎鼎的黄石兵法同这座遗世独立的亭台联系在了一起：

书不须多一卷可作帝王师相

楼毋轻倚高声恐震霄汉神仙

每天朝阳初升以及落日隐于苍莽山林之时，人们便来此处奉上香火，祭祀圣人。如此一日两次，日复一日，从不间断。不过，这一登高上香使命只由一位道士完成。他身着长袍，顺着这茂密竹林间的石梯，缓慢而恭谨地拾级而上。而我则一路跟随。他步入楼内，深鞠三躬，取出几支香，点燃，将它们插入供坛前铜钵的白色香灰中。然后，他快速敲一下挂于一旁的小钟。在这幽僻山谷的孤寂高岭上，短促而清脆的声音划破天际，直击我的内心。钟声响起，似乎神灵被召唤现身。这种思想与情感同样体现在花园的一处石刻铭文诗赋中[3]：

昔年佩剑仍高悬[4]，肉身已化青云烟。

巍然祠堂多碑文，以作留侯宫阙居。

清澈流水四周绕，峥嵘巨石高处立。

茂林修竹婆娑影，神祇圣人其间栖。

或以歌咏颂智者，无双国士帝王师。

梵铃声响抵霄汉，丞相悉知君所求。

祠堂各处可见写在纸张上、刻在木匾或石碑上的诗词歌赋，它们出自途经此处的文人墨客笔下，历史最久远的可追溯至数世纪之前，最近的则是今时今日之作。学富五车的文人们来到这处钟灵毓秀之地，以珠玑文字写下所见所感，并将美文赠与祠堂。有些人还会出资，遣人将诗文刻于石碑上。如今，这些文赋成了祠堂一道亮丽的风景线，这一点在其他著名祠堂寺院中亦是如此。它们不仅表明了祠堂主人公的历史地位及其在道教神祇体系中的形象，还体现了中国人所具有的深厚人文底蕴与高超诗歌造诣。其中大多数诗赋作于近代，可见时至今日，中国诗歌仍处于登峰造极之水平，而非有些人口中的没落衰败。

让我们来听一听另一位旅人在此留下的声音。他将周边自然同人的命运做比较，以山间走道比作人生之路，以自然美景比作璀璨生命。在他的笔下，空中流云是灵魂本身，蕴藏着智慧与大道的苍莽群山则是我们灵魂的安放故乡与庇护港湾。细品诗赋，其中没有哪一个词不蕴含着双重深意。

远处石台接流云，千年古道逶迤行。烂漫山花满芳甸，婉转莺啼透空灵。壮年登山今已老，白发更觉青山好。可叹名岳未访尽，即归青山旧故里。君不见，舒卷白云拥山巅，松石二圣飞升台。[5]

1 根据德文意译，非中文原文。——译注

2 同上。——译注

3 同上。——译注

4 留侯殿张良像旁挂有长剑。——译注

5 根据德文意译，非中文原文。——译注

第三章　二郎庙

目　录

1　建筑目的及地理位置

四川首府成都一马平川。数千年来，它以丰富的物产与高超的农业灌溉体系（参见图89）始终吸引着中外人士关注的目光，人们纷纷以深刻而又详尽的文字描述这处天府之国。人工灌溉体系是物产丰盛的基础，它的最初设计与投入使用可以追溯至一个准确的时间点与一位具体的伟大人物。据说，公元前211年，水利工程师李冰奉秦始皇命令，开始管治这片土地，随后他的儿子二郎又继续完成他未竟的事业。父子二人最突出的功绩，便是在坚硬的砾岩山体中开凿出一道著名的引水口，从而引流分泄灌县上方的岷江江水（参见图90）。在这一水利工程建成之前，每到洪峰来临，江水便如脱缰的野马漫过江岸，整个平

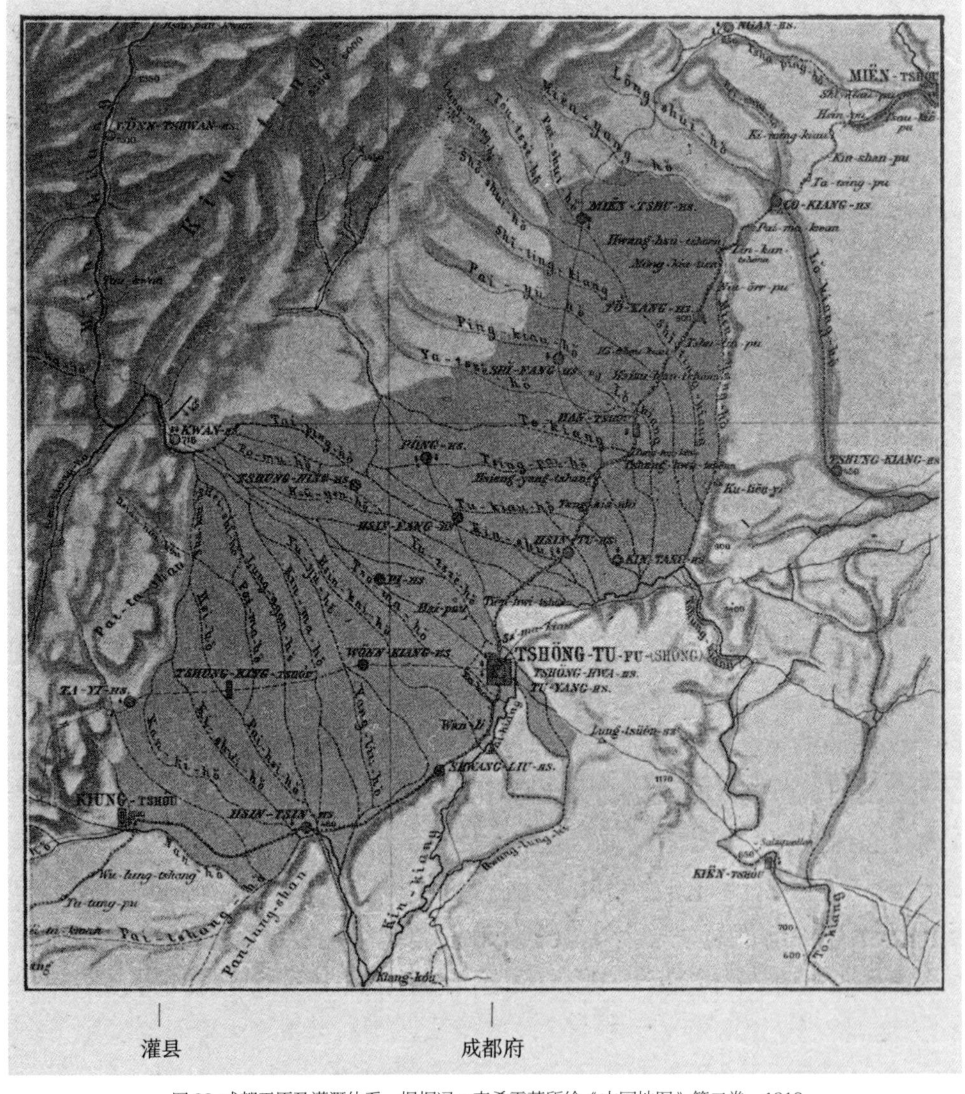

图89. 成都平原及灌溉体系。根据冯・李希霍芬所绘《中国地图》第二卷，1912

原顿成一片洪泽；若遇干旱时节，岷江则始终处于枯水状态。如此频繁的旱涝灾祸自然使得稳定有序的农业生产无法实现。而现在因为李冰父子，江水行至灌县附近便被迫卸下往日雄威，人们根据具体需求，对江水或筑坝拦截、引流至平原。整个成都平原上被精心编织起一张密集的水网，各种运河、沟渠、小水道纵横交织。时至今日，这张水网仍造福着这片土地，它既保障了平原上每一个地方在任何时候都有充沛的水源，又几乎排除了发生巨大洪水的可能。感念于李冰父子的巨大贡献，人们在岷江分流口这个意义非凡的位置为两人建造起两座祠堂，并将他们奉为同道教神祇关系密切的圣人。其中二郎庙的地位尤其突出，声名远扬。

同上文介绍供奉张良的庙台子一样，在这一章中我们也将阐述二郎庙选址的总体背景。不过，这里仅选取最基本的方面作简要说明。

2　灌县及成都平原

成都平原位于巍巍群山的环抱之中，单是这样的地理位置就足以让这片土地显得与众不同。其西面及北面连绵着高峻山体，东面及南面则是相对平坦的丘陵地带。广义而言，对中国意义重大的三大山系交汇于此，在这一角度审视下，成都平原更是具有极为关键的地理意义：中国山脉[1]自西南向东北延伸，印支山脉向南北纵深挺进，昆仑山脉横亘于东西方向，而昆仑支脉秦岭更是横跨了整个中国。除了巍巍群山之外，平原还被岷江、沱江这两大长江支流水系所包夹。该区域地势落差极大，整体向西南倾斜，但内部始终保持平原地貌，无巨大起伏。灌县就位于岷江由山脉进入平原的最后一道山坡上，它一方面是通往时至今日仍有大量原始部族栖息的苍莽山区的北面及西北山地的咽喉，另一方面又是通往人口稠密的平原与高度发达的中华文明的锁钥。一条主干道自灌县始，沿着岷江逆流而上，一路通往大山深处。这座城市因此又具有关键的交通地理意义。除此之外，灌县还是成都平原水利灌溉体系的起始点，其经济地位同样举足轻重。

突出的地理位置与经济地位相叠加，灌县被天地宇宙塑造出不同寻常的自然条件。这样一处自然神作之地，当然还会被中国人通过宗教与艺术的形式赋予非凡的神话色彩，李冰及二郎的形象在这里广为流传。二人扎根此地，为当地百姓带来了直接的福祉，所以他们被提升到圣人及神祇的高度。现在，在这片自己生前创造过辉煌的土地上，他们端坐在祠堂中，位列仙班，受到后世尊崇。不过，相比于他们，同其一道受人香火的其他神祇在整个中国具有更广泛的影响力。下文我将为读者呈现李冰父子的神话故事，从中我们可以得知，这两位主人公是如何被一步步推崇至人们口中古老自然之神的化身的。

1　原文中作者使用罕见的 sinisch 一词，该形容词应来源于 Sino，表示同中国相关的事物，故此处译为“中国山脉”。——译注

此处将首先从技术层面对两位水利工程师的杰作作一简要介绍，但这种介绍同欧洲已有的相关文献有所区别，它将引导读者转而接触与了解工程背后所体现的宗教观点。在中国，出自建筑师手下的杰作往往凝聚了其宗教理念，物体与精神、具象与抽象，两者密不可分。

3 水利治理工程

岷江自北面而来，行至灌县附近，于右岸接纳了一条重要支流，继而从城市西面向南奔流，沿途分出众多支流。或许早在李冰治理蜀地之前，这些分叉河道便已存在。当时每逢洪水，水流泛滥冲毁河岸，河床连为一体，平原东部时不时便处于汪洋之中。这种水患连年的情况直到李冰的出现才得以改善。他将岷江分流，同时又在平原上兴建大量的小河道。河道相互连通，复又分出更细的支道，一张纵横交错的水利网由此编织而成。这项覆盖了整个成都平原的大工程自然非一日之功，在这片人口越来越稠密的土地上，人们通过几个世纪未曾停歇的努力才完成。关于如何保障水网的有效运行，李冰给出了自己的经典意见："深淘滩，低作堰。"区区六字道出一个颠扑不破的真理，它们也反复出现在二郎庙众多的铭文之中。时至今日，人们仍严格遵循着这条准则。每逢冬季，大部分人工挖掘而成的水道干涸，农人们便清理河床，移除堆积在河床上的巨大石块，将淤泥运至耕田中。这是防治洪水的又一个举措，人们由此无须再在平原上额外修建堤坝。

不过，在必要之处，堤坝不可缺少。人们在灌县的东南方、岷江南向支流沿岸筑起一道道坝体。从地图上我们可以清楚地看到（参见图 90），东面平原一侧的岸边筑有众多高起的堤坝，以拦截江水东进。向东及东北方向流淌的支流两岸也延展有多处堤坝。李冰这个天才般的布局规划应是经过缜密思索而来，其分水堰的选址并非随意而定，而是特地选在了城市西端的崖壁旁。他在这里用岩石垒起一道分水堰，堰体仅 30 米宽，但跨度巨大，一直通到城市东南角的江水分流处。不过越往下游，其宽度明显收小。在堰体上部，水势异常浩大，巨大水流奔腾而过，满足了平原绝大多数地区的用水需求。我就投宿在位于分水口的祠堂中，流水击打祠堂下方的山崖，掀起惊涛骇浪，发出阵阵怒吼。尤其到了深夜，万籁俱寂中唯有江水咆哮回荡，更让人胆战心惊，担心脚下的崖体随时会被汹涌的岷江水冲毁。不过，牢固的砾岩山体似乎坚不可摧，与日月共存。我花了一段时间，才渐渐适应了这种环境，打消了这一担心。崖底东北面的凸出部位被辟成一处小型的祠堂边角月台，正是在这下方，江水从一处开凿于山体中的小洞倾泻而下。一道宽不足 1 米的狭长石墩，将原本宽阔的江面一分为二。这个石墩可能是两千多年前修建于此的最早一批水利设施，时至今日，它仍挺立在江面上，抵御住不曾间断的水流冲蚀。当初只有明确了解石材具有如此的坚固程度，人们才敢于设计并最终实施凿穿工程。要知道，这种设计对于石墩的坚固度要求非常高，几乎没有哪一个堤坝或者节制闸同江河直接交锋的前部能够永久对抗流

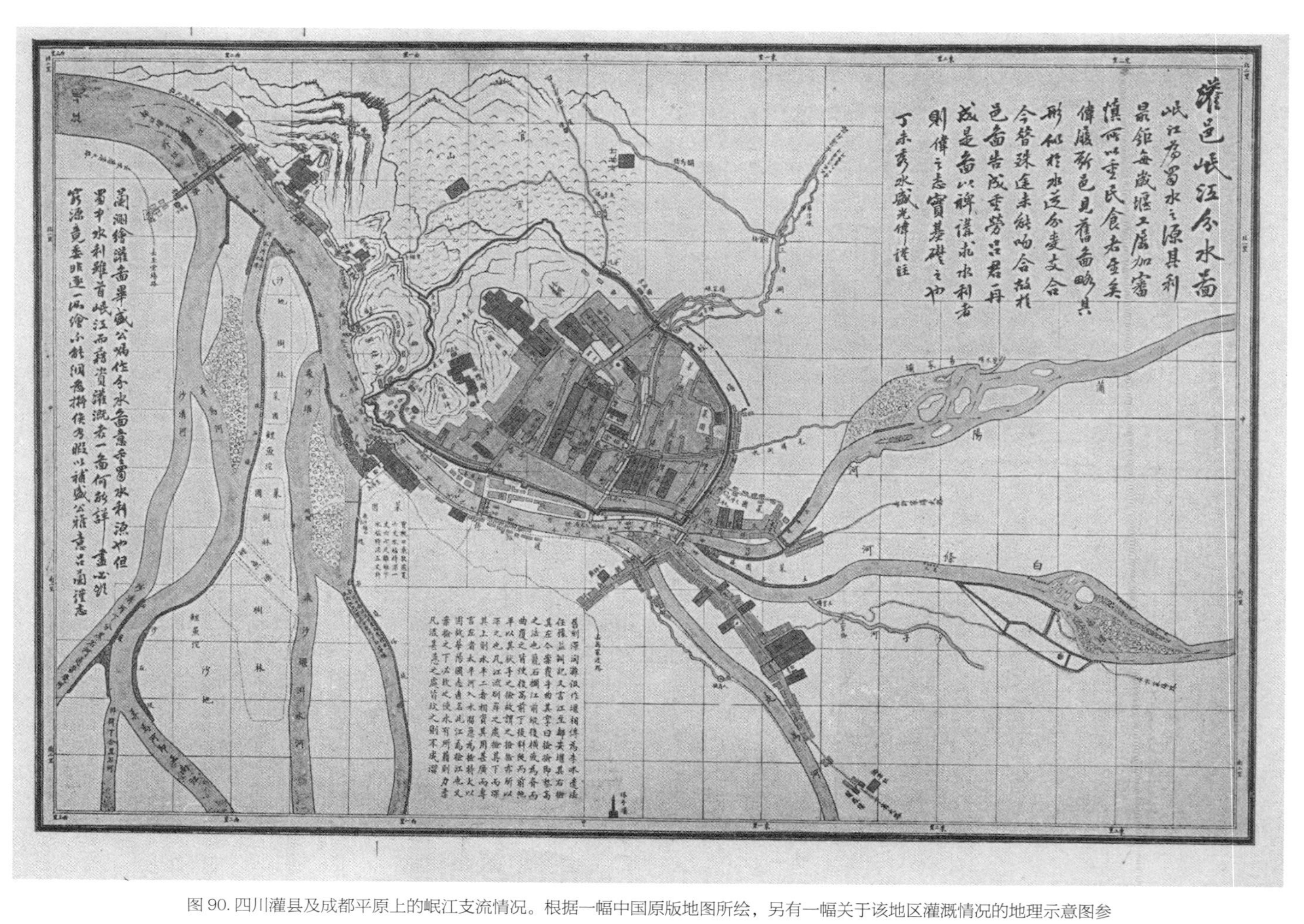

图 90. 四川灌县及成都平原上的岷江支流情况。根据一幅中国原版地图所绘，另有一幅关于该地区灌溉情况的地理示意图参见杂志《地理社会》1912 年版第 32 页

水的持续冲刷。由此，每逢洪峰来临，这个窄小的分流口便如一座屹立千年不倒的节制闸，自动开启调节作用。它将水流拦截于此，并通过一道修于侧面的潜坝，将多余水量引至南面的第一道分流河道内。人们立于岷江东岸的高处，俯瞰岷江下方谷地，便能将这种规划布局看得一清二楚（参见附图 11-1）。此分流设计所具有的江水拦截与引导功能非常显著，某天有洪峰突然过境，我在分流口以及侧面潜坝上方测得水位抬升了一米，而其下方水位则只涨了三十至四十厘米，大量水体被分流至南侧河道中。若是当年工程师李冰对整体情况没有一个透彻的全盘把握，那么他可能会把分流口选在如今这处突兀屹立的小块岩石下方几百米的距离之外，如此一来，人工坝体建筑或许便无法屹立至今，千年不倒。为了加固江岸，人们在江中投下无数装填有石块的长竹笼，河畔的堤坝斜坡及折流坝区域的防护皆是如此。诸如上文已有提及的潜坝之类的分流区域同样采用这种防护方式。这自然需要持续不断的维护工作，所以当地每年都会为此拨出一笔巨款，大量劳工参与其中。中国人精通垒石与治水这两项工作，他们在每年这个时节，利用冬季三个月的枯水期，放下分流口上方一道横跨江面的堰闸，将流水完全引入南侧江道，平原的灌溉系统由此全部或者部分处于干枯状态。接下来，他们便在这些被断绝了水源的空河道或者沟渠中进行如上文所述的清淤工作。而在冬季作业之前，南面的各分流河道也已相继被阻流清淤，以保障冬季江水能畅通无阻地由此经过。这意味着每一年，人们必须重复投入巨大的人力物力。不过，中国人偏好遵循定例，所以在此类机械的、预先框定的明确事情上，他们得心应手，堪称专家。正因如此，“一岁一维护”机制至今仍在有效运转。一位灌县道台主理水利府，两座重要祠堂也归该机构管辖。每年春季，当地举行盛大仪式，众高官列席，见证堰闸再次开启，平原灌溉网重新运行。流经分流口的大部分江水经由一个弯道，再度汇入岷江。这段弯道水势巨大，且落差明显，所以船只航行极为艰难。直到江水通过此段弯道同岷江主体合流，航程才开始变得平稳顺利。连接成都府与岷江的支流几乎全年都适合行船，这是灌溉体系的兴建带来的额外一大好处。另一部分朝东北方向分流的水体则被接纳进自北山而下的众多河流组成的水网之中，它们一同横穿整个平原，注入沱河。沱河由此携带着另一条重要的长江支流的豪迈基因，最终在泸州汇入长江。

一些中文著作已详细介绍了这一水利灌溉体系的历史发展与今日状况。即使在屡出神奇人工灌溉工程的中国，灌县及成都平原水利设施仍堪称令人叹为观止的奇作。由于涉及专业术语以及具体地名，加之缺乏对该地区相关地理情况的了解，这些珍贵的中文资料很难被十分精准地翻译成外文。虽然困难重重，但一本高质量的译作仍备受期待。以下我将只专注于对建筑工程的基本理念及独创亮点作详细介绍，至于人们为何要将李冰父子奉为拥有神力的神祇并为其建祠立庙，此处并不展开深入论述。此外，从纯地理风景角度而言，两处祠堂景致出众。本章最后将放上本人日记节选，以展现这片旖旎风光。行文至此，大家或许已经能够感觉到，李冰祠堂及二郎庙同其他建筑一样，不仅具有祠堂皆有的独特文化内蕴，同时还与当地的地理、地质及经济情况相得益彰，并融合了周边美丽的自然风光，各种元素可谓完美结合。

4 李冰、二郎及其祠堂

李冰及其儿子二郎是世人公认的伟大水利工程师。在真实历史上，李冰是身居高位的蜀郡太守，管辖范围即大致覆盖今日的四川全境。李冰父子集技术才能与高超吏治才华于一身，这样的人物在英才辈出的中国并不少见，各朝各代比比皆是。他们往往学富五车、文采斐然，文能治国安邦，武能纵横沙场，同时又精通人情世故。古罗马与古希腊也同样有众多这样的璀璨英才。而李冰的情况又略有不同，显然他是因为自身的技术才能才被擢升至蜀地太守这个高位的。在当时，灌溉问题是蜀郡上下一项亟待解决的重大事宜。我所查阅的资料对于李氏父子的确切介绍便言尽于此，余下部分皆带着极为强烈的个人感情色彩，这在下文叙述关于两人的神话传说时会有涉及。两人在过世不久便被人们推崇为神祇，在今日，他们被公认为是四川之神，人称“川主”。这一尊称有时仅指李冰，有时则指代父子二人。除了成都平原之外，被誉为天府之国的整个四川省都应该感谢李氏父子和他们的辉煌工程，感谢他们为这片土地带来了如天赐福地般的富饶安稳。甚至在邻近的湖北省，人们也将其尊奉为神祇。这一情况表明，一个人即使只在某地创造了一番成绩，也可以因此被塑造为一个普遍性的象征，他们是自己所具有的特殊才能的化身，由此为世人洒下恩泽。他们的形象被赋予神祇色彩，其影响超越自己生前所活动的区域。四川境内到处建有川主庙，一些较大的佛寺或道观则将李冰塑像或者牌位供奉于众神体系中，有时甚至还单独辟出一间神堂。在灌县附近人工开凿的宝瓶口，坐落着两座地位最显著的李氏父子祠堂，其中较小的一座或许建造年代更为久远，它直接被修建在宝瓶口旁那块孤零零的突兀岩块上，专门供奉父亲李冰，人称伏龙观。另一座较大的祠堂更负盛名，它位于灌县西北方向的山体凿口上游，挺立在岷江左岸东北方向的一处山峰上（参见附图 11-2），专门供奉儿子二郎，人称二郎庙。在深入介绍这两座祠堂之前，我想先根据中文资料，对同其有关的神话故事作一详细描述。

5 传说中与历史上的李冰及其伟大工程

中国有众多介绍灌县附近及成都平原之上的人工沟渠体系及水网情况的文献著作。下面我将主要为读者叙述相关的神话故事与传说，其内容选自《川主全传》一书。下文若干部分的描述并非逐字逐句摘录翻译，而是选用转译方式。出于理解的需要，转译过程中一方面略去了原书中无数并不常见且冗长反复的姓名，另一方面则补充了许多注解。原作的描述体现出典型的中国文献资料特点，真实事件中被添加了若干神话色彩。基于同一种理念，中国人习惯为英雄们建祠立庙，并将他们列入道教仙班。而了解这一神祇体系，则是理解与感知祠堂建筑的必要前提。这一点在上文介绍张良祠堂时已有详细阐述，此处与前一章遥相呼应，自然也会对相应情况作一说明。

《川主全传》开篇介绍了五块供奉于神坛上的牌位，其五位主人是对水利灌溉工程做出了突出贡献的崇高神祇。这其中李冰牌位被尊放在首位，上面写着“秦蜀郡太守、御封王爵、镇伏江波庇佑船只赐福四方李公讳冰神位”[1]。

另一块相似的牌位供奉着李冰儿子二郎。第三块为赵昱牌位，他是隋朝时期的嘉州太守，唐代时被追封为赤城王，到了宋代更是被列入道教神祇体系。第四块为曾任职忠州的李鸿渐之位，第五块牌位供奉着一位来自神话传说的人物，据说他是山海派往人间的使者。

以下为一段篇幅较长的原著编者导语[2]：

> 降服水患的英雄们总是被拿来同大帝禹这位“神灵”相提并论。然禹为睿智圣人，怎可以称为“灵”乎？余曾坐船经过长江峡谷，抬头仰望，巍巍岩壁之上雕凿有一物如平直线条，此实乃天作而非人工之可及。舟行至宜昌上游的黄陵庙，庙中有黄牛石像一尊。何等神奇之事！古书有载，禹帝为上古神祇之子。彼时灭世洪水肆虐，天地无光，禹受上天指派降服洪水，五位星宿随其而行，以助其一臂之力。此黄牛便是五星宿中的土星之神，主要负责帮助大禹开江治水。在黄牛峡的某处寺庙中也有类似记载。湖北荆州南城门外有空地一块，地下埋“海眼”。此物作为定海神针，被大禹放置于此。海眼非金非石，埋藏于泥土之下，人不可触，一旦破戒，即风雨雷电大作，洪水肆虐，生灵涂炭。大禹留下的神迹处处皆是，无法道尽。嗟乎，或许禹确为神祇！禹出身四川，然四川居民更多推崇李氏父子。何也？

大禹的功绩造福了整个中国，四海之内皆是经他治理的江河，范围不局限于四川。与此相对的是，李冰父子的功绩只局限在中国西部。但也正因如此，这片土地上的人们始终牢记李冰父子。在首府成都以及其他大大小小的城市、乡村、山谷之中，到处都有李冰父子的祠堂及神坛，甚至在私宅中也不例外。这些足以说明，李冰父子的形象在中国文化中占据着多么重要的位置。四川人民深深缅怀着为这方土地带来福泽的圣人，但若被深问这些庇佑四川的人到底做过哪些具体事情，则没有人能说得上来。原著编者便在书中以嘲讽的语气写道：有些人居然想从经不起逻辑推敲的纯杜撰小说《封神演义》中截取若干内容，以塑造川主形象并妄图将之神化！在这之后作者继续写道：

> 曾任职忠州的李鸿渐为李冰后人，余尝为其著书立传，记叙其如何降服巨龙、神龟并五大水牛。其后余读得良书一本，内容关乎李氏父子及隋末赵昱三人。后者任职嘉州太守时，斩杀水中恶蛟，拯救黎民。这一传说与二郎传说内容一致。时人见过赵昱，称其同灌口（灌县）神庙中的二郎塑像容貌相似，甚至两人同样弃官归隐，以寻道教仙法。二者遁入灌县附近赵公山，重回本源，归于大道。更有甚者，二人生日也相同。

1　根据德文意译，非中文原文。——译注

2　同上。——译注

正因如此，赵昱被视为二郎再世化身。世人在灌口立起赵昱塑像，将其同二郎一道供奉。

编者将以上提及的介绍李氏父子并赵昱的书籍同自己所著的《李鸿渐传》结合起来，从而编纂完成这本《川主五神合传》[1]。除了已有的四位人物之外，他还另外添加进一个杜撰出来的神话形象，即导语中的最后一块牌位主人山海使者。著作起自远古鸿蒙初辟之时，选取如此遥远的时间节点开始叙述，目的在于清晰地梳理说明李冰同宇宙起源与神祇世界之间的关系。相应章节大致如下：

凡救黎民于困厄、为百姓降福祉之人，其功绩与美德照耀青史，享历代叠加之推崇与荣耀，于川贵两地受香火供奉不断。人们为其建祠立庙，以示缅怀与尊崇。然这样的人物仅有三人，即秦朝李公父子与隋朝太守赵昱。

李公讳名冰，为古时寓居四川的原蜀国首领鱼凫的后代。蜀国形成于人类初现的人皇时期，当时名“蜀山”。黄帝之子同蜀地首领之女成婚，夏商期间其后代及亲属世袭蜀国封地，这一状态持续至公元前1122年。在其后成为周朝首位国君的周武王出兵伐纣之时，蜀地亦加入讨伐队伍。及至东周周襄王时期，蜀地统治者蚕丛首次自立为王。在此之后，蚕丛子孙继位蜀王，先有柏灌，后有鱼凫，其中后者自出生起便被视为异人。鱼凫王真名杜宇，定都于今日成都府。他奋发有为，在其执政期间便已展开对岷江的分流与合流工程，辟出一大块沼泽地以蓄积洪涛，避免水患。人民感念其功绩，对其敬爱有加，并追随其脚步亦称自己为“杜宇”。[2] 及至战国，鱼凫王杜宇自立为“王帝”。

一日江水水位翻倍上升，杜宇对此无能为力，遂生出退位念头。此时恰有一位名唤鳖灵的能士横空出世。鳖灵曾坠入江中，被打捞起时已是一具尸体，但随后又奇迹般复活。杜宇命鳖灵炸掉成都府西侧一块巨石，以平息水患。鳖灵最终成功完成使命。杜宇认为对方所作贡献比自己更大，故让位于鳖灵，自己则归隐山林。他的一支后裔随后又建立了鱼凫政权。自此，蜀地不再有“王”的存在。但蜀地人民十分希望杜宇（鱼凫王）出山，重登王位。这位蜀王去世之时，漫山遍野杜鹃啼鸣。等到来年杜鹃再度泣血时，人们对杜宇的思念越发强烈，于是将杜宇别称为“杜鹃”，蜀地首府成都也因此别名杜鹃城。

下文将为大家讲述广为流传的鱼凫得道成仙的故事，而作为这位仙圣的后代，李冰也从鱼凫王杜宇身上继承了高洁品格与非凡气魄。中国人需要通过编织神话传说，以塑造出此种精神。只有扎根其中，人们才能理解历史英杰的神奇生平与其所创的辉煌。

鱼凫王独自隐居成都附近的小蓬莱上，追寻道家仙法。小蓬莱位于龙桥旁的山峰下，龙桥则通往金殿。他探寻真法，像融金淬火一般修炼元神，希冀能长生不老。鱼凫的这一秘法习自一位名叫浮邱的圣人，后者被认为是神农再生，因此拥有上古帝王的神力。神农曾经与仙人赤松子（张良恩师，我们在本卷上一章中已对他作过介绍）一道，在众山之上采集具有神奇治愈效果的药草。神农与赤松子之间为师徒关系，徒弟神农追随着

1 即《川主全传》——译注

2 此为作者原文。——译注

仙人，飞升成仙。不过，之后神农化身圣人浮邱，重回凡间。彼时正是鱼凫王统治蜀地时期，浮邱同其他几位智者一道，修炼元神，回归本原。发生在他身上的众多神奇事迹在后世流传。最终，浮邱得道于四川小蓬莱山，并在此将这至高道教真谛传给鱼凫王。值得一提的是，浮邱又被称为“李翁”。鱼凫王为表达对仙师的尊敬，也将自己的姓氏改为“李”。这便是李冰的李氏家族的起源。现在为大家叙述一个关于某位公主的神奇故事，这位女性具有极大影响，与杜宇及其仙师浮邱翁关系密切，她同样与李冰的出现息息相关。

公主朱提[1]去世之后，被葬于成都北面绵州境内的武都山。李（此处并不明确具体是指仙人浮邱翁还是其弟子鱼凫王）来到她的墓前，喂她一丸仙丹，朱提死而复生。再生之后，她也让自己改姓“李”，并隐居武都山中。李鱼凫云游四海，探访各处圣地，并在江西境内的一处岩洞中修炼大道金丹，随后重返四川。他可以挂在一根棍子上日行八百里，故又被称为“八百神”。他居于群山之中，栽种花卉，由其培育的植物永不枯萎、与日月同辉。之后他又与另外一人共骑一头猛虎，直上九重云霄。公主李朱提一心追求至臻完满的境界，寓居于浮山高处，李翁经常上山拜访公主。李翁自己在一处岩洞中架起一个丹炉，将所炼丹丸融成一柄宝剑，并取池塘清水淬之，以炼就宝剑的五彩光芒。公主之后返回四川，对那里的病患及穷人施以援手。见此情景，腾云驾雾以游四海、逐渐位列仙班的李翁顿觉惭愧，认为自己在品性高洁的公主面前相形见绌。他不甘落后，转而同样拯救苍生免于困厄艰险，也以此庇佑着自己的子孙后代。他居住于金殿之中，勤勉钻研三经，获得极为深入透彻的领悟，因此成为首屈一指的智者。他可以呼风唤雨、驾驭雷电、辖制鬼魂，还熟知每一处地下水脉。不过他对自己所知道的一切都守口如瓶，只对能人异士吐露相关信息。

作为浮邱翁以及古蜀王李鱼凫的后代，李冰与这两位相隔超过十世。他透彻学习掌握家族传承下来的技艺与知识，这是他才能超群的源泉。但他之所以能取得如此辉煌的成就，原因还在于自己的勤勉努力。李氏家族世代颖悟绝伦，这对他们始终居住的这片蜀地而言实乃一大幸事。李冰便是一个典型代表，他将传承不息的深厚家学与品格发扬光大，成为守护蜀地的著名太守。他斩杀恶龙，治理江河，造福蜀地。正因如此，这里的人民始终感念并供奉着这位英雄。

被李冰收伏的那条恶龙出自蹇氏一族。他原为重庆巴川的一个普通人，因家境贫寒，只能终日割草以换取粮食奉养母亲。割草时有几处地方显得极为怪异，他刚把这处地方的草割完，一天之内这里的草又长得异常茂盛。蹇觉得非常奇怪，便挖开土地，发现下面埋着很多珍珠，大的直径达到一寸。他把这些珍珠藏进盒子里，还在上面放了一些米。他第二天早上再次打开盒子，发现里面装满了大米，那数量足够他吃一天还多。他把这些都储藏起来，渐渐变得富裕起来。村里人问他原因，他一五一十地交代清楚。大家来到他家，想要亲眼看看这等神奇之事。蹇拿起一颗珍珠，光芒直刺所有人的眼睛。人们

1 同“鱼凫”一样，据说“朱提”并非真正的中国人姓名，而只是一种按发音而来的中文书写，该写法来源于古蜀居民。——译注

顿时骚动起来，有人想把珠子从蹇的手里抢走。情急之下，蹇把珍珠塞进嘴巴，一口咽了下去。不过片刻，他变得躁动不安、口干舌燥。他喝光了厨房里的水，但这还不够。他的母亲又从井中提水上来，可这仍然不够。蹇冲出门外，直接喝起溪水。等到母亲再次见到他时，发现他整个身子几乎已被鳞片完全覆盖——他变成了一条蛟。他的身子碰到哪里，哪里就变成一个潭。他回头又望了一眼被飞沙走石包围的母亲，便直直地一头扎进大江之中。之后不久，蛟龙修炼成精，可以幻化为任意形态。它自称“南江之首”，所有动物与河流皆听其号令。稍有不顺，它便张开利齿，吞食人肉。每年春秋两季，它要求民众献上祭品，还抓去少妇处子与自己做伴。若要求得不到满足，它就掀起滔天巨浪以冲毁良田屋舍，传播疫情疾病令人畜尸骨累累。无奈之下，人们为其建起一座神庙，每家每户轮流献祭。一对对夫妻被迫生离死别，其悲愤哀叹之声四起。在恶蛟的淫威之下，受其侮辱玷污的男女不计其数。

秦始皇三十六年（前 211 年），蜀地太守将因蛟龙作恶而引起的洪水泛滥上达天听。始皇发文招天下能人治理。一巴东人士举荐了李冰。他说：“同乡李冰钻研道教，精通先祖传下的各项技法。他善于治水，加之胆识过人。其儿子二郎承深厚家学，雄才大略无出其右者。若使李冰治蜀，其子辅之，则父子二人相互帮助，必能降服恶蛟，平息水患。”始皇听此，遂委任李冰为蜀郡太守。李冰一到任上，便派二郎仔细调查郡内所有水系情况。

接下来我们将关注河流的总体情况、各江河及其支流具体情况以及相应的治水方案。在具体实施过程中，为了确保治理效果、增加耕田产量，人们做出了巨大的牺牲。在众多水利设施中，贡献最为突出的当属将岷江隔成内外江的分流工程以及建于导灌（Táokuan）附近的巨大堤坝。通过这两处工程，人们成功地遏制住江水的汹涌势头。

恶蛟就栖身在灌，只有先斩除蛟龙，人们才能开始工程建设。李冰召集了包括当地三个最古老部落在内的所有民众，一一询问他们的诉求与担心。所有人声泪俱下，控诉江中恶蛟的暴虐凶残。李冰希望了解更多情况，大家告诉他，献祭那一日，蛟龙现身神庙。当时风平浪静，所有人都喜气洋洋。突然间，一阵狂风袭来，飞沙走石，人根本睁不开眼。等到风沙平息，恶蛟消失不见，在场的少妇处子也被它一并掳走。在场之人无论老幼，无论贫富，皆诉说着自己的悲惨遭遇。他们表示，他们愿意参与建造堤坝，但眼下更重要的是，献祭的日子又快到了，在这一日，妇女们又要被恶蛟掳去。李冰安慰他们，让他们不要担心，自己会让恶兽关上欲望大门，大家不会因此再担惊受怕。人们对此惊讶不已，不明白他的意思。

李冰派遣几百名士兵，携带弓箭盾矛，埋伏于大江两岸。鉴于恶蛟之前每年都会掳走两名年轻妇女当自己的妻子这一情况，李冰就装扮成女子模样，假装献身于随后不久便出现的蛟龙。一人一蛟一同来到神庙之中，身着伪装的李冰频频向蛟劝酒，把它灌醉，之后便义正辞严地历数对方罪行。蛟慌乱逃跑。李冰手持长矛，在后面紧追不舍，其子二郎也在一旁相助。可是恶蛟会七十二般变化，它幻化成一阵狂风，腾空而起，瞬间巨浪滔天，江流咆哮，天昏地暗，浓雾笼罩。江面上展开一场恶斗。人们听见兵戈哐啷作响，仿佛有千人参与作战。及至浓雾散尽，人们看见岸边两头牛正相互角力，那正是恶蛟与李冰。李冰大汗淋漓地折返回来，对众人说道："我现在筋疲力尽，没办法一个人同恶蛟厮杀到底，你们得助我一臂之力。待会打斗的时候我会面朝南方，缠白色腰带，你们要时刻注意着把我俩区分开来。"如此一来，他的手下一拥而上，用乱棍打另一头面朝北方的牛。终于，恶蛟被打回龙形，被二郎用一条铁链锁于山体凿口旁伏龙观附近的河床中。

所有人欢欣鼓舞，着手开始建造大坝。等到李冰成功凿穿山体、分流大江时，又在河床中放下五尊石牛，以镇压水怪。在文献中，有些地方记载的并非"石牛"而是"石犀"，成都府下辖的华阳县内即建有一座"石犀庙"。二郎则制出三尊石人像，据说同样用来震慑河妖。此外，人们还依照北斗七星图建起七座桥梁，并在成都西北的新繁县内立起一块石碑，上书"浅毋至足　深毋至肩"八字，以此同江神定下誓约。石碑后被损毁，唐代复立，现已不复存在。不过，相比这一句碑刻铭文，另有六字可谓著名至极，即"深淘滩，低作堰"。

李冰还考虑到江河下游河道过于狭窄，因此发生洪水的可能性极高。所以他命人在下游开挖众多支流，使水体连成一张网络。如此一来，三十六处村镇都获得活水来源。当时，在李冰的推动下，人们还开挖了数不清的盐井（今日的四川之所以如此富庶且声名远播，原因便在这盐井。据说早在公元前 3 世纪，盐井便已存在，这着实有意思）。李冰做出如此巨大的贡献，其主持的各项工程均取得圆满成功。

在上文提及的地方，治水工程的展开尤其困难，因为那里盘踞着那条被镇伏了的恶蛟的亲朋好友，它们同李冰对抗到底。不过，李冰最终将这些水怪斩杀干净，给当地带去永久太平。即使在去世之后，李冰的神力依旧存于世间，二郎继承了父亲的力量，此外他还找到了一名强有力的帮手。他令人在堤坝建造时灌入水，有几处堤坝则被其以某种混凝土制成。人们在灌县附近建起一座祠堂，以纪念逝世于任上的李冰。二郎死后也被迎进该祠堂中。后世的帝王们追封父子二人"王"的爵位，其配偶、亲属也获封高位。李冰夫人被封为"普思彰顺妙光广福皇后"，二郎长兄被封为"翊善济美通利侯"，二郎妻子被封为"福昌慈惠夫人"[1]。二郎的儿子、儿媳和若干亲属也享有封号。

秦始皇五年，这里又发生了一场大规模的洪灾。这一次，李冰化身为一条神龙，系着白色腰带，同恶灵展开搏斗，江水由此往东北方向消退，百姓因此并未蒙受大的损失。另有一年夏天，灌县境内的大堤溃坝，危急时分，人们听到上千人的呐喊声，天地间卷起一阵强风劲雨，云团间闪现明亮如蜡烛般的圣火。到了第二天，人们发现堤坝各段坚固如旧，而李冰庙中的旗帜却都已湿透。宋高宗在位期间（1127—1162），一位将军率军在北方作战，他来到李冰庙中，希望求得祠堂主人的建议与帮助。庙中的李冰与文昌均对他伸出了援手（此处李冰形象相当于关帝）。另有一次，预言家算出将有暴乱发生，李冰同文昌二人因此写信给天帝，祈求消弭灾祸，暴乱最终没有出现。康熙四十七年（1708），又一场大洪水袭来，千钧一发之际，天上掉下石头与木块，江水由此改道，人民躲过一劫。雍正六年

1　又有一说，李冰夫人实为"彰淑慈懿广福皇后"，二郎长兄为"昭灵广福孚佑顺烈王"，二郎妻子为"普思彰顺妙光广福皇后"。——译注

（1728）夏，江河干涸，稻田龟裂，当地知府来到庙中求雨。仪式完毕，知府刚走进家门，天空便降下丰沛雨水。相似的情况在五年后（1733）再度发生，旱灾导致耕地歉收，眼看着一场大饥荒就要暴发，总督斋戒三日，夜晚宿于二郎庙中，随即天降甘霖，主殿前方的木雕神龙腾空而起，召唤来雨神。第二天早晨，只见木龙身上满是沙泥（中国人求雨时，要在木制雕龙身上抹上沙子与黏土，这一习俗便是由此而来）。还有一日，台阶下裂开一道小缝，几天后缝隙变大，状如游蛇，同河连接，引起一处溃坝。这一次，又是李冰与庙中圣仙出手相救，才避免了灾难发生。

以上这些故事只是《川主全传》中的一处节选，此外还涉及另两本内容中关于灌县水系及游记的书籍。神话传说的创造手法在这段叙述中显现无疑，其叙事以几乎完全拟人化方式讲述，大部分均有确切记载的真实发生的自然事件。诸如厮杀的斗牛或者邪恶巨龙这类形象一旦被创造出来，人们便发挥不羁的想象，赋予它们多彩的角色内容。不过，带有强烈想象色彩的拟人化叙事话锋一转，又很快出现同真实历史事件的契合点。这一将故事转化为具体化观感的能力，是构想并塑造神祇形象及祠堂神庙的前提条件。

神话想象反过来又会对现实发生作用。人们真的打造出具有象征意义的各式兽像，将它们视为对抗江河威胁的武器。下文介绍两座祠堂时便会出现一些这样的兽像，祠堂铭文对此也有涉及（参见附图 12），鉴于这一情况，此处先从裴焕章所作报道中摘引若干相关具体描述，以便读者对这种凿制兽像情况有一定了解（参见图 110）。

1280 年，人们把一尊重达 33 吨的铁制乌龟放入江中，并将具用链条锁在一根铁柱上。明嘉靖时期（1522—1566），人们又浇铸出两尊重三十五吨的铁牛。每头牛有十条腿，它们类似人形，头颅上扬，牛尾一直触及河床。此外，江中还插入一块铁碑，上部露出水面，形似牛首。自嘉靖之后，明朝民众仍多有将铸铁兽像等镇于江中的记载。人们将巨大的铁架子同众多石块连在一起，有的可达四米之长。他们还建起三十根铁柱，每根高度超过三米，总重达十五吨。人们之所以选取铁作为原材料，当然主要是出于技术原因，但同时也包含着象征意义。他们希望能用自己所掌握的最坚硬的建筑材料，来同强大的江河相抗衡。回顾欧洲人的历史也会发现，我们的先辈当年同样一再以锁链去降服海洋。除了铁之外，明朝仍使用古老的竹笼及竹笼条，里面装满石子。就使用及保存状况而言，它们优于单纯的石块及铁块。

6 伏龙观

紧挨着山体凿口的岩石上矗立着一座祠堂，传说中李冰便是在这附近以铁链锁住作恶多端的蛟龙的。我们可以借助图 91 对此作进一步了解。两个侧门后面是横置的前院，这种布局是中国传统祠堂、尤其是文庙的典型特征，二郎主庙中也是这样。围墙位于建筑中轴线上，同时充当影壁功用。正对着影壁设有一处以砖块砌成的独立小型祭坛，后面是面阔三间的巨大中式门楼（参见图 94）。建筑正中上部呈开放式宝塔样式，塔顶线条飞扬飘逸，脊线上带大量雕饰，塔内供奉着灵官。这种敞开式塔楼设计是正宗的四川建筑特征，塔内有时也供奉主管文运的文昌或是魁星。紧挨着门楼背面有一个开放式戏台，前方是一个宽敞院落（参见图 93），院子两侧立着两排高大的树木，其余大部分用来种菜。院子最后端有一处精心打磨而成的细方石砌成的露天台阶，气派的阶梯通往主殿面前的宽阔月台。

月台围栏由开着十字凹槽的砖块砌成（参见图 92），台阶旁及角落的四根望柱被雕凿成独具一格的高大立柱及墩柱造型，顶部带有风格统一的动物雕像。除了常见的狮子外，还有两尊石象。大象作为一种意象，频繁出现于中国西部的建筑中，这是中国其他地方所不能比的。而正是在四川，它具有一个明确的特殊含义——指代四川峨眉山上普贤菩萨坐下的那头圣象。笔直挺立的立柱及墩柱充当雕像基座，上面也雕凿有兽像，其不同寻常的样式或许与治水传说及历史有关。无论是在充满想象色彩的神话传说还是真实历史中，柱石都作为一个不可缺少的元素，在描述人们同江河以及水龙搏斗的情节中被反复提及。紧挨着祠堂有个大坝，它起自崖脚，作为屏障一路向北爬升，并借助山体凿口，排出岷江南侧第一条支流的多余水量。大坝旁边有两尊兽像，而且据说以前可不止这两尊（参见附图 12-1、附图 12-2）。其中一尊为卧牛铜像，长 1.3 米，下带样式简洁的基座。另一尊为石头材质，外形似牛，但又非牛，蹲坐于一石制立柱之上，高度达 4.5 米。这两种动物象征着驾驭江河的力量，这一点在传说中被反复提及。

月台后方矗立着两层高的主殿，即大殿（参见图 93）。建筑正面的斗拱及水平饰带上雕刻着大量图案，黑色的花板带着金色纹饰，脊线及檐口线金光闪闪，整个建筑美轮美奂，优雅动人。屋面凸起装饰、中楣及正脊样式华丽，别具一格，缤纷的彩绘在阳光下耀眼夺目。殿内的主坛样式简洁（参见图 95），轮廓线条刚健有力，具体细节表现并不突兀醒目，但均细致用心。四川境内的神坛几乎都是这番模样。神坛上供奉着李冰坐像，他身穿华丽外袍，面带长髯，头戴一顶古代式样的王冠，冠上装饰有珍珠旒，左手持一卷收起的卷轴。在这第一座主殿的背后有一段通往后院的小型露天台阶，后院三面围建着数栋样式简洁的两层楼房。东面是客房，其上层梁架与斗拱大幅向外突出，将一楼笼罩在自己的遮蔽之下。二楼带开放式回廊，护栏上雕刻着纹饰，此外还有多个储藏间。院子北面坐落着第二座主殿，它也是整个伏龙观最北端的建筑，殿内供奉着完成治水伟业的古代帝王禹。根据祠堂布局，李冰在这里被视为大禹的后世再现，其身上被投射了这位远古帝王的伟大光辉。在神话传说中，这两人同样关系密切。在祠堂庙宇中，人们于北端供奉上一个年代久远、流传甚广

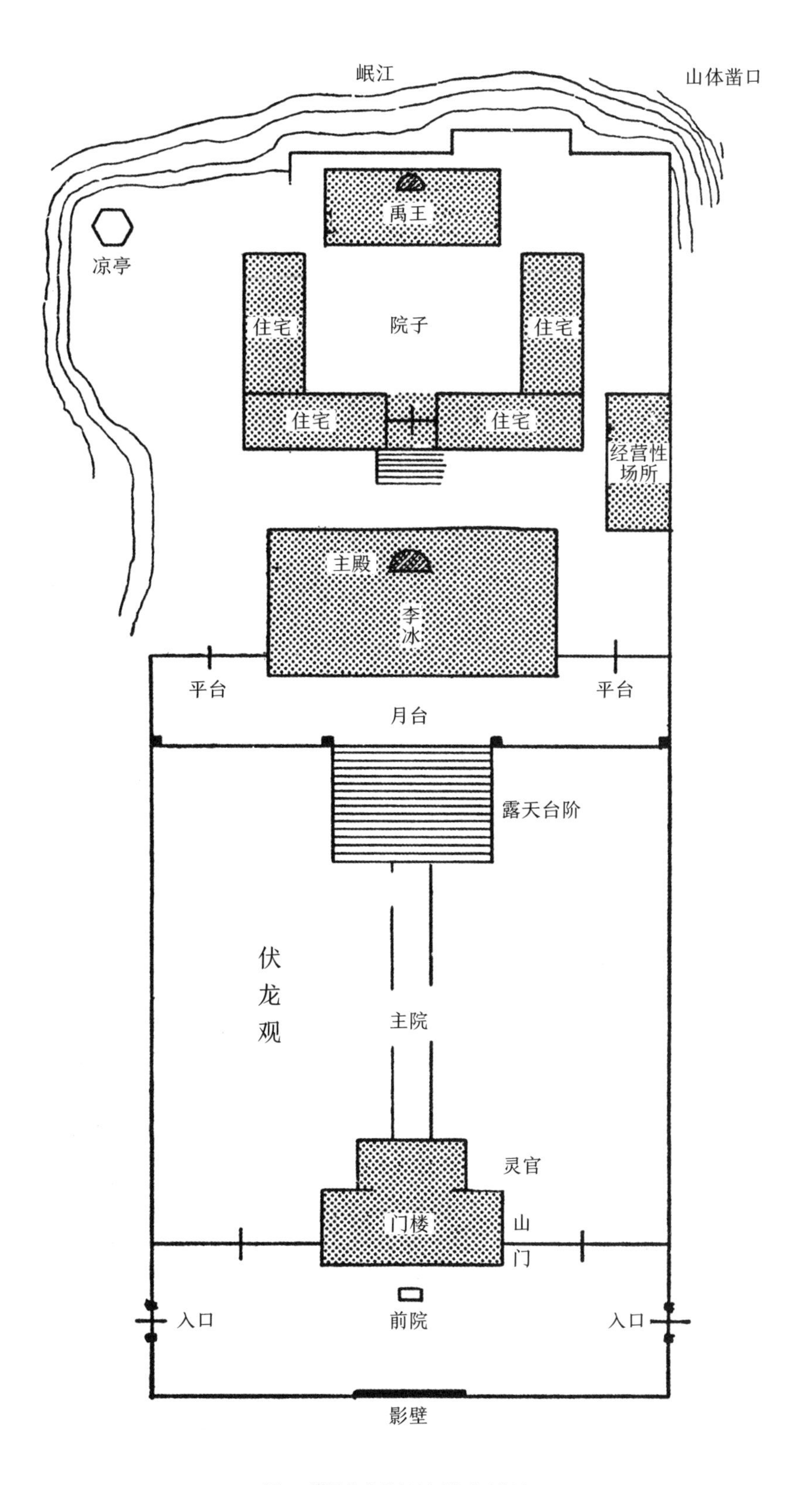

图 91. 灌县伏龙观李冰祠堂平面草图

图 92. 伏龙观主殿前方月台护栏望柱顶部的狮子及大象（结合图 93）

的人物形象，相应的南端则是后世的某位特定人物，两者由此产生密切联系，这种形式我们已接触过多次。祠堂西北角的峥嵘崖石上立有一座小巧的开放式六角凉亭，站在亭中放眼远眺，江河纵横的壮阔景象尽收眼底。第二座主殿背面还凿有若干神龛，从神龛旁的月台上俯瞰，底下便是飞花碎玉的流水飞溅之景。树木环拥着陡峭的山崖，撒下片片浓荫，同时也给人们的远眺视线蒙上一层面纱。从中国人的审美角度而言，这种朦胧感实为艺术之必要。祠堂选址壮美非凡，但建筑本身并不十分突出，不过大殿当属例外。祠堂处处彰显着质朴风格，只是偶尔出现一些细节或线条轮廓上的亮点，从而为整体注入几分灵动飞扬的气息。可大殿的雕梁画栋，却极尽繁复铺陈之美，这种截然相反的艺术风格让其在整体建筑中几乎称得上是一个另类。同样让人眼前一亮的还有门前的几处精心凿刻的露天石阶（参见附图 12-3、附图 12-4），工匠们在四方台阶的角上以底部斜切技艺雕凿出栩栩如生的蝙蝠图案，其翅膀尖端同石块平面的水平线条相连，一直延展至台阶正面。

以下是伏龙观众多铭文中的两副对联，一为：

一粒粟中藏世界

数重花外见楼台

一为：

直与峨眉争秀色

要从灌口觅源头

图 93. 带露天台阶的主院及供奉着李冰的二层主殿

图 94. 带塔楼的山门，塔中供奉着灵官

图 95. 灌县伏龙观李冰神坛

7　二郎庙

建筑概述

纪念李冰儿子二郎的二郎庙坐落于江河左岩的一处山坡上，是中国最精美的二郎祠堂之一。通往二郎庙的道路穿过城市西角旁的大门（参见图 90）。这一部分未经开发的区域位于高耸的山崖上，其下方便是那意义非凡的山体凿口。山崖上有一小片平地，上面孤零零地立着几个石墩，或许这里曾经有一座亭子，但现在只留下如此残骸。这块平地得名“斗鸡台”，其他城市也有类似地点以此冠名，但是我并不知道这背后的原因。斗鸡是深受中国人喜欢的一项活动，不过我猜测这里的命名应该与某个文学典故或历史事件有关。从城门出来的路，沿着一处落差极大的山间盆地画出一道半弧，通往一处名为“玉垒关”的山崖。在这个外突的圆形山头上矗立着一座门厅，人们从这里可以将周围的壮阔风景尽收眼底（参见附图 11-2）。顺着江流向上望去，一道竹制吊桥横跨于从岷江分出的两条江和江间小岛上。在巍巍群山之中，西北处的群山轮廓显得灵动有趣。山脚处，岷江水从上方飞流而下，咆哮着通过几段几乎同水面齐平的堤坝，经过江中小岛，继续向前奔腾。极目远眺，壮丽的自然风光向远处延展，直至地平线尽头那座葱茏的青城山。朝西北方向望去，吊桥前方东侧山坡的茂密小树林中探出一片片祠堂屋顶，这便是二郎庙。道路从此刻起沿着险峻的江岸而上，沿途坐落着一些外形精美的道观，其中一座为禹王庙。我们还看到几个设在路边或崖间的神坛、几个贩售杂货的小铺子以及一众供香客落脚的小舍与客栈。每年 6 月是香火最为旺盛的季节，信众们蜂拥至此，极为热闹。终于，我们到达二郎庙主入口前方的广阔广场（参见附图 13）。

就如祠堂名字面上的意思一样，二郎庙是为缅怀李冰儿子二郎而建。不过，因为庙中除了二郎之外还供奉着其父李冰，且这两位被后世追封为“王”的英雄几乎总是作为一个整体出现，所以祠堂又名“二王庙”，简称“王庙”。“二王”亦可单独指代二郎一人，意为“第二位王”。从普遍意义上讲，这座祠堂也可被归为上文已提及的“川主庙”，此类庙宇遍布四川境内。

祠堂宏伟的主殿中端坐着主神二郎（参见附图 32），紧挨着主殿的后殿供奉着二郎的双亲。沿着轴线继续向后，是一处凌驾于整个建筑上的向外突出的圆顶山峰。山顶之上设有一座神坛，供奉着老君，道教众神伴其左右。在此地险峻的地形下，通过祠堂的建筑布局，传达出如此明确的“天人一体、层级递进”的思想，实属不易。我们借助照片、尤其是中文地图可以清楚地看到（参见图 90），祠堂就依着大江建造在一处巍峨的山脊上，整个建筑取势极为陡峭，从前部月台至主殿背面的上下落差便达 29.2 米。而地理位置醒目、作为整体建筑终端的老君殿，比主殿更高（参见附图 17）。将规模宏大的祠堂建造于如此崎岖的山地上，同时还要注意院落门楼依照轴线依次布局，以确保呈现恢宏格局，这需要极高的艺术造诣。我们必须承认，中国人以大师级水准完成了这项工程。

为了在如此困难的地形下布局出一个气势恢宏的中式建筑群组，人们想出了一个办法。两个前院的轴线从多处被截断，拐点间建造起各式入口门厅与过道门厅。如此一来，前部建筑与前院从平面图上看距离很远，但实际上却通过很长的道路相互分开。祠堂内的露天阶梯由细方石精细打磨而成，它们构成了一个具有艺术美感的体系，连接起各个因自然条件所限而比通常建筑小很多的房屋与庭院。虽占地有限，但二郎庙前院仍保留了两侧入口这一古老的中式祠堂特征，且 1 号前院及 1 号入口门厅的轴线同朝山脚奔流的岷江前进方向以一纵一横的姿态相交。若空间许可，主建筑两侧还会设立偏殿，地位并不突出的前月台上便有两座偏庙，9 号灵官亭的前方月台两侧同样坐落有两处建筑，其中一座为小神堂，对面是一个开放式花坛。虽然两者并非严格对称，但也一左一右以平衡姿态包围住这方月台。花坛外侧砌着一段影壁，它一方面抵御住外界的邪灵鬼祟，同时也消除了正对面 14 号偏殿的高大山墙对 8 号小祠堂产生的视觉审美干扰（参见附图 14）。主殿与其前方的宽敞门厅之间是完全封闭的 1 号主院，院中与门厅相背建有一座戏台，戏台两侧分别有钟楼、鼓楼各一，三座建筑连成一体。其实这一布局就已经在用一种震撼的方式提醒着我们，此刻我们正处于中心轴上，而我直至看到祠堂平面图纸，才发觉这一建筑主轴线的存在。图纸还清晰地呈现出，整个建筑被划分成三部分，这一三体合一的设计契合中式建筑恢弘庄严的理念。中心区域的东侧为一组相互连接的建筑，客房及其他祠堂附属设施均坐落其间，最东端是一座一半建于崖石上的小型配殿。平行对应的西侧则为占地面积巨大、由多个庭院组成的偏殿。这片区域的正中大殿前方为带戏台及回廊的 2 号主院，殿后沿途修有四段阶梯，各月台层级递增，通往一座开放式偏殿小神堂。由此神堂向上行稍许路程，人们便可抵达整个祠堂的至高点老君殿，而此时人们又回到了那条贯穿祠堂的巨大的中心轴线上。该轴线并未采用常见的南北走向，而是依着山势，沿东西方向展开。

整个二郎庙以供奉老君的这座至高建筑作为基准点展开，类似的建筑指导思想同样明确地体现在上一章庙台子的规划布局中。人们认为，张良所具有的宗教神力来源于山神赤松子，张良祠堂因此围绕着那座遗世独立的小山丘而建。同样的，此处这个凌空而起的山头被认为孕育了神圣的原始力量，老君及一众道教神祇是这一力量的代表，二郎便是脱胎于此神力。二郎庙各建筑就是在这种鲜明且深入的思想指导下被建造起来。若细观各建筑，我们会发现，无论是从宗教角度还是从艺术角度，祠堂架构均体现出一种由简至尊的强烈升华趋势。这种递进流畅和谐，直至到了老君殿，整个祠堂所表现出的感染力达到巅峰，构建出一种饱满的内部精神力量，或者也可以说，建筑布局重回本源之地。

具体建筑描述

进入祠堂山门的道路两侧开满了小商铺，铺子尽头有一座过道门楼，后面为前广场。广场右侧是 1 号小型祠堂，以纪念造福该地的众位高官。右侧的 2 号祠堂更为精美，它自成一体，带一个前院，供奉着总督丁宝桢。丁公曾在湖南同太平军英勇作战，后任山东巡抚，治理黄河，造福当地，之后又转任四川总督，治理成都平原灌溉问题，政绩斐然。

图 96. 二郎庙 1 号前院西山门局部（附图 32-4 及图 105）

1886 年，丁公逝世。由前文可知，庙台子中授书楼中同样供奉着他的神位。前广场上西侧有一小门，通往宽阔的主路，道路沿着险峻的江岸向前延伸。第一处巨大的露天台阶将人引至 3 号东山门，与其相对的 1 号前院另一处则开有 4 号西山门（参见图 96）。这两座山门皆为三重屋顶并矩形门洞设计（参见附图 13）。由东门[1]向内望去，可见院子围墙以阶梯状墙垛逐渐升高。墙垛后面高耸茂密的树冠掩映中跃出几片灵动飞扬的屋顶，那是第一座大门的屋顶。西门旁的院子月台上放着众多栽种着鲜花的石制花盆，一道带铭文碑牌的后墙矗立在正中，充当影壁（参见图 105）。这种影壁小巧轻盈、外形优美，反复出现在二郎庙的众多地方。至于碑牌上的铭文此处不作深入展开，我会选取一些在下文以整体形式再现给读者。第一座主门对面砌着 5 号围墙，它将 1 号前院与外部道路隔离开来。这面墙样式功能多样，其位于另一条轴线上的中段原本充当影壁使用，现在此处建起了一座小神堂，堂内栅栏围挡之后立有几块铭文石碑。其西段同样为神堂式样，取名“疏江亭”。

露天阶梯沿着险峻山势向上，其中一处月台上挺立着高大的 6 号门，人称“镇山门”，它堪称一件建筑杰作（参见图 97）。从外侧看，镇山门中央分为三层，底层为过道，上面是同山门内侧戏台相连的二层，最顶上是一个小神堂设计。镇山门侧翼从外侧看则为两层，底层放置有两尊巨大显眼的传统中国护门神像，分别是大名鼎鼎的青龙与白虎。两位守护

1　为了行文简洁，此处仍采用“东”“西”的表达方式，假定祠堂主轴仍在南北方向。这种表达也符合中国人的习惯。请参考图 32。

图 97. 灌县二郎庙镇山门

者被塑造为端坐的武士形象，他们手持武器，身着华丽的镀金铠甲。其背后的后墙东侧画着一条青色蛟龙，西侧则为一头白色猛虎。镇山门前方月台的侧边及正面两个角上环绕着美丽的矮墙，墙体由未经打磨的天然石块、泥浆、架框以及碎瓷片组成（参见图 105）。月台侧面同样建有小型神堂，堂内后墙上嵌有铭文碑牌，碑前有栅栏防护。山门侧翼二层通过长廊，同山门正中的戏台相连。山门中央部分的夹层中供奉着寿星，只见他坐于一头麋鹿之上，双手捧着八边形太极八卦图，旁边还立着一名童子。此门楼气势磅礴、庄严恢宏，细节雅致精细，处处流露着艺术的璀璨光芒。放眼世间，此类建筑确实无出其右者。其内侧的戏台还只是祠堂内的一处副戏台，两处主戏台分别位于 1 号、2 号主院中。通往灌澜亭前方月台的台阶旁有供民众看戏的石制平台，每逢开戏锣鼓一响，各色人等便聚集在这露天平台及石阶上，聚精会神地欣赏着台上精彩纷呈的剧目表演，每年 6 月尤其如此，这一情景想必有趣至极。戏台上雕凿有精美装饰，它们前不久才被人们用深棕、粉红、金色及白色漆绘上美丽的色彩，整体极为亮眼（参见图 98），美轮美奂。雅致精美的彩绘雕刻光彩夺目，堪称中国建筑的又一杰作。

月台另一侧与戏台相对应的位置是 7 号“灌澜亭”（参见图 99）。该亭面阔三间，中间部分为二层设计，底楼供奉有灵官塑像，二楼供奉着天官、地官、水官（参见图 100）。这四位神祇形象在庙台子一章中已有深入介绍。此处的灵官像高约三十五厘米，他立于一块精美的镂空岩石上，下方还带着一个莲花宝座。在岩石的镂空处还有众多其他神祇，其中有几位女仙以及骑于仙鹤背上的寿星。灵官两侧分立有一名小仙童，一人手持葫芦，另一人拿着花瓶。

图 98. 二郎庙镇山门内侧戏台局部

图 99. 二郎庙阶梯月台上的灌澜亭

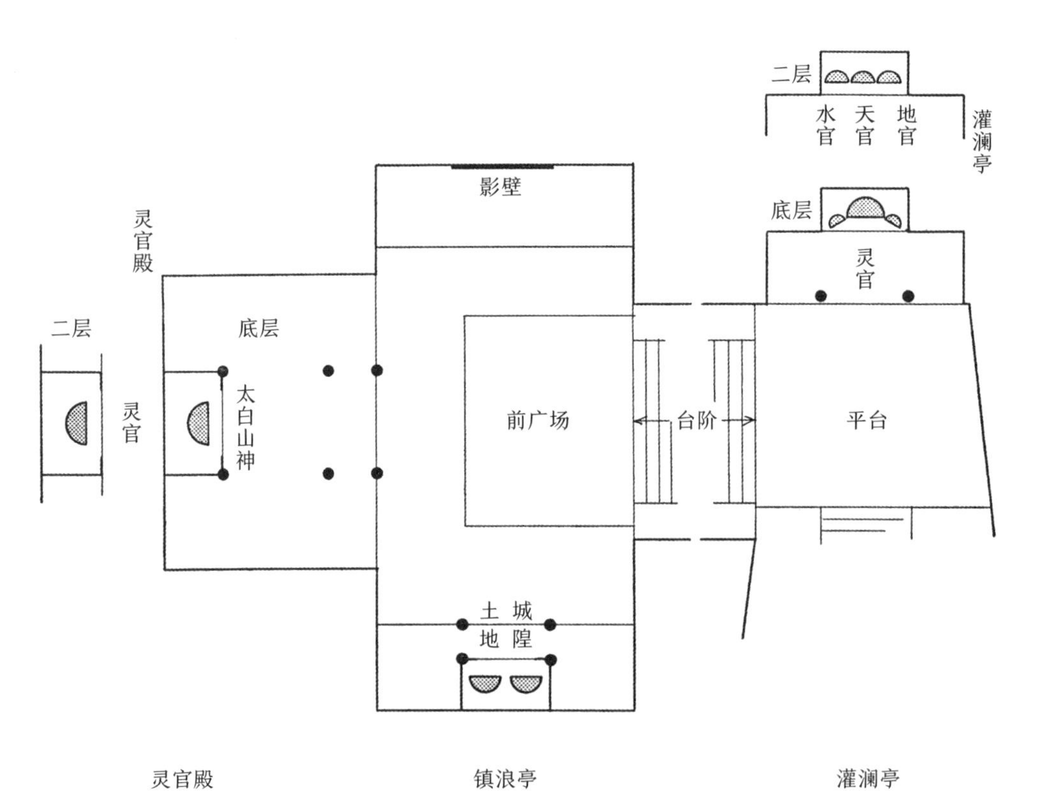

图 100. 二郎庙阶梯平台及前广场上的神像布局图（参见附图 32-9、附图 32-8、附图 32-7）

原本的轴线到此再一次中断。两旁平滑的围墙间有一道雄伟的露天台阶，围墙顶端呈起伏的波浪造型，台阶则向上通往另一处小型前广场（参见图 101）。平台新轴线末端是 9 号过道门楼，建筑高两层，底层两边有开放式侧门，中间部分则根据层高被分为上下两个神龛。下部神龛中供奉着太白山山神坐像。在庙台子章节中，我们已了解了作为秦岭一部分的太白山脉，而这个神祇形象在四川地区也受到极高的推崇。上部神龛中供奉着灵官坐像，全身涂满华丽金粉，摆出一副栩栩如生的战斗姿势。这座建筑也因此被称为灵官殿。

图 101. 二郎庙露天台阶及灵官殿（参见附图 32-9 及图 100、图 102）

图 102. 二郎庙内带灵官殿的 2 号前院及通往大山门的上行台阶（参见附图 32-11、附图 32-9）

前广场左侧的 8 号小神堂内设有一个双神坛，供奉着城隍并土地。同其他地方一样，一般人自然认为是城隍主管着灌县这个城市，但道士们认为，这里的城隍其实为青城山之神。青城山耸立于灌县西南，因形状奇特且植被茂盛而著名，专门代表青城山的山神被道士们奉为一城之主，即城隍。青城山内藏着数不清的洞穴石窟，十大“天师洞”中的第五洞便位于此山。根据传说，当年张天师曾居住于此。这个第五洞天福地被修建成一座大型道观，二郎庙便是该道观的附院。这或许就能解释，为何庙中神堂内除土地外还一道供奉着“城隍”这一青城山之主。当时我并未记下该小神堂的中文名称，仅知道它被唤作“Jen lan ting”。人们告诉我，这个名称意为“镇伏波浪之神堂”，故其或许叫“镇浪亭”。隔着前广场同 8 号建筑相对应的另一边有一处小巧玲珑的石台，上带铭文碑牌、石栏、洞窟状山石、花盆及一道作为背景的精美影壁（参见附图 14）。影壁右上角内凹区域雕凿有立体云纹，象征九重云霄。这片石台好似一个神坛，但实际被当作对面双坛神堂的影壁。后方 1 号主院侧殿的一众木板隔墙、桁架墙以及屋顶纷纷跃出 8 号神堂所在的可爱建筑群上，出现在人们视野之中，左侧甚至还能望见钟楼塔顶的飞扬轮廓。前文介绍二郎庙整体概况时我们已有提及，1 号主院侧殿的高大山墙正好闯入建筑群所组成画面的右上位置，这实际上是此处建造影壁及花坛的真正原因。

穿过 9 号门，经过一道小排水渠与几步台阶，到达 2 号前院（参见图 104）。院子另一侧是简易的 10 号走廊，一条和缓的斜坡路自江畔的主路分叉出来，一直向上直至与这个走廊连通。这个小型过道门洞并未修建得高大雄伟，其形制明显体现出作为偏门的规格特征，这便烘托出此刻我们脚下的露天阶梯所具有的主轴线地位。与此地不同的是，一号前院中的 3、4 号侧门完全对称。2 号前院并不独立构成祠堂内部的又一体系，它事实上仍属于之前区域的延伸。其南侧只修起了一面必要的普通围墙，却没有特殊的影壁，这一情况也能印证前句观点。不过，其北侧倒是矗立着一座在整座祠堂中地位最为突出的门楼。

11 号大山门是二郎庙的主入口大门，山门旁两段宏伟的露天台阶笔直向上，连接起三处由天然细方石精心垒砌而成的月台。月台侧面都建有护墙，墙体上部呈阶梯状设计，墙头均修成小巧的鞍形式样（参见图 102、图 103、图 104）。第二处月台上摆放着两尊带基座的狮子蹲坐雕像，以此突出了此处的主入口地位。最高处月台上挺立着一座二层门楼，第二段台阶便一直延伸进其底楼，该层外侧看起来的高度远远大于

图 103. 二郎庙大山门前方的第二处月台一角（参见附图 32-11）

图 104. 大山门 2 号前院的偏门、露天台阶、狮子及门楼（参见附图 33-10、附图 33-11）

图 105. 镇山门 1 号前院（参见附图 32-4、附图 32-6）

图 106. 二郎庙 1 号主院（参见附图 32-11、附图 32-13、附图 32-15）

实际的内部高度。门楼外台阶旁的两侧被栅栏围起，各立有一匹骏马及一名仆从雕像，这是身居高位的官员及立下卓著功勋的英雄荣誉的象征。雕像旁还分别建有一个较小的神龛，里面各放置有一块铭文石碑。

面朝宽敞的 1 号主院的大山门内侧被修建成上带屋檐的戏台（参见图 106），其下方连接有台阶。戏台下方（即大山门内侧）底层高度极低，刚刚够人直立通过而不碰着头顶上的木架。在与戏台台面齐高的位置修建有一道围廊，它朝两侧延伸，连接起紧挨着门楼而建的钟楼与鼓楼。双塔均为六边形四层设计，东侧为 12 号钟楼，西侧为 13 号鼓楼。由此，三座建筑构成一个独立完整的组群统一体。这种建筑特征在中国其他地方非常罕见，在四川却屡见不鲜。此外，这个建筑体还同对面宏伟的主殿并两侧塔楼遥相呼应，只不过对面的三座建筑并未相互连接（参见附图 15、附图 16）。钟鼓楼下部为封闭式样，门窗极具艺术价值，上部则为敞开式设计。各层塔顶线条飞扬，垂脊末端向上高高翘起，最顶端缀有一颗浑圆宝珠，塔楼整体结构因此显得鲜明生动。

1 号主院的左右两侧各有一栋两层建筑，供居住及贮存使用。建筑底层正中为两个相对而设的开放式小神堂，其中东厢内供奉着六曹官的六尊化身坐像。据说，他扮演着类似天帝秘书的角色，每日接收关于凡间人们的所作所为及供奉、祷告。西厢小神堂内端坐着七宝神，他是李冰父子的得力助手。院子正中两方大石坛中种着两棵被精心修剪成圆形的树木，印象中应是侧柏。角落两尊龟像背上各自驮着一块石碑，其面前是一个小型香炉。多段侧墙连接起左右建筑及中央大殿，并将整个院子完全包围。

大殿高两层（参见图 107），底层供奉着两尊二郎像。一段气势恢宏的露天台阶向上连接起建筑基座，并对基座拐角形成合围（参见图 108）。拾级而上，到达建筑最外侧宽敞的开放式前堂。台阶中轴线穿过前堂的位置有一尊铜制香炉。月台两个角上两座高塔拔地而起，直冲云霄。它们列阵两侧，越发突显出大殿这处圣地的雄伟庄严（参见附图 15、附图 16）。六角双塔边长 1.13 米，高 12 米，为香火塔。此类建筑常见于四川西部地区，人们甚至在无数当地小村庄中也能看到它们的身影。塔楼功用其实与原本几乎存在于每家每户中的香坛一致，但到了这里，人们将香坛建造成楼宇式样，并进一步发展成直指苍穹的宝塔造型，它也由此具备了实际意义上的烟囱功用。香火塔底层设有开门，通往内部香室。香烛的烟雾便是由香室腾起，从塔顶逸出，消散于空中。因为塔楼主要用于焚烧经纸经卷，故又被称为纸库或烧纸楼。同此地的大多数建筑一样，烟囱最顶端的出烟口极具艺术之美，雕凿有一只蹲坐的三脚蟾，其张开的嘴巴便是出烟口。双塔构造巧妙，结构鲜明。简单朴素的高大基座承托起两层塔身，每层的角落都立有独立柱，柱身雕凿着繁复至极的陶釉纹饰，粗壮的飞檐同样呈现缤纷装饰，花板上也装饰着众多圆形及花卉图案。秋塔垂脊大幅向上飞扬，细节处精心雕琢，建筑因此显得高大灵动，如平地惊雷，撕裂苍穹。塔楼细节处的生动装饰与构造上体现出的稳重的水平与垂直线条相得益彰，同时又与一旁大殿明快跳跃的屋顶线条相映成趣，建筑群风格统一，气势恢宏，张扬着勃勃的艺术感召力。我们从众多的图片中就能明显感受到这一点。

两列粗壮的带基座的方形石柱撑起面阔两间的大殿前堂（参见图 107），立柱间有雕

图 107. 二郎庙二层大殿，面朝 1 号主院的外立面（参见附图 32-16）

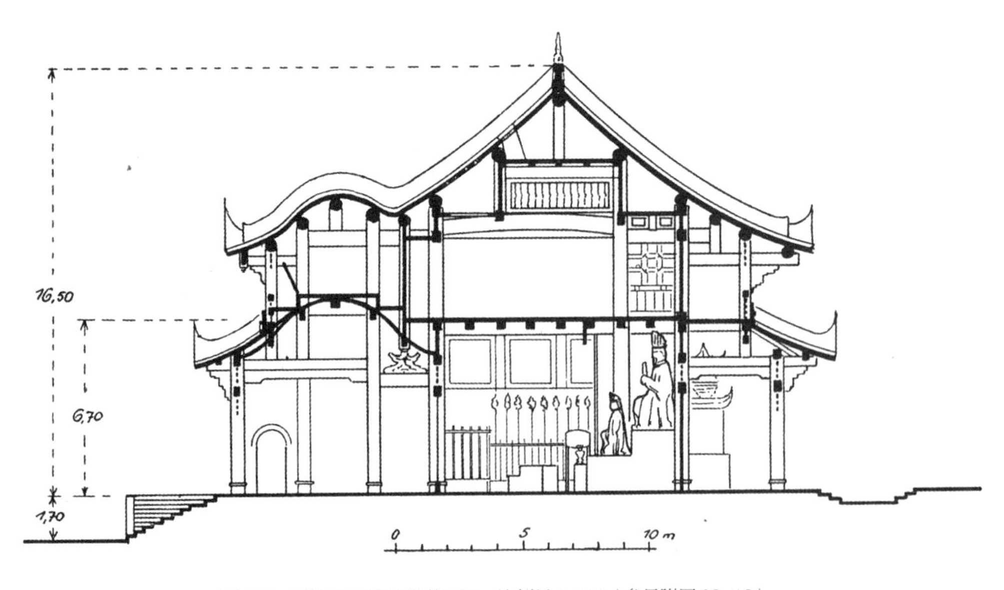

图 108. 二郎庙雄伟主殿纵截面图，比例尺 1:300（参见附图 32-16）

从左至右为老王殿屋顶、大殿屋顶
图 109. 从 21 号小神堂旁的月台望向二郎庙两座主要建筑

饰繁复的斗拱及花板，它们一方面对梁架起到支撑作用，另一方面生动地勾勒出建筑外立面的美丽边框。此处花板造型同庙台子中的相似，我们已经知道，这是形制精美的祠堂所具有的一大建筑特征。前堂中除了摆放着桌椅之外，其西面角落还有一个基座，上面蹲着一尊形似犬类的铁制兽像，可惜我并不知晓该像的功用与名称（参见图 110）。不过无论怎样，它应该同传说关系密切，体现出人们对于神话的理解。前堂顶部为弧度优美的木制拱顶式样（参见图 108）。这一建筑特征源于四川，并被四川人不断发扬光大，这片土地上经常出现它的身影，灌县当地的好几处建筑内都

图 110. 二郎庙大殿内的铁制兽像

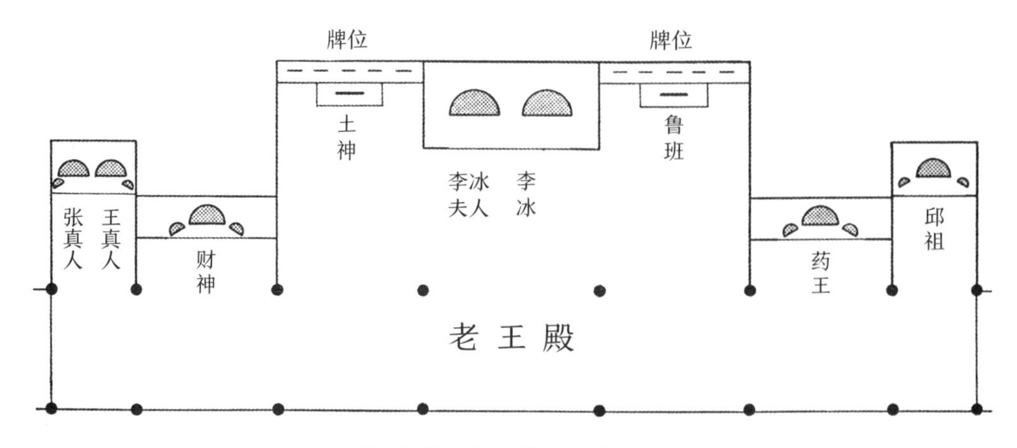

图 111. 二郎庙老王殿内的神像排布图（参见附图 32-17）

有如此顶部设计，文庙及县府衙门中亦是如此。

大殿面阔七间，其正中三间完全被神坛所占据。神坛带两级基座，供奉着两尊二郎坐像，其中上层为大型镀金像，前方的下层塑像体积较小，外穿红色丝质长袍（参见图 112）。举行游行仪式时，人们将下方的这尊红衣小型像从大殿中请出，放置于一顶轿子中。大殿的侧面为封闭的房间，内有一道楼梯通往二楼。紧挨着建筑侧墙是过道，通向后方厅堂，中轴线位置，即同二郎背靠背的神坛上供奉着吕祖。这位八仙中最家喻户晓的仙人在本卷中已被反复提起，其神像多见于大山及洞穴之中。

在登上大殿二层之前，让我们先下几级台阶，去狭长的 1 号院看一看。这个院子实际上是一处小型夹区，院子后端修有几级台阶，向上通往老王殿。该殿依着攀升的岩石山体而建，部分还建于山体之内。老王殿正面为完全开放式设计，整个建筑被分为五个小神堂，其中正中神堂占地三间，四个侧堂占地一间。中央神堂的主轴位置上供奉着二郎父母（参见图 111），即李冰及其夫人，他们孕育了这位祠堂主人。正是出于同种理由，祠堂制高点的主轴延伸位置上供奉着老君，他作为大山始祖，孕育出了天地自然。老王殿里的夫妻像两侧各设有一排神坛，摆放着众神位。这两排神坛前方还各有一个神

图 112. 二郎庙大殿内的两尊二郎像

龛，龛内供奉着大型土神及鲁班牌位，他们分别是土地之神与建筑之神。这两个形象含蓄地点出李冰与二郎的丰功伟绩。同中央神堂相连的两个侧间中分别供奉着财神与药王，他们是纯粹的道教神祇，且更偏向于概念化的抽象形象。最外侧的偏间则供奉着真实的历史人物，其中西侧为道教张真人及王真人[1]，他们想必同二郎庙有某种联系。东侧为道教宗祖丘处机，他便是赫赫有名的丘长春，我们在庙台子一章中已对其有过介绍。老王殿高两层，顶层带回廊，屋顶雄伟恢弘。

现在让我们从老王殿返回雄伟的主殿，沿着宽敞舒适的台阶走上二楼。从平面图及截面图中可知，主殿二楼外围修有一圈连贯的回廊，正中顶部为巨大雄伟的鞍形式样，侧面为单侧斜坡屋顶，正面前堂之上则为拱顶，鞍形屋顶与拱顶相互连为一体。主顶南面铺着一些玻璃瓦，光线通过天井，投射进巨大的中堂内。中堂长度几乎与整座建筑长度一致，进深方向被分成三部分（参见图 113）。不过人们只有当站在神坛一侧，借助此处的立柱，才能察觉到这种划分布局。与神坛相对的另一侧立柱撑起了坚实的弧形梁架，这让整个空间看起来成为一个宽敞的整体。此种房间结构气派华丽，但建造难度极大。不过匠人们以精湛水平构造出了这个完美无缺的艺术品，其整体风格与建筑外观相得益彰。正中神坛的主位上供奉着 1 号玉皇，其两侧分别为 2 号金童及 3 号玉女。从垂直方向上看，这组神像正好位于底层二郎像之上。由此，二郎这位祠堂主人不仅可以被理解为是北侧老王夫妇及老君的精神的孕育产物，同样还脱胎于上方苍穹神力。玉皇这一神祇在中国广受欢迎，于各地有众多自己的专属神庙，而在四川这片地区的一众道观中，我也发现许多专门供奉玉皇的小神堂，其形制规格尤显庄严神圣，且大多为独立空间。上文已有提及的二郎庙中便有类似玉皇神堂。事实上，玉皇也是道教至尊神祇之一。我费了很大一番功夫才得以登上二楼的神堂，面对我的请求，道长推托了好几次，最终才同意我进入。但登楼时，他时刻注意着不让我那两条随行犬一道进入，因为用他的话说，此地为至高无上、一尘不染的“大青”[2]之地。玉皇神坛质朴无华，前方点着一盏长明灯。两侧小神堂中供奉有四尊雕像（编号 4 至 7），他们即人称“四大丞相”的张、郭、徐、商[3]四人，但其具体历史地位恕我并不知情。屋内两侧另设两个神坛，分别供奉着 8 号

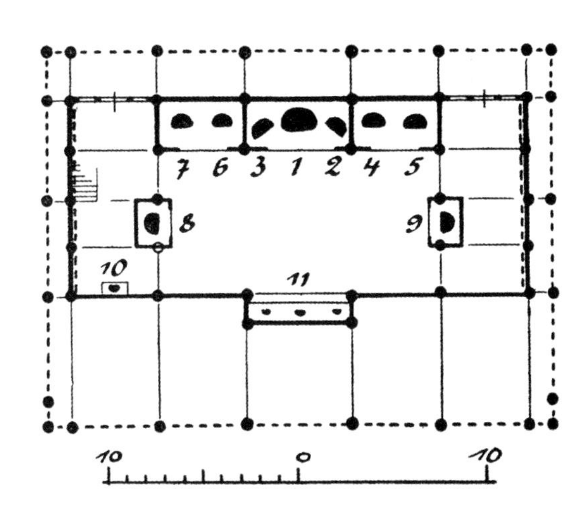

图 113. 二郎庙大殿二楼的神像排布图，比例尺 1：600

1　即张三丰与王重阳。——译注

2　原书中文字。——译注

3　张、郭、徐、商，“chang、Ko、Hü 、Shang”的音译，无法查证具体何人。——译注

瘟神以及 9 号灵官。主神坛对面摆放有桌子若干（编号 11），桌上有几尊铜制神像，此外还立有几个书柜。两侧墙面上一共挂有二十四幅画像（2×12），为道教二十四真人。在众多的神像中，最妙趣横生的当属 10 号（参见图 114）。只见他立于一张小桌上，雕像下方的石制基座线条飘逸，惹人注目。该像高四十五厘米，名“授道神”。他头戴一个极少见的冠饰，形似中国古时官帽，上身裸露，下着一件紧身裙。雕像看起来年代久远，道长也是这么认为，但我并不能根据其独特的外形与风格特征推测出它的具体铸造年代。踩着脚下摇摇晃晃的薄木地板，慢速摄影的效果并不理想。

祠堂东区由 3 号院及具备客房与后勤功能的建筑群构成。狭长的院子被分为相互间连接紧密的两部分。其中大一点的区域修建得尤其美丽，一方水池环砌有矮墙，里面栖息着乌龟，生长着水生植物。池塘一直修到大殿高大的基座围墙边上。池中各种奇石林立，靠墙甚至堆叠成一个小山，间或有无数小乌龟爬上这堆石块，在上面悠闲地晒着太阳。植物枝繁叶茂，树木生机勃勃，石坛中甚至还生长着棕榈树，铭文石刻点缀其间，还有众多精巧迷人的建筑元素，这一切让此地显得风情无限，好似一座玲珑花园。院子另一侧坐落着封闭的客房，其外立面也雕刻得非常精美。客房的两间屋子内均摆放着雕饰繁复的家具、名贵器具及各色艺术品、画像、铜器和瓷器。客房带开放式前堂，上有屋顶遮蔽，供客人户外休憩。偏房供贵宾下榻。我就在此处用了饭，受到道长及其下属的热情款待。紧挨着客房的是厨房。

祠堂另一侧同此处对称而建的是以 18 号送生堂为中心展开的建筑群。送生堂中区供奉有两组共六尊娘娘，其中后排正中为送子娘娘，两侧分别为催生娘娘及奶母娘娘。她们

图 114. 大殿二楼内的铜制雕像（参见图 113-10）

图 115. 二郎庙装饰精美的 3 号院

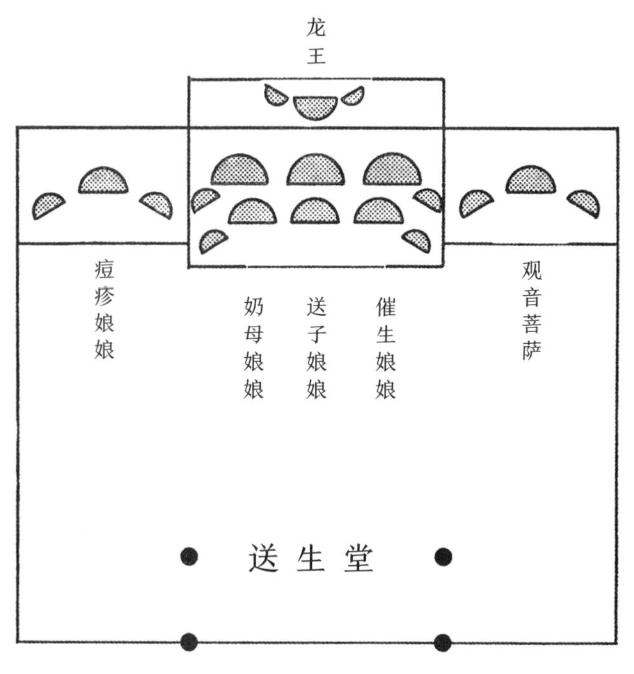

图 116. 二郎庙送生堂中的神像排布图（参见附图 32-15）

的前方同一神坛上摆放着另外三尊娘娘坐像。两组神像均有侍女随侍左右。两侧神坛上分别供奉着观音菩萨及豆疹娘娘坐像。主神坛背后的北通道中还有一尊精美的龙王像。

送生堂位于 2 号主院内，院中同其相对的是 19 号戏台。戏台的入口在院子另一侧，与供观众看戏的开放式回廊相连。侧边回廊高两层，下层设若干封闭式房间，供居住及贮存物品使用。上层为全开放式设计，每逢锣鼓一响，观众们便坐在这里，边看戏剧，边饮着茶吃着点心，侃侃而谈。西北角还有几间陈列精致的小型餐厅包厢，专供贵客使用。除了官派至祠堂的公职人员外，二郎庙的大约十五名道士都居住在位于主建筑及送生堂之间的偏房。从艺术角度而言，祠堂西区称不上出众夺目，只有里面的一些神像颇具亮点。

送生堂旁的一处台阶通往上方的几个月台以及高处的一众建筑。立于第一处阶梯月台上，美丽迷人的建筑映入眼帘（参见附图 17）。布局严谨的平台上坐落着座座建筑，各式木制雕刻、建筑框架轮廓以及多元化的屋顶线条从茂密的丛林树冠中探出头来，昂首挺立。阶梯设计巧妙，当人们登上最后一级台阶时，便又再次处于西区中轴线上，面前矗立的即是 20 号圣母殿。圣母被认为是老子的母亲。该殿为开放式设计，正中的殿门形似一只巨大的蝙蝠，线条灵动至极。建筑中间高两边低，殿内供奉着圣母坐像，雕像栩栩如生、色彩丰富。圣母右手上举，左手搭在膝盖上，一袭华丽长衫包裹住整个身躯。从后方看，

图 117. 二郎庙圣母殿中的圣母像（参见附图 32-20）

图 118. 二郎庙圣母殿背面景象（参见附图 32-20）

圣母殿的五个建筑组成了三组连续区域（参见图 118）。其侧面木制框结实粗壮，墙体被刷成白色。墙上开有弧形与矩形相间的门洞，墙面或镶着木板，或涂着白灰，上面还绘着文字，这一切让这片布局严谨的建筑群显得优雅生动。略带弧度的屋顶坡面给人以稳重感，只有正脊两端及中轴线位置带着凸起装饰。但若站在建筑正前方，则能看到其正立面上的各式雕刻图案与元素。它们风格灵动，但又和谐统一，上面的文字造型及由弧线望柱组成的栏杆亦是如此，这一点在图片上体现得一清二楚（参见附图 17）。由此我们可以得知，即使二郎庙从规格上说只是一座下院，但其建筑本身仍魅力无限。而中式建筑的这种璀璨光华，或许正来源于美丽的大自然。

一条石板路自圣母殿起，经过孤零零的 21 号小神堂，通往另一条坡度和缓、朝祠堂中心建筑进发的道路（参见图 119）。这条石板路长而气派，间或修有几级台阶。沿路而上，我们来到一处被绰约修竹投下的浓荫笼罩的塔楼建筑前，这便是 22 号魁星阁（参见 120）。同祠堂的其他祭祀建筑一样，魁星阁高两层，顶层为纯粹的宝塔式样。这种建筑设计同魁星这一神祇形象相契合，我们之前在众多塔楼中已反复了解过其所代表的意义。与往常一样，他的坐像出现在二楼。一楼两名侍从像中间供奉着一尊神祇坐像，他是土地的特定化身，即“中央土神”，意为“土地内部中心之神”，这一形象主要象征着组成大地的五种元素。由此，这座塔楼建筑还代表了天地之间某种特定的相互关系。建筑正面带开放式神坛，彰显出完美的艺术水准，引人注目。四根角柱与四根上下贯通

图 119. 二郎庙内通往魁星阁的道路

图 120. 二郎庙魁星阁（参见附图 32-22）

的中柱组成明晰的塔楼结构。既然有了如此坚固稳重的建筑整体框架，工匠们就选择在转角处布局大面镂空的悬臂托架，塔楼因此显得极具艺术美感。面对这一杰作，人们不得不又一次发出惊叹。两个托架在上部相对延伸，组成帘幕造型，整个建筑正面因此给人一种完整且封闭的整体感。而在横平竖直严谨布局的框架结构内，又独具灵动气息。塔角斜撑木以对角线方式放置，外带大量纹饰，悬垂而下的栓状物同样雕凿精美，这些部件并不具有真正的架构支撑功能，仅出于艺术美而存在，它们出色地发挥了自己的功用，为建筑增添了无限美感。

另有一条缓慢爬升的石板路，道路曲径通幽，绿荫笼罩（参见图 121）。沿着这条路继续向前，我们来到整个祠堂最后端也是地势最高的建筑，即 23 号老君殿（参见图 122）。老君的形象几乎等同于老子，被视为

图 121. 二郎庙内通往老君殿的道路（参见附图 32-22）

老君殿

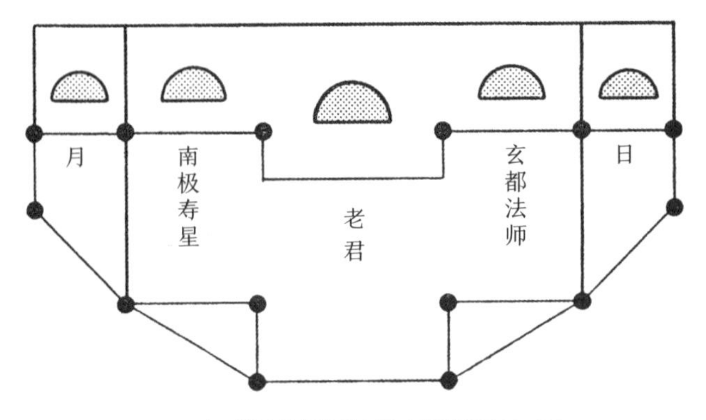

图 122. 老君殿内的神像排布图（参见附图 32-22）

道之化身，是人生及世界的原始准则。李冰父子双圣正是由其孕育而生，每一种人类思想、每一种人类活动，都源于这一最高准则，都源于自然本身这一最深邃的大道所在。殿内中轴线上设有一座带密集栅栏的神坛（参见图 123），正面有一个略大的镂空圆窗，透过这个开口，人们可以看到端坐于神坛上的老君神像。殿厅正中供奉着一个三神祇组合，除老君外，左右两侧各设一神坛，坛前有低矮的护栏，坛上摆放着两尊神像。他们以补充身份出现在老君旁边，同其一道，构成一个至高无上的整体。其中东侧为玄都法师，西侧为南极寿星（参见图 124），后者额头高起，头发、胡须及眉毛都是白色，这种形象让人一眼就想到寿星，同时也与老子的外貌特征一致。南极寿星、寿星以及老子这三位神祇形象之间关系密切，经常互有重叠。南极寿星拿着一块八角形板，其边缘有一圈的完整简洁波形纹饰，板面上绘有八卦图案。神像背后的白色墙上画着 1 至 10 十个神圣数字，它们是用圆点这一原始神秘形式表示，相互之间又以线条连成一个整体。圆点图中央再次出现八卦图案，只不过这一次八卦的排列方式同其所持的八卦图正好完全

图 123. 老君殿栅栏神坛内的老君像，位于祠堂中轴线末端

相反。这里无疑体现出一种至尊思想。人们认为，祠堂中的整个神祇群体，包括被擢升至神祇高度的李冰父子两位英雄，连同他们所创的神迹工程一起，是自然与大山这一深邃大道的投射与体现。左右两侧最靠外的小神堂中各摆放着两尊神像，其所象征的含义就体现在各自的名称中，其中东侧为“日”，西侧为“月”。如此一来，这两者一道构成一个整体，从另一个特定角度象征了可见的自然宇宙，而位于两者之间的三位神祇则代表了自然的精神、力量与影响，或者一言以蔽之，代表了“道”这一至高至尊的存在。

老君殿中央高处为塔楼设计，它是祠堂的至高点（参见附图 17）。殿前面朝山坡处有

图 124. 老君殿内的南极寿星像

一小型露台，边缘有低矮的弧形护栏。立于露台之上，无限风光尽收眼底。只见祠堂建筑逶迤至山脚，大江在下方奔腾而过，远处风光与此地浓郁的宗教气息并建筑艺术形态相互融合，恍如一颗耀眼的明珠。

8　灌县二郎庙中的铭文

对子与横匾

此处为读者呈现二郎庙内的绝大部分铭文（参见图 125）。这些文字融合表达了人们对李冰及二郎伟大成就的讴歌，对其所创工程为人民带来福泽的颂扬，对旖旎自然的赞美以及对神祇庇佑赐福的感恩。以下为原文[1]：

对子：

1. 玉垒仙都，金堤重镇。

2. 泽濩两渠，功施万禩。

3. 德佑生民疏锦水，灵承造化显岷山。

4. 五土庆功成英雄，手段单挥剑；千秋歌底定湖海，威名百仗锋。

5. 祠外有山多种树，门前流水半归农。

6. 疏凿溉禾田，十四属同沾利泽；慈祥周蔀屋，百千载永浴恩施。

7. 遇湾截角，逢正抽心。

8. 灌输益部成尧甸，疏凿岷源绍禹功。

9. 乔梓荷崇封，当年凿山导江俎豆千秋昭伟绩；闾阎蒙乐利，此日安澜顺轨桑麻万井被恩波。

10. 十四属不其鱼乎，实永赖沫水西渟，离堆东峙；百千秋犹肸蠁也，尚无忘秦封承烈，蜀壤垂庥。

11. 底定三江两世同加盛典，昭垂六字万民永赖丰功。

12. 山势崇隆层层为去归平地，庙宇巍峨步步登来入上乘。

13. 愿天常生好人，愿人常作好事。

14. 江流不尽秦時月，山色犹对汉代云。

15. 帝鉴非无凭处心须厚，神威实可畏作事要公。

16. 德继禹谟资利济，功垂蜀国识英雄。

17. 夜听江声翻白浪，晚看山色耸青城。

1　作者将部分原文翻译成德语，此处不作回译处理。——译者

18. 明德匪遥，咸仰凿山导江之神妙；群贤毕至，共挹青城玉垒之灵奇。

19. 人若有遐思岂徒夸山明水秀，我来游此地也不觉心旷神怡。

20. 英武镇岷江恩周白水，声灵昭示蜀国泽被黄童。

21. 六字设千计江水依然古法犹传秦太守，二郎神一尊山水忽起英灵永护蜀遗民。

22. 殿图凌兴神仙洞府，江山饶纵水墨屏风。

23. 禹迹久远湮，幸世德宏敷，永奠两川成沃壤；岷源盈自进，庆民生普济，更包万派还朝宗。

24. 徙木积余威南纪万年崇俎豆，洒流开沃野西川千里奠桑麻。

25. 鸿恩周合省，大德被全川。

26. 垂老百年莫贪眼前富贵，高冠一品留与背后儿孙。

27. 江自岷山导，逾千年而堰法始传，羡太守生有令子，没为明神，奇功竟不在禹下；秦以水德兴，阅六世而湛恩绝少，唯我王手挽狂澜，心存利济，遗爱长留于蜀中。

28. 蔡蒙和夷，旅平底绩。

29. 此地居全蜀之巅，凿山分流，千载摩挲神迹在，奇功绍明德而后，父作子述，万民俎豆瓣香留。

30. 能捍患御灾而造福，看宝瓶霞璨，象鼻峰垂，十六县绣壤花封，万项膏腴春涨满；合继志述事以成功，喜玉垒云开，犀涧浪静，二千年丹楹刻桷，四时报赛瑞烟腾。

31. 定蜀自秦昭，当年地辟蚕丛，谁谴神功施沫水；作渠先郑国，他日泽敷鳞陨，犹传遗法到关中。

32. 玉垒流恩永，岷江沛泽长。

33. 扩国安民庙貌巍巍昭日月，平天成地神威赫赫伏蛟龙。

34. 自秦以来特导汶沱滋畎浍，缵禹之绪克承堂构奠山川。

35. 祀通佑配显英，庙貌历千秋，遗爱如新，用昭父子平成绩；深淘滩低作堰，碑文留六字，良规可守，莫侈神仙傅会谈。

36. 险凿离堆万事永赖，泽周益部百谷顺成。

37. 疏凿利民生功迈巨灵开太平，勤劳成父志绩追神禹作支祁。

38. 百里尘氛都扫净，半龛灯火大光明。

39. 绩继随刊分半派江流千里平畴资灌溉，位尊岳渎建崇冈庙貌三时农务应祈求。

40. 刻石誓江神寰宇无波万古君臣循旧则，凿山收水利蒸民乃粒一家父子著奇功。

41. 造化有胚胎无限生机凭种德，阴阳含蓓蕾相传协气尽回春。

42. 伟绩著当年十四邑人民戴德，新规昭此日百千秋俎豆流芳。

43. 无子要栽培，切莫用欺心说银钱世界；有儿当检点，还须坚正气做阴骘事情。

44. 据井络之上游千秋庙祀逾金马，并离堆而不朽再生丰功视石羊。

45. 岚绚丹青天工图画，江流吞吐水调歌声。

46. 凿石补随刊美济前人功垂后世，浚江分内外衡持一堰利溥全川。

47. 天上石麟愿多福多寿兼多男子，人间玉树更无灾无难平到公卿。

1. 玉壘仙都 / 金堤重鎮
2. 澤渡兩渠 / 功施萬禩
3. 德佑生民疏錦水 / 靈承造化顯岷山
4. 五土慶功成英雄手段單揮劍 / 千秋歌底定湖海威名百仗鋒
5. 祠外有山多種樹 / 門前流水半歸農
6. 疏鑿溉禾田十四屬同沾利澤 / 慈祥周蔀屋百千載永沐恩施
7. 遇灣截角 / 逢正抽心
8. 灌輸益部成克甸 / 疏鑿岷源紹禹功
9. 喬梓荷崇封當年鑿山導江俎豆千秋昭偉績 / 閭閻蒙樂利此日安瀾順軌桑麻萬井被恩波
10. 十四屬不其魚乎實永賴沫水西渟離堆東峙 / 百千秋猶肸蠁也尚無忘秦封承烈蜀壤垂麻
11. 底定三江兩世同加盛典 / 昭垂六字萬民永賴豐功
12. 山勢崇隆層層為去歸平地 / 廟宇巍峩步步登來入上乘
13. 願天常生好人 / 願人常作好事
14. 江流不盡秦時月 / 山色猶封漢代雲
15. 帝鑒非無憑處心須厚 / 神威實可畏作事要公
16. 德繼禹謨資利濟 / 功垂蜀國識英雄
17. 夜聽江聲翻白浪 / 晚看山色聳青城
18. 明德匪遙咸仰鑿山導江之神妙 / 羣賢畢至共挹青城玉壘之靈奇
19. 人若有遐思豈徒誇山明水秀 / 我來游此地也不覺心曠神怡
20. 英武鎮岷江恩周白水 / 聲靈昭蜀國澤被黃童
21. 六字設千計江水依然古法猶傳秦太守 / 二郎神一尊山水忽起英靈永護蜀遺民
22. 殿閣參興神仙洞府 / 江山統繼水墨屏風
23. 禹跡久還湮幸世德宏敷永奠兩川成沃壤 / 岷源盈自進慶民生普濟更包萬派遠朝宗
24. 徙木積餘威南紀萬年崇俎豆 / 灑流開沃野西川千里奠桑麻
25. 鴻恩周闔省 / 大德被全川
26. 垂老百年莫貪眼前富貴 / 高冠一品留與背後兒孫
27. 江自岷山導適千年而屢法始傳羡大守生有令子沒為明神奇功竟不在禹下 / 泰以水德興閱六世而湮思絕少惟我王手挽狂瀾心存利濟遺愛長留於蜀中
28. 蔡蒙和夷 / 旅平底績
29. 此地居全蜀之巔鑿山分流千載摩崖神跡在 / 奇功紹明德而後父作子述萬民俎豆瓣香留
30. 能捍患禦災而造福看寶瓶霞燦象鼻峯垂十六縣繡壤花封萬項青腴春漲滿 / 合繼志述事以成功喜玉壘雲開犀淵浪靜二千年丹楹刻桷四時報賽瑞煙騰
31. 定蜀自秦昭當年地闢蠶叢誰識神功施沫水 / 作渠先鄭國他日澤敷鱗隰猶傳遺法到關中
32. 玉壘流恩永 / 岷江沛澤長
33. 護國安民廟貌巍巍昭日月 / 平天成地神威赫赫伏蛟龍
34. 自秦以來特導汶沱滋畎澮 / 纘禹之緒克承堂構奠山川
35. 祀通佑配顯英廟貌恩千秋遺愛如新用昭父子平成績 / 深淘灘低作堰碑文留六字良規可守莫侈神仙傳會談
36. 險鑿離堆萬世永賴 / 澤周益部百穀順成
37. 疏鑿利民生功邁巨靈開太華 / 勤勞成父志績追神禹作支祁
38. 百里塵氛都掃淨 / 半龕燈火大光明
39. 績繼隨利分半派江流千里平疇資灌溉 / 位尊岳瀆建崇岡廟貌三時農務應祈求
40. 刻石誓江神寰宇無波萬古君臣循舊劃 / 鑿山收水利蒸民乃粒一家父子著奇功
41. 造化有胚胎無限生機憑種德 / 陰陽含培蓄相傳協氣盡回春
42. 偉績著當年十四邑人民戴德 / 新規昭此日百千秋俎豆流芳
43. 無子要栽培切莫用欺心說銀錢世界 / 有兒當檢點還須堅正氣做陰隲事情
44. 據井絡之上游千秋廟祀踰金馬 / 並離堆而不朽再生豐功視石羊
45. 崑絢丹青天工圖畫 / 江流吞吐水調歌聲
46. 鑿石補隨利美濟前人功垂後世 / 溶江分內外衛持一堰利溥全川
47. 天上石麟願多福多壽兼多男子 / 人間玉樹更無災無難平到公卿
48. 福不外求須積德 / 宗非難繼貴存心
49. 不盡慈恩推赤子 / 無邊惠愛及蒼生

1 真常道院
2 澤被遐方
3 惠澤永敷
4 功垂不朽
5 功兼作述
6 英鎮龍窟
7 天道無親
8 法垂六字
9 神光普照
10 因時制宜
11 乘勢利導
12 實在功德
13 廟貌莊嚴
14 純誠可嘉
15 聖啟離堆
16 澤被沱江
17 福庇全川
18 山明水秀
19 德澤昭靈
20 功埒平成
21 利浦靈長
22 永享明烟
23 咸承明德
24 永護蜀工
25 澤沛安瀾
26 粒乃蒸民
27 西川福主
28 澤流千禩
29 功侔鄭白
30 澤及遺蓙
31 澤沛羣生
32 績著濟川
33 福被全川
34 澤周全蜀
35 勳相國家
36 澤潤生民
37 政在養民
38 正直是與
39 勅崇治水
40 錦江普佑
41 保釐蒼赤
42 萬世恩波
43 咸震全川
44 績垂保障
45 澤分星壁
46 澤永全川
47 惠流蜀甸
48 澤被都江
49 安流利濟
50 績禹庇民
51 手提天綱
52 惠澤旁流
53 功垂陸海
54 世濟其美
55 功配禹績
56 聖明作述
57 利濟無甿
58 功昭蜀道

Bild 125. Spruchpaare und Querinschriften aus dem Oerl Lang miao bei Kuanhien.

图 125. 灌县二郎庙的对子与横匾

48. 福不外求须积德，宗非难继贵存心。

49. 不尽慈恩推赤子，无边惠爱及苍生。

横匾：

1. 真常道院	2. 泽被遐方	3. 惠泽永敷	4. 功垂不朽
5. 功兼作述	6. 英镇龙窟	7. 天道无亲	8. 法垂六宇
9. 神光普照	10. 因時制宜	11. 乘势利导	12. 实在功德
13. 庙貌庄严	14. 纯诚可嘉	15. 圣启离堆	16. 泽被沱江
17. 福庇全川	18. 山明水秀	19 德泽昭灵	20. 功埒平成
21. 利浦灵长	22. 永享明烟	23. 咸承明德	24. 永护蜀工
25. 泽沛安澜	26. 蒸民乃粒	27. 西川福主	28. 泽流千祀
29. 功侔郑白	30. 泽及遗蓥	31. 泽沛群生	32. 绩著浚川
33. 福被全川	34. 泽周全蜀	35. 劢相国家	36. 泽润生民
37. 政在养民	38. 正直是与	39. 勋崇治水	40. 锦江普佑
41. 保厘苍赤	42. 万世恩波	43. 威震全川	44. 绩垂保障
45. 泽分星壁	46. 泽永全川	47. 惠流蜀甸	48. 泽被都江
49. 安流利济	50. 绩禹庇民	51. 手提天纲	52. 惠泽旁流
53. 功垂陆海	54. 世济其美	55. 功配禹绩	56. 圣明作述
57. 利济无疆	58. 功昭蜀道		

蜀道，即进入四川的道路，之所以天下闻名，不仅因为这段路程风光旖旎，更在于它的艰难险峻。无论是其穿行于秦岭之中的北段，还是穿越长江峡谷的南段，均堪称天险。有了这一背景知识，最后一副对联“不尽慈恩推赤诚，无边惠爱及苍生”的意义便一目了然：那些艰辛跋涉在入川道路上的游子们，其实已经沐浴在李冰及二郎的恩泽之下。正是这对父子的伟大功绩，造就了这个省份的富饶与美丽。

9 日记节选

1908 年 8 月 29 日

我出发离开成都府。从成都至郫县的五十里路程虽看似千篇一律，但此种单调之中倒也富于变化。沿途尽是一片又一片的茂密小树林，林中藏着耕田、祠堂与墓地。一丛丛修竹撑开翠绿的云冠，墨绿的竹杆上爬满藤蔓。还有那数不清的茅屋与农舍，形态各异。此外还有一座醒目的地主大宅，它是沿途所有建筑中唯一一个带砖瓦顶的房屋。一路行来并无大江大河，我们始终行走在两水之间的陆地上。途中经过几座小桥，桥头多装饰有牌楼、碑亭及简洁的铭文碑牌，其中一处桥头还以独立角柱支起一座塔楼。大大小小的村落中坐落着精美的建筑，生活着富庶的百姓，有时也能看到一些供脚夫歇脚的小屋。街道上洋溢着勃勃生机，手推车嘎吱作响，挑夫们大声招呼，行人闲庭信步。粮食收割季已经开始，人们不慌不忙地用拉车拉走一年的收获。

8 月 30 日，周日，阴雨

沿途风景便是典型的成都平原风光。一条未铺石板的小土路沿着水渠与小运河延伸，不过我们还是选择始终走在两条较为宽阔的水流中间，偶尔跨过一些不起眼的溪流。一路上有许多小集镇，间或出现几个较大的村落。路边还有一些石龛土地庙，大都为桁架结构和常见的出檐，脚下的道路因为它们的存在而变得生动有趣。许多墓地与宗祠被围墙圈起，大门非常醒目，但内部庭院则总是隐藏在道路旁的密林中，远离喧嚣纷扰。路旁只有少数山丘被用来下葬穷人及异乡客，这些逝者相互紧挨着被埋在树下，大多并无墓碑。这里寸土寸金，所以北方常见的大规模陵园建筑在此处完全不见踪迹，只有少部分富贵人家才有财力买下位于田地中央的某块较大地块作为墓地。路上车马始终络绎不绝。路边及道路不远处的祠堂寺庙清晰可见，其中甚至还有一座已荒废的清真寺，几近倾塌。同成都府北部地区相比，此地略显千篇一律的农舍建筑并无多少亮点，其外立面色彩均较为质朴无华。村落集镇中也没有抓人眼球的建筑细节，不过它们已经足够美丽。临近灌县时，我们经过一座廊桥，内有若干铭文石刻并路边神坛，坛中除了必不可少的土地之外，还供奉着土地婆及其幼子。行至此地，西面与西北面的群山从烟雨迷蒙中露出越来越清晰的面容。当北面的连绵苍山赫然在目时，人们就生出一种预感，感觉自己已经进入了山脉咽喉，真正踏上灌县这个连接群山与平原的交通枢纽重地。东面有一座雕刻着众多铭文石刻的大型门楼，引导人们进入灌县郊区。我们穿过繁忙的交通主干道，经过县府衙门，再次出城向南方前进，冒雨来到我们的目的地——伏龙观。

9 月 2 日

这座城市的经济生活看起来似乎并不十分活跃，只有城中两条主道上开着一些再普通不过的小店铺，售贩皮毛、银器、锡具、茶叶及药品，钱庄、银行十分少见，较大的绸庄布庄则根本不见踪影。大型商业工场均落户于附近的首府成都，故此地显得较为萧条。虽是如此，但这里在北上的交通方面却至关重要。戴着头巾、身穿紫色长袍的苗子[1]聚集于此，他们带来药材与毛皮，带走茶砖等其他商品。眼下这个时节，交通还并不繁忙，据说到了冬天，货运量会大大增加。

9月3日

今天，知府来拜访了我。这位官员籍贯湖北，看上去头脑迟钝，甚至可以说是行事毫无章法。他不怎么说话，显得相当没有经验，无法向我详细深入地解释清楚冬季岷江改道及分流的情况。他来这儿已有半年，却还没能赢得当地民众的敬重。人人都知他整日工作，可没有做出一分成绩。正因如此，百姓口口相传着三句打油诗，以嘲笑这位平庸无能的父母官：天天差勇缉捕归，迄今未见一个；天天坐堂判案，至今未了一件；天天乘马游街，落得自己发笑。

9月4日

今天我只想着脑袋放空，在祠堂悠闲散步，享受这方美丽的天地。中国祠堂似乎天生便带有一种自然与艺术水乳交融的和谐感。它们依山取势，一段段阶梯连接起一道道逐渐拔升的院门。拾级而上，各种建筑元素依次铺展开来，从不重复。建筑结构恢弘大气，内蕴深厚，呈现力与美的结合。外形及用色和谐融洽，充满深意的诗词、歌赋等文字点缀其间，一步一景。单是在一座这样的祠堂中，画家便可以待上一年的时间，创造出无数精彩纷呈的画作，无须担心其中有任何重复。这与欧洲的情况形成鲜明的反差。欧洲人在那些自然风光最旖旎之地建起酒店、疗养所、俱乐部或是其他只满足外在肉体放松与享受的类似建筑，自然之美被破坏殆尽，而中国文化在这方面是如此充满魅力，它植根于当地的美丽风光与内在的深厚底蕴，从中取材塑造出一些神祇，赋予其具体形象，并将这些具体场所作为神祇的寓居之所。人们在这里表达尊崇、许下愿望、祈求福祉、修身问道，皆颇为灵验。这里的著名人物二郎，连同他整个家族的所有先辈一道，被上苍召唤至此。他所创的功业源于神之本原，神力在其祖辈身上被隐藏，而到了李冰及二郎这代，父子二人作为神力承载者，被派遣至世间，为这方土地上的人民带来安康与福赐。这片土地是其神力的外在体现，二郎在这里永生不朽，其魂魄长居于此，这里成了他真正的家乡。虽然四川境外也有许多小型祠堂供奉着二郎，但作为福泽源头的二郎庙香火尤盛，香客们络绎不绝，虔诚地敬奉着这位伟大神人，敬奉着这片由其化身而来的美丽土地。这处圣地的一切都饱含浸润着后人的尊崇与感激之情，未现一丝一毫亵渎之物。神降福于万民。

9月5日

明媚的阳光下，我再一次深深陶醉于河谷风光之中。支流如无数触手伸向远方，水流

---

1 苗子，Miaotze，此处为作者原文，指苗族人，但事实上为一种轻蔑称呼。——译注

从高处奔腾而下，坠入湍急的河面，撞上引流的堤坝，卷起千堆雪。水中小岛与陆地岬角上铺满了圆润闪光的小巧鹅卵石，与远处的绿色小树林相映成趣。岛岬中央有时还高高挺立着一些农舍。二郎庙所在的北河岸上遍植密林，一直蔓延至水边。修竹嫩绿清新，赤杨苍翠欲滴，松柏墨绿庄严，它们一起编织出一道碧色镶边，笼罩在河流沿岸。树林尽头矗立着巍峨的苍莽大山，山地上长满了林木和灌木。在这片生机盎然的自然中，一处处外形优美、色彩活泼的建筑跃入人们视野，即使距离很远仍清晰可辨，这便是二郎庙。南坡植被虽不茂密，也仍郁郁葱葱。视线转向东面，远处铺展开的平原上是片片耕田，密林簇拥如座座绿岛，奔流白练似飞珠溅玉。远方地平线上到处显现着重峦叠嶂的苍莽大山，其轮廓恣意张扬，群峰耸立，起伏连绵，一切如梦如幻。向西南方向望去，青城山险峻的南坡屹立于天地间。南边，几处高耸的山头以向前逼迫震慑的气势闯入视线之中。西北面，山峰庄严肃穆，此情此景不由唤起人们心底对北面老君山的向往，向往着能去那儿，去利番[1]及松潘厅那人迹罕至的原始地带，接触古老而未染世俗尘埃的蛮族，感受早于中华文明而存在的原始文明的残存气息。唉，可惜啊，我没有时间去那里，只能希望以后还有机会能对此好好探索一番。对于文明起源以及一个较高级别的文化开端而言，二郎庙具有如此举足轻重的象征意义。就自然地域角度而言，它又是苍莽群山的终点与沃野千里平原的起点，其地位同样不言而喻。受文化滋养的百姓感恩于祠堂主人为这片蛮荒之地播下了文明火种，带其进入文明开化状态，他们满怀敬意与感激，建起祠堂，缅怀这一伟大功绩。就精神角度而言，这座建筑因此更具重要价值。加之周边自然风光如梦似幻，纯净而未染一分尘埃，恰与神祇敬畏思想相契合，故而人们不得不承认，此地当属中国最非同寻常的圣地之一。

9 月 7 日

每天都有很多人前来上香献祭。他们将面包、肉类、水果及各式小食摆放在二郎像前的宽大供桌上，点燃香烛，下跪叩头并捐出小额香火钱。道士敲响洪钟，据说钟声能招来游魂。知道了这一点后，钟声在我听来显得尤为震撼。在这之后，供品被献祭给神祇，但它们并不被留在祠堂中，而是由香客们重新带回家。人们从四川各地，千里迢迢来到这里。灌县城墙就修建在二郎庙所在大山那近乎垂直的陡坡边上，墙体沿山坡逶迤而下，一直延伸到岷江岸边，沿途景象壮阔。城墙由方石垒起，装饰有城垛及门楼。一众门楼并不宏伟高大，但皆敦实坚固，带木制桁架，独具一格。

9 月 10 日

今天是农历八月十五中秋，这是一个重要的中国节日。空气中到处弥漫着欢快喜庆的气息，没有人工作，商铺也关了门。中秋对于年轻的姑娘们有着特殊意义，她们会在今天对着月亮虔诚地祈祷，以求实现自己内心的秘密愿望。今早，管理水利的道台来到伏龙观，在玉皇及李冰像前献上祭品。很多中国人来到观中，表达对神祇的尊崇。就连

1 利藩，Lifan，音译。——译注

那平日大多躲在屋内吸食被严令禁止的鸦片的观主，今日也走出自己的屋子，出现在众人面前。在我们所住院中做棺材的木匠（木材取自附近林中，贩卖所得的钱财被观主昧下以购买鸦片），也同样加入庆贺节日的队伍中。在城里，肉摊及商铺门前挂着数百头新鲜宰杀的肉猪。就在这一天，所有人都放纵着自己的世俗欲望，沉沦在享乐之中。人们大口喝着各种烈酒，很多人浑身上下都散发着浓重的烧酒味道。我的小友杜先生就像个小孩儿一样兴高采烈地过着这个节日，他乐得忘乎所以，兴致勃勃地四处走动，笑得嘴角咧到了耳根，完全沉浸在今日的欢乐气氛以及对以往节日的兴奋回忆之中。为了过这个中秋节，他早早地备下了葡萄酒和啤酒，我又另外送了他半瓶香槟。他回赠给我一些小礼物，随行的其他人以及保镖也都送给我好几个小盒子，里面装满了烟花、糕点和坚果。我拿出一些钱，作为感谢。过节最主要的事情就是放烟花，我们单今天一天就放了大约四美元的烟花，而去年的中秋节，小友杜先生和他的朋友们为此花了整整三十美元。烟花的硝烟笼罩了整个小院。烟花每响一下，我那浑身有使不完劲儿的小猎狗蒂姆就高声吠叫一阵。人们在门上和桌上对称摆放了许多中式蜡烛，营造出一个盛大的节日灯火场面。可惜天公不作美，上午下起了雨，下午天色阴沉，到了傍晚就完全暗了下来。同伴们都说，他们在家过中秋节时还没有哪一次是不伴着皎洁月光的。在这一天，中国北方肯定晴朗明媚，但在终年被云团笼罩的四川，下雨就不足为奇了。我的三位同行者晚上来到山巅的六角凉亭中，带上蜡烛，摆上糕点和美酒，来庆祝节日。那位小随从总是笑呵呵地做这做那，他是一个不错的小伙子。

9 月 11 日

今天天气很好，甚至上午太阳还冒出了头，之后便高温炎热。下午天色变暗，但好歹没有下雨。我和翻译杜先生一起坐着滑竿，带着所有行李，穿过东北门，朝着建于岩壁间的灵岩寺进发。一过东北门，眼前是几处建于城墙边上的农舍，之后便是墓地。一开始那死尸气味从露天摆放的破损棺材中钻出，直刺鼻腔，气味之强烈，让我们不得不屏住呼吸。道路几乎是朝着正北方向延伸在一道深谷中，深谷尽头便是那巍峨险峻、树木林立、难以攀登的中峰山山巅。该山山脚起自另一座山的山峰，那里便是我们此行的目的地。之前我们沿城墙行走，墙体依着山脉余麓，似一条长蛇向上延展，一路修有墙垛、建筑及台阶，整体好似一幅美丽画卷。城墙后面清晰可见茂密的小树林，林中坐落着城市的北塔及城隍庙。现在我们离开城墙，穿过被夹在山丘之间的山前麓地。山丘上以及山间谷地中遍布一座座紧挨着的坟丘，远看就像是一个个隆起的小包。这里有数千座坟茔，它们都一样高，上面长满了绿植。这是一个令人震撼的景象。山坡上的建筑紧挨在一起，这似乎十分必要。如此一来，便可最大限度地保护低洼处那些宝贵的土地资源。一些坟茔的墓碑式样简单，只有少数才显得富贵华丽。印象中有一座坟墓建筑规模宏大，其外围由华贵的大块花岗石修砌而成，墓室入口处同样建有一扇花岗岩墓门。这里还埋葬着许多异乡客和穷困潦倒之人，他们的坟墓自然无人打理。上山的道路一开始还算平坦，之后便越来越艰难陡峭，沿途经过几处茅草屋顶的贫寒农舍、一些建于路边的神坛和小庙，还有一座业已倾塌的牌楼，最后迎来一段上升的石阶路。终于，带木制桁架的灵岩寺的曼妙身姿出现于茂密林木间。据说它曾经享有崇高地位，但现在已破败不堪。时至今日，寺庙值得一看的只剩下一泓溪水及一些雕刻精美的石制建筑。这些建筑包围着一处岩洞，构成洞窟入口。几位来自美国及英国的传教士在夏天就住在此洞窟中，把这里当做一个最原始的消夏营地。

寺庙最精彩之处便在于其地理位置带来的无限美景。站在此地，远方连绵山脉那高耸入云的山峰和舒展的山体尽收眼底。陡峭的崖壁脚下是一处封闭的大型山谷，远处开阔的低地上散布着密林与农舍，还有那随处可见、如白练般晶莹闪烁的河流。众多河流中有一条尤其宽阔，河床上有众多小岛，河岸呈不规则状蜿蜒。灌县的这种风光景致，始终给人以全新且震撼的观感体验，人们可以滔滔不绝地对此详尽描述而从不感到厌倦。这种迷人的魅力来源于恢宏壮阔的山川与一望无际的广袤平原，来源于平原的富饶肥沃与人口的稠密兴旺，来源于这方土地在历史长河及中华文化中所占据的重要地位，也同样来源于苍莽群山孕育出千里沃野这一震撼的认知。而此刻，我就身处大山之中，它两侧那绵长的山脉如张开的双手，拥我入怀。这一片自然同样历经磨砺，生生不息，在岁月中被天地宇宙打磨锻造，最终孕育出这片由大量砂石堆积而成的低洼平原。随后李冰及二郎来到此地，他们引河道入正轨，使泽国变良田，将这片自然变得更加舒适宜人。从纯艺术角度而言，这里的自然风光既秀美瑰丽，又恢弘壮阔，所有感官与思想皆臣服于如此鬼斧神工的天地图景之下。可惜啊，静享这份天地大美的时间总是如此短暂。

第四章　文庙

目　　录

1 概况

欧洲现已拥有大量关于孔子及其学说、著作及宗教地位的研究文献，故此处对此内容不再赘述。本章所有篇幅几乎只围绕文庙（孔子祠堂）的建筑构造而展开，着重介绍分析这一建筑的布局设计。文庙的特征也已在欧洲文献中被反复论及，但由于缺乏一个细致透彻的研究计划，人们至今还未能从整体角度出发，对这些特征进行一次详尽且互相关联的阐述。鉴于这一研究空白，本书将通过并分析多个省份的不同文庙，对此种独特建筑的构成元素进行更为深入的梳理与更为鲜明的呈现。分析过程中，我将主要依据切柏[1]先生所著的煌煌大作《儒教圣迹》[2]一书。该书除了着眼建筑之外，还记载了建筑周边的自然情况。本章所收录的精确绘图及影像资料是对《儒教圣迹》一书的继续阐释。早在我1907年10月对曲阜文庙进行拍摄时，它便被当作测绘工作中的指导用书。由于在曲阜的停留时间极短，故我未能对文庙所有楼宇的建筑构造进行拍摄记录。希望在未来，我本人或是后继者可以再次来到曲阜文庙这个中国最重要的圣地之一，对其中的所有细节进行深入探究。

行文至此，在进行具体的专项梳理介绍之前，我们有必要对孔子及其纪念祠堂作一简短概述。孔子这位智者于公元前551年至前479年间生活于曲阜，其学说在随后几百年的岁月中被后人奉为典范，他也由此受到世人的至高推崇。现在人们无法确定，第一座国家性质的孔子祠堂创立于何时，但早在汉明帝（公元58—75年在位）时期，中国就已有确切存在的文庙。随着历史的发展，他在世人中享有越来越高的尊崇地位。在明帝一朝，他就被封为书院保护神，政府还竭尽全力，维护其至尊地位，使其不被民众归为道教神祇。公元472年，政府出台明确法令，禁止妇女入文庙求子。随后，普通大众被禁止进入文庙，孔子祭礼被提升为一项国家规格活动，文庙成为国家性质的祠堂。时至今日，百姓仍无权入内，除了少数访客外，只有官员在献祭时方可进入。小型祭礼每月两次，于望日及朔日[3]进行。大型丁祭每年两次，于春秋两季仲月[4]进行。每个县域内都建有各自的文庙，除此之外，每一个州府及省府也有文庙。也就是说，在这三级由小至大的地域范围内，至少有三座文庙，即一座县府文庙（若一个城市下辖两个县，则这个城市甚至会有两座文庙，四川成都府便是一例）、一座州府文庙及一座省府文庙。每逢主管新官上任，其履职后最紧要的一件事便是来到自己所辖地区的文庙中祭拜孔子，向这位圣贤表示，自己将承担起肩上的这份使命。而在精美的北京文庙（此处仅对这一建筑一笔带过，并不作过多深入）中，每逢一年两次的盛大丁祭，皇帝本人或是其钦点大臣会按例出席，献祭孔子。无数帝王将赴曲阜祭孔视为定例，他们一再追封这位圣贤，下令修缮曲阜文庙，为之作赋题词并命人以铭文形式保存于文庙之内。正因为曲阜文庙是中国该类建筑中地位最为突出、规模最为宏伟

---

1 切柏（Tschepe，1844—1912），德国汉学家。——译注

2 兖州府，1906，天主教会印刷出版。——译注

3 即农历每月初一与十五。——译注

4 即农历二月与八月。——译注

的一座，几乎整个中国文庙的所有建筑特征都在其中得到体现，故下文我们首先选取这座建筑进行深入探究。

2　曲阜及城内的儒教圣迹

曲阜距圣山泰山向南一日路程。就今日的城市规划布局而言，其内的大型文庙、孔林及颜回庙（颜回，孔子最得意的一个门生）极为瞩目，它们赋予了这座城市独特的基调（参见图 126）。整个城市严格遵照正东、正南、正西、正北四个方向而建，呈规整的四方形。除了常见的四个城门外，其南面还开有第五个城门，直接通往文庙。文庙的中心轴线与城市的轴线重合。文庙轴线起始于距大门南面 350 米处的平坦空地，这里有一条长 250 米的林荫道，道旁遍植苍柏，一直通到城门处。文庙几乎紧挨着内城墙而建，全长达 660 米。建筑主轴并非直线延展，而是分成并行的两条，其中一条穿过北城门，沿着林荫道伸展 1560 米，最终连接起孔林（孔氏家族墓地）的外墙。这条宏伟的林荫路即神道，沿途修建有一些拱桥、牌坊及门楼，整条道路由此被分割成若干段。孔林所在的密林占地巨大，孔子墓是其中最为醒目的建筑群（参见图 127—图 130）。孔墓在孔林西侧，正好位于文庙主轴线的延长部分上。如此一来，孔子墓与文庙的关系一目了然，后者以前者为基准而修建。面对这种墓地布局，人们不禁会联想到，位于南面文庙中的圣贤像或许只是眼前这个以死亡形式出现的最终完满的一种具象象征。人们在文庙中恭敬祭拜那尊雕像，从本质上说就是在祭拜这位死后成神的圣人。文庙与墓地这一南一北两大建筑群，通过苍柏大道以及众多建筑艺术品连接成一个全长超过 3500 米、存在着内部关联的整体。它以一种极为鲜明的方式，呈现出一个集中式风俗、风光景致及承载了宗教信仰的建筑艺术于一体的全景图。因为曲阜所处地带一马平川，几乎没有起伏，故而不存在自然地貌因素的限制。一旦认识到了这些内在与外在的相互联系，人们更会觉得曲阜城、文庙、孔林及神道这一整体建筑的庄严恢弘。

紧挨着文庙东侧建有一座大型衙门建筑，现在承袭衍圣公封号的孔子第七十五世直系后代便居住其中（参见图 131）。文庙东南角隔着一条街建有一个大型学堂。城内北门边上还有一座形制较为朴素但占地面积仍颇大的祠堂，这是颜庙。同文庙旁设衍圣公府衙门这一布局相似，颜庙旁也建有另一座政府机构，那是该地学政衙门。曲阜这座小城还有一些其他大型衙门、学堂以及极具艺术价值的石制牌坊，它们让城市显得魅力独特。城市东南角坐落着文昌庙，庙前挖有一个人工湖，湖中心有一座小岛。城墙东南角的墙体高处还有一座小阁楼，供奉着主管文运的另一位神祇魁星。正是在山东、河南、山西三省，人们尤其喜欢在城镇东南面修筑塔楼，供奉文曲星。曲阜在文庙东南面设立了文昌及魁星这两处神坛，以此将道教思想融入建筑的布局当中。在下文中，我们还将多次看到此种将供奉两位文曲星的祠堂及塔楼修建于文庙东南方向的布局。曲阜城中心附近矗立有鼓楼，而文

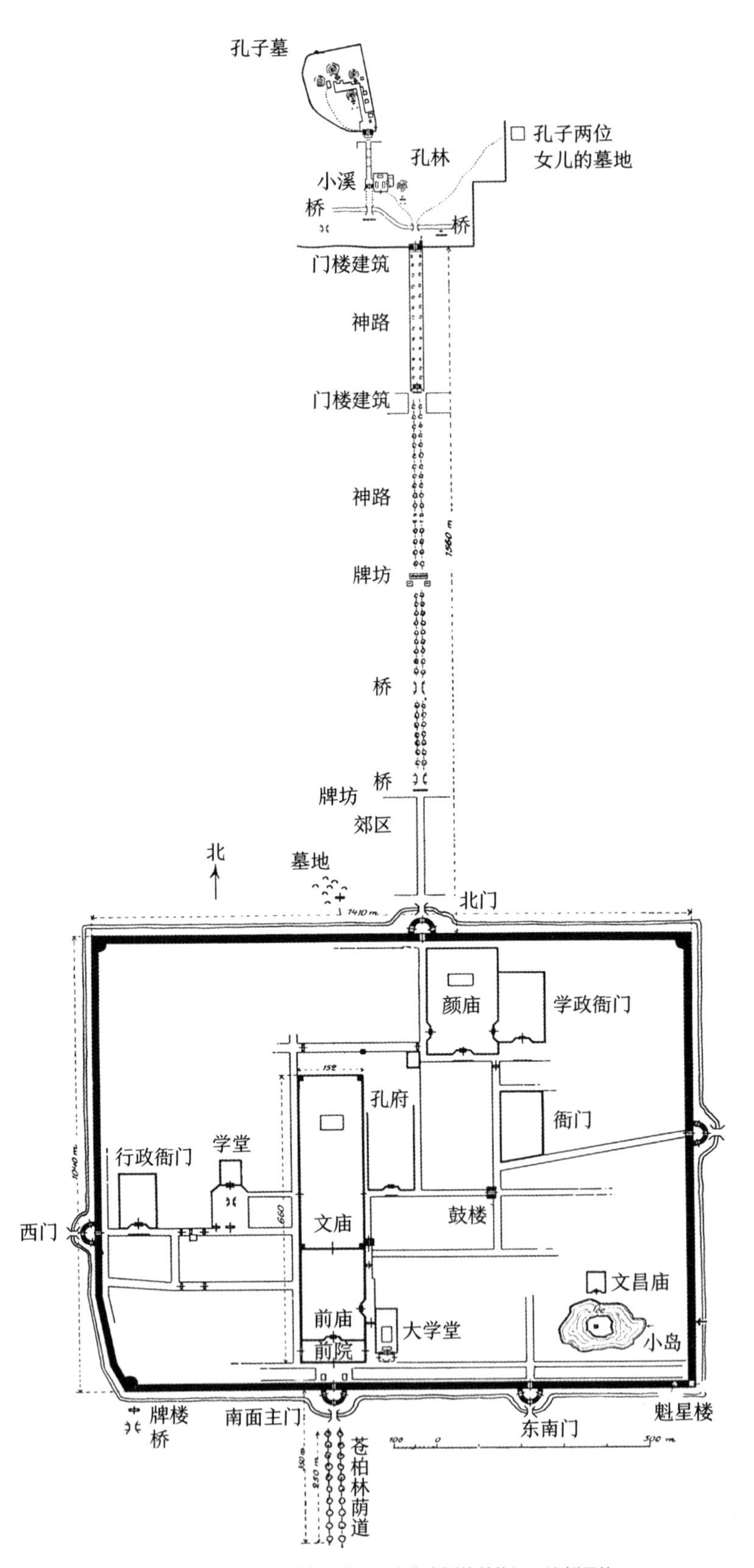

图 126. 山东曲阜城及文庙、孔林布局草图。由作者测绘并修订。比例尺约 1：14000

图 127. 曲阜北面孔林中的孔子墓正面图

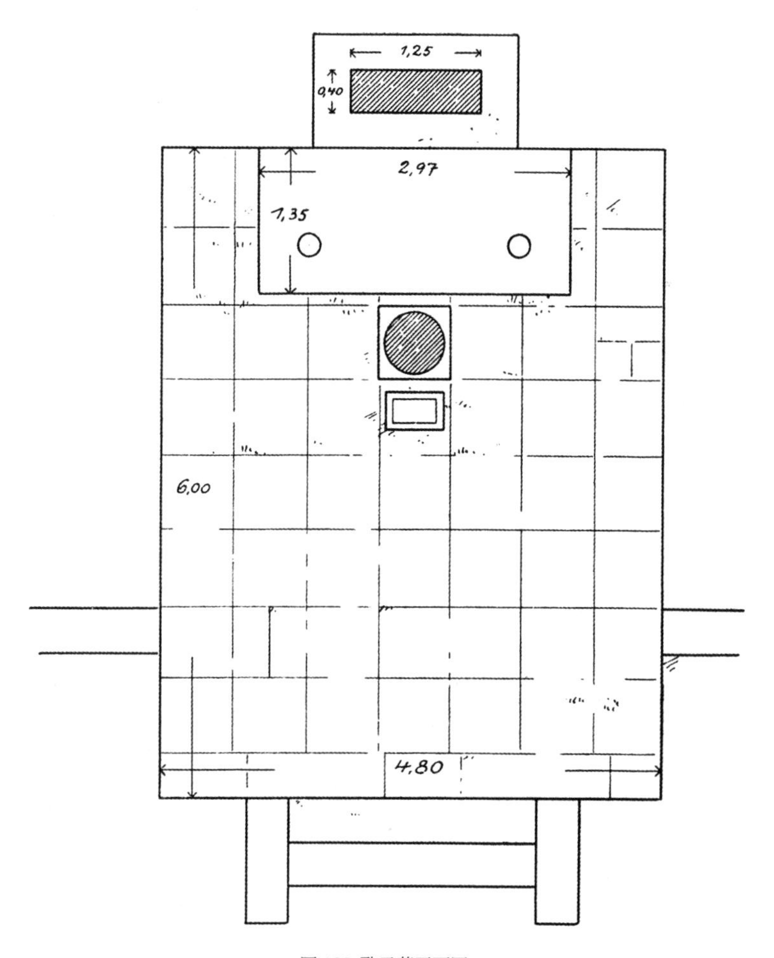

图 128. 孔子墓平面图

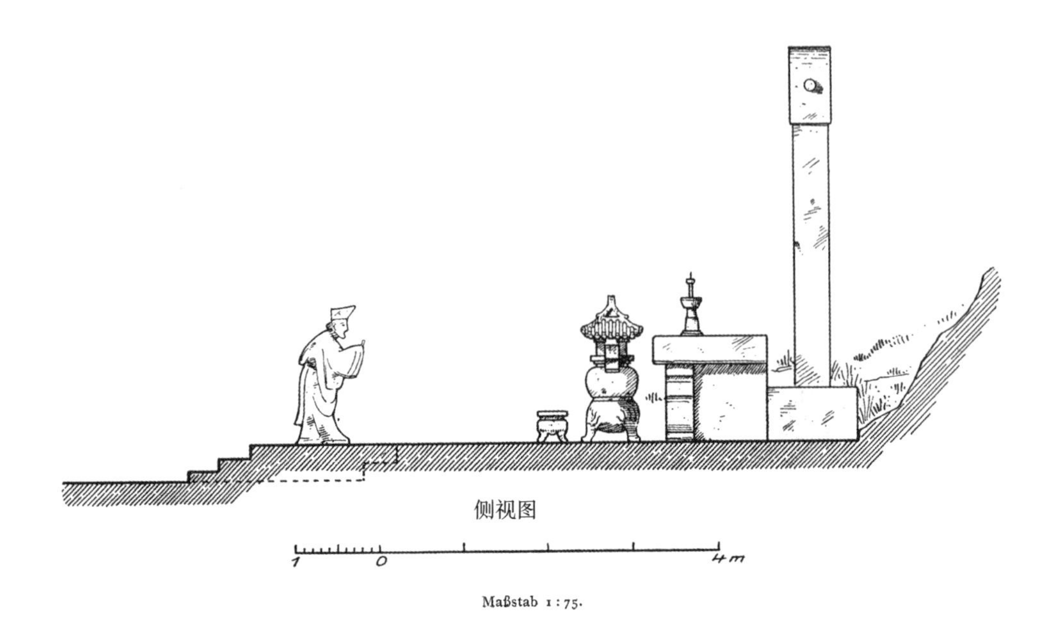

图 129. 孔子墓侧视图。比例尺 1:75

图 130. 孔子墓

庙的钟楼边上则是城市钟楼（参见图 132）。几乎整个城市的西北区域都被规划出来，仅供作为孔子后代的孔氏家族居住。

图 131. 曲阜文庙旁的孔氏公府入口

图 132. 曲阜文庙东侧的祠堂钟楼和城市钟楼

3 曲阜孔庙

历史事件摘要

（引用自切柏所著文献）

前551—前479年	孔子在世
前372—前289年	孟子在世。还未提及祠堂之事。
前195年	大汉创立者及汉朝首位皇帝汉高祖（前202—前195年在位）来到曲阜，以一牛、一羊、一猪牲祭孔子。由此可断定，当时此地已有一座文庙。
前156年	学者文翁于家中有一尊石制孔子坐像。
59年	汉明帝（58—75年在位）以一犬献祭孔子，并封孔子为学府保护神。
72年	汉明帝于曲阜献祭，命人立孔子七十二门徒灵位。
152年	曲阜文庙成为国庙，配专人守卫。
169年	献祭仪式规模扩大。
445年	献祭礼制中配祭乐伴奏。
540年	李珽[1]命人立孔子像于文庙中，撤其四大门徒灵位，改立雕像。

唐朝

618—626年	唐朝开国皇帝唐高祖下令，所有城市均修立文庙，以示对孔子的尊崇。
705、712、713年	众多民户被派遣维护孔林及文庙，并免除赋税。
720年	十哲（孔子十大门徒）被迎进主殿，配祀孔子。
725年	十哲塑像由立姿改为坐姿。之前贵为孔子首席弟子的颜回，其塑像也呈立姿。
740年	丁祭制度确立。

宋朝

961年	规定通过考试的学子须在各地文庙献祭。
983年	高规格重建曲阜文庙。
998—1022年	宋真宗大力度追封孔子，其父母及妻子也被赐予荣誉头衔（现文庙内孔子父母及妻子独享一殿，此规格或许也是在真宗一朝确立）。
1008—1017年	修缮扩建曲阜文庙，现在的主殿便是于当时修成的（之前主殿

1　李珽，时为东魏兖州刺史，辖山东地区。——译注

	位于现在的杏坛所在位置）。现在的大殿平面布局应该出自当时这次扩建。
1023—1064 年	宋仁宗追赐孔子新封号，并在全国文庙中引入横匾与对联。曲阜文庙内的众多铭文便是自仁宗而兴。
1086—1101 年	宋哲宗划地一万摩尔干[1]，赠予曲阜文庙。
1101—1126 年	宋徽宗调整并增加配祀孔子的门徒数量，并准许于大成门设二十四戟。

元朝

1214 年	文庙毁于蒙古人的铁蹄之下。
1294 年	忽必烈重建文庙，恢复原有祭祀制度。

明朝

1368—1399 年	明朝开国皇帝洪武帝欲将孔子像从大殿内移出，代替以灵位供奉，但此计划未能得到实施。
1499 年	六月，大殿受雷击起火，整座文庙被焚毁。
1500—1504 年	弘治帝以高规格重建文庙。建筑正面立十根以整块石料雕凿而成的龙柱，西面设放置乐器的礼乐堂（10 号院鲁壁附近）。
1511 年	以前文庙位于城外时，庙中宝物曾被盗，随后城墙向西外扩，文庙被纳入城墙之内。由此，曲阜 5 号城门成为文庙的主入口。
1530 年	文庙内配享人员品级位次明确下来，形成定例，并各自获牌位供奉。
1522—1567 年	嘉靖帝下令在全国各文庙中专设一殿，供奉孔子的五代先圣。

清朝

1724 年	文庙毁于雷击引发的火灾。
1724—1730 年	雍正重建文庙，并举行盛大的重启仪式。文庙的主体部分便形成于这一次重建工程。

祠堂南区

入口建筑及 1 至 3 号院

气势恢宏的文庙长 647 米，宽 152 米，外有围墙环绕（参见附图 33）。其院落与门坊反复交替出现，一路将人引至建筑主要区域以及随后的祠堂三条主轴上。这种规划布局以

1 欧州土地面积单位，1 摩尔干相当于 0.3 公顷。——译注

极为震撼的方式，呈现出一幅典型雄伟的中式建筑图景。城南苍柏道的北端连接着城门，此门便是文庙壮观的入口大门。紧挨着高大城门的前方是架于护城河上的桥梁，这道护城河同另两道位于其后方的小河一道，横亘于圣迹前方。半弧形的城墙上开有三处通往城阙的门洞，其中位于主轴上的大门常年紧闭，这一点同北京城相似。北京的南侧主城门同时也是紫禁城皇宫入口，那个大门便是极少处于打开状态。从这种意义上说，孔子在一定程度上享有同帝王相等的地位，而这一点也在多次官方宣诏中被一再肯定。想必是早已建成的北京城与城内皇宫布局为曲阜城的修建规划提供了决定性的参照标准，故人们在 1511 年开始扩建曲阜时，将城门定于文庙主轴线之上。在曲阜，城内外的日常交通经由两个侧门进行，通往文庙的 5 号城门只有在极为特殊的情况下才会开放，故此门几乎可以称得上是一个纯粹的象征性宏伟建筑。坚固的城墙上方矗立有气势雄壮的门楼，墙体内侧的两处瞭望台中央有一个前广场。由此前行，穿过一座刻有“金声玉振”四字的三门石制牌坊，跨过位于庙前的第二道小河，经过一座平拱桥，到达桥梁另一端的月台之上。月台被一圈雕刻精美的石栏环绕，边上便是文庙的围墙与入口，这就是传统中国建筑礼制下位于圣迹前方的祭礼月台。距月台两侧不远的地方各立有一块石碑，上刻铭文，要求骑马至此的人下马步行，以维护此地之神圣而不可亵渎。此石碑即下马碑，多见于帝王公爵的宫殿或陵墓前。

1 号前院占地面积颇大，这是所有文庙的一大特征。其南北向进深大，横亘于祠堂主体前面，两侧各建有一座三门石制牌楼，供人出入。其中东牌楼上书“德侔天地”四字，西牌楼上书“道冠古今”。前院南面围墙轴线主入口位置上还建有一座石制牌坊，唤“棂星门”。该门为窗棂状栅栏式样，透过栏条，人们可以望见建筑内部如启明星一般的圣人孔子，这便是其名称由来。与其他地方的此类建筑一样，此处棂星门也为三门牌楼，其三处门洞上方均为栅栏，人们可从栏间望见内部的院落。虽然这种门坊在别的国家级祠堂中并不罕见，但曲阜文庙的棂星门因为其铭文石刻，显现出一种强烈的象征意义。前院主轴线上还依次立有另两座石坊，其上分别写有铭文“太和元气”和“至圣庙”。

前院背后是另外两个极为宽敞的院落，它们同样仍不属于真正的祠堂区域。这两个院中并无值得一叙的特殊建筑，但其中古木森森，渲染出碑刻庭院的庄严肃穆之气氛。身处其中，便会忘却外界喧嚣，陷入内心对本原的深沉冥想与探索之中。前院入口为一座坚固的门坊建筑，名圣时门（“圣时”意为圣人孔子所在的年代），其三扇门洞上方均覆盖有筒形拱顶。建筑矗立于一处平台上，平台边缘修有三道小阶，供人上下行走。这处形制宏大的平台，是中国传统祠堂及宫殿中的一个重要组成元素。不过，这一部分可能来源于西方建筑文化，但在今日，它尤其多见于喇嘛庙内，此外佛教寺院中也常见。2 号院为过渡院，在整体布局上起承接前后建筑的作用，其东西两侧同样各开有一扇大门，东侧门上书“快睹门”三字，西侧门上书“仰高门”[1]，这种中门与东西偏门并存的突出设计同前院一致。在后方的 5 号院内，此三门并存布局再一次出现。2 号院中有一条由极具艺术价值的石制

1　建筑原图纸上并未标注出这处西门（附图 33）。——译注

栏杆精心围起的水池，人称“碧水”，它便是三条横于孔庙前方水体中的最后一处。碧水上有三座半弧形拱桥，桥体均由细方石砌成。事实上，一过高大的圣时门，主路便分叉成三条平行走道，它们向前延展，贯穿了祠堂中部区域。圣时门后为弘道门，该门坊建筑面阔五间，旁边还有两扇小门，通过隔墙连接起后面的 3 号院。这种五轴中门与两侧小偏门的并列布局，在 3 号院院后端也会再次出现。过弘道门前行，来到大中门，陈列孔子圣迹的真正祠堂区域便自此开始。

祠堂北面的主区

平面布局总体结构

四方形的祠堂主区包含 4 号院至 14 号院，主区围墙的四个角落上各矗立着一座带高大敦实基座、类似塔楼的亭阁（参见图 132），它们将这个四方区域突显得更加轮廓鲜明。在中国传统五大圣山的大型祠堂寺庙中，人们同样能看到这种高基座塔状角楼的身影。由于此处曲阜文庙的一些建筑在一定程度上遵循古制而建，反映出远古时期的建筑文化，所以这四座角楼的存在或许可以说明，它们是一种原始古老的中国建筑形式，其最初可能是作为位于角落的防卫设施而产生，与现在我们认为同其极为相似的印式纪念碑塔并无联系。不过，这里的四座角楼并不统一，其功用不尽相同。南面的两座角楼分别为钟楼（东侧）与鼓楼（西侧），北面的两座则并非如此。钟鼓楼的存在突显的是一种礼制仪式功用，建筑在平面图上体现出的纯布局结构功用因此稍显弱化。在下文介绍其他地区的文庙建筑时，我们还将反复接触到钟楼、鼓楼这组建筑，甚至在此处的曲阜文庙 6 号主院的亭台内，我们也将再次看到洪钟与大鼓的身影。这两种乐器无疑是中国传统祭礼仪式中的重要组成部分。然而，在其他文庙中，我并未发现如曲阜文庙这般的角楼建筑。正因如此，我无法断言这种独特的建筑形式究竟与哪种历史文化有关。但无论怎样，这都值得我们对此作客观记录，并着重留意。或许在这背后还存在着佛教影响因素，这并非没有可能。位于祠堂中心位置的大殿四周角落均建有配套建筑，它们同大殿一道组成数字“五”这个概念，此布局便体现出鲜明的佛教思想。在公元 1008 年文庙的修扩建工程开始之前，祠堂整体所带有的佛教色彩或许更为明显。当时的文庙大殿位于如今的杏坛位置，这几乎就是两条建筑对角线的交叉点。除佛教外，中国传统本土思想同样强调“五”这一数字概念，不过在建筑领域，此数字更多的是同佛教有关。它们经常出现在佛教祭礼建筑中，令人印象深刻。此外，位于正中的雄伟大殿四周建有一圈相连的偏殿与门坊，它们几乎将大殿完全包围，形成一个封闭格局。在第一章中我们接触了众多同此类布局截然相反的情况，即侧边建筑与作为建筑整体基准点的主建筑互相分离，这才是古老而传统的中式建筑布局式样。在曲阜颜回庙中，此分离式传统布局被体现得淋漓尽致（参见附图 34）。一些侧殿相互连接，形成一圈贯通的回廊，这种建筑布局极有可能源于印度，为佛教建筑形式。不过，纵观曲阜文庙，其建筑整体中心点的大殿坐落在以四座角楼划定的宏大四方形主体区域内，并带宽敞的露天殿前庭院，这种矩形叠套的规划，也体现在北京皇城的布局架构之中，两者之间以一种密不可分的传承与发展方式相互联系。眼前这座祠堂到底包含与融合了多少印度及中国本土建筑元素，这一点或许只能在今后的研究中得出结论，但也正是这种多元影响下产生的布局，成为体现曲阜文庙建筑历史发展的重要承载物，值得以如此大量的笔墨进行描述。

四座角楼圈定的巨大祠堂主体区域在南北方向上被划分成四个部分，分别为：1. 4 号院；2. 5 号迎宾院；3. 坐落于有宏伟圣殿的 6 号主院及同其相连的侧殿，侧殿分别位于东侧的 10、11、12 号院以及西侧的 13、14 号院；4. 最北端的 9 号院，该院虽然与依轴线对称建造的 7 号院及 8 号院互不连通，但仍同属于祠堂主院区域。

图 133. 曲阜文庙奎文阁

4号院及5号迎宾院

4号院内有众多石制纪念碑，它们立于基座或龟趺上，或露天摆放，或由两座精美碑亭遮蔽。正是这些数目庞大、年代久远的铭文碑刻，才让这座文庙地位卓然。而文庙最著名的石刻，则位于特殊的5号碑刻院。4号院正中屹立有一座独立的门坊建筑，名同文门。该建筑由上细下粗的八棱石柱支撑，而位于其前方的一众门坊，则均为木柱式样，同文门由此显得高出一等。事实上，越是靠近供奉孔子的主殿，建筑便越是华贵，形制也逐步提高。庭院的东北角与西北角上被辟出两个独立小院，每个小院中各有三座建筑，来到文庙的高官甚至皇帝本人就是在这里斋戒、闭关，为祭孔做准备。建筑内还设有专门房间，供官员在典礼前后更衣使用。正是因为这个用途，所有大型国家级祠堂及帝王陵中的众多此类建筑亦被称为更衣殿。4号院院末巍然矗立有奎文阁，它高两层，带三重檐，建筑构造华丽至极（参见图133），其底楼同样用到了八棱石柱。该建筑同时充当过道门楼功用，其两侧还各有一座带若干偏间的侧门楼，通往下一个院子，这种布局突显出三轴一体的理念。

宽敞的5号迎宾院内建有十三座碑亭，亭内放置有铭文石碑（参见图134）。身处院中，面对此情此景，人们对先贤的景仰与尊崇油然而生。这些碑亭四面开放，重檐亭顶由繁复至极的斗拱及粗壮坚固的实心角柱支撑，角柱内圈环立有木柱，亭内石碑带龟趺基座。林立的碑亭之间修有一条道路，它连接起东西侧门，贯穿了整个横院。院子东侧为毓粹门，西侧为观德门。这种侧边入口的设计布局比较常见，且具实用性。此处横贯东西侧门的过道常年开放，行人众多，人们可经此从城东前往城西。若没有这条连接走道，那么大家就只能从外围走上一大圈，才能绕过如一枚长钉般深深楔入城市的文庙，到达城市东西方向上的另一端。

图134. 曲阜文庙宽敞的迎宾院中的碑亭，该亭内部立有一块石碑

主圣殿区域的中路建筑群

走过雄伟磅礴的重重前院，我们终于来到祠堂一众主圣殿所在的中心区域。这里的建筑依着三条平行轴线展开，形成三组建筑群落。位于中路的建筑群供奉孔子本人，东路建筑群彰显其生平功绩，缅怀孔氏先祖，西路建筑群则用以祭礼准备，并供奉孔子双亲。

位于中央的 6 号主院

大门建筑及院落

相比东西两路建筑群入口处的三段式单门洞门楼，中路建筑群入口建筑气势恢宏。它由三道大门组成，东西横跨整个院子。在这三座门楼中，中央的大成门最为震撼，它面阔五间，开有三门，由八根（2×4）八棱光滑石柱并四根位于中央的粗壮圆形石柱支撑。四根圆柱上以高浮雕工艺雕刻有繁复的神龙及云彩图案，这一点与后方雄伟主殿的正面立柱一致。此建筑样式为典型的中式门楼。大成门前堂覆有屋顶，其两侧列 24 戟，戟尾被雕饰成不同的象征图案。这种装饰也存在于某些宗祠之中，它们是那些生前位列高位的逝者的尊崇象征，本卷最后一章介绍长沙府的某座宗祠时也会对此作一实例说明。孔子便是获后世如此尊荣之人，其形象之高大显耀已经逼近历史人物英雄崇拜之极限，在很多方面甚至已经超越真实人物崇拜的局限，同帝王及神祇享有同等尊崇。不过除此之外，戟饰同样经常出现在佛寺及道观之中。相比于如此恢宏的大成门，其两旁的“金声”“玉振”二门仅以木柱支撑。

一过门楼，人们会惊讶于眼前这个宽阔院落的美丽动人。院子地势较门楼略低，需下行几步台阶。院中古柏遮天蔽日，绿荫笼罩了整个院子，另有花卉及纪念建筑点缀其中。院子两侧各有一溜状如长廊的偏房，各前堂相互贯通。透过枝繁叶茂的树木，人们可以看到在阳光下闪闪发光的各处月台、大理石护栏与柱子、亮黄色的主殿瓦釉顶以及那五彩斑斓的彩绘木件。紧挨着正中大成门有一株被大理石护栏圈起的圣柏，相传是当年孔子亲手种下此树。这种代表不朽与永恒的象征物同样出现在其他文庙中，人们通常会以类似方式圈出一株特别的苍柏，由此显出此圣树的卓然地位。

院子中央的主轴线上立有一根小柱，它象征着文人不屈不挠的傲骨精神。柱子后方坐落着杏坛，据说孔子曾于此讲经授道，后人以此建筑表达对孔子的缅怀。公元 11 世纪初，原本的文庙大殿便位于眼前的杏坛所在位置。杏坛所在月台被一圈大理石护栏环绕，月台之上还立有一座小型四方形开放式凉亭，亭内设有乐器架，其中东北角挂着一口古钟，西南角架有一面大鼓（参见图 135）。这类器乐在整场祭礼仪式及各流程步骤中始终发挥着重要作用，它们体现出孔子所享有的无上尊崇，是一个鲜明表明其形象与地位之神圣的代表。

图 135. 曲阜文庙杏坛凉亭内的大钟及钟架

主殿大成殿

此刻，我们立于雄伟庄严的大成殿前，它是整座孔子祠堂的主殿。这座大殿为传统中式建筑式样，堪称中国建筑艺术一大杰作。一如前文建筑历史概览中我们所了解到的，如今的这座大成殿建成于 1724 至 1730 年。当时，原建筑被一场大火焚毁，雍正帝下令重建主殿。眼前的这些石柱、石栏正是雍正年间重建的，还是往前追溯至 1500 至 1504 年间翻新的，人们众说纷纭。从圆柱形状来看，本人更倾向于其为明代产物。

双层月台

大成殿基座为一个双层平台，平台朝南面大幅突出，在建筑正立面前方形成一块宽阔的露台。这是一种典型的中式建筑形式，人称月台。每逢盛大的献祭日，庄严肃穆的祭礼

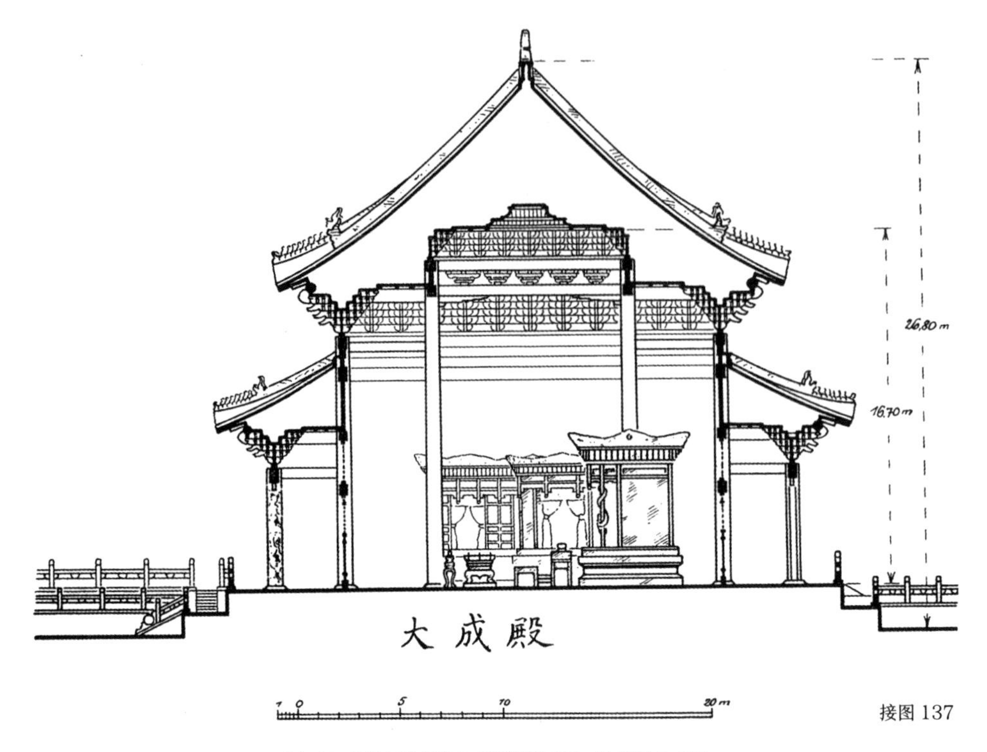

接图 137

图 136. 曲阜文庙主殿大成殿横截面图，比例尺 1:300

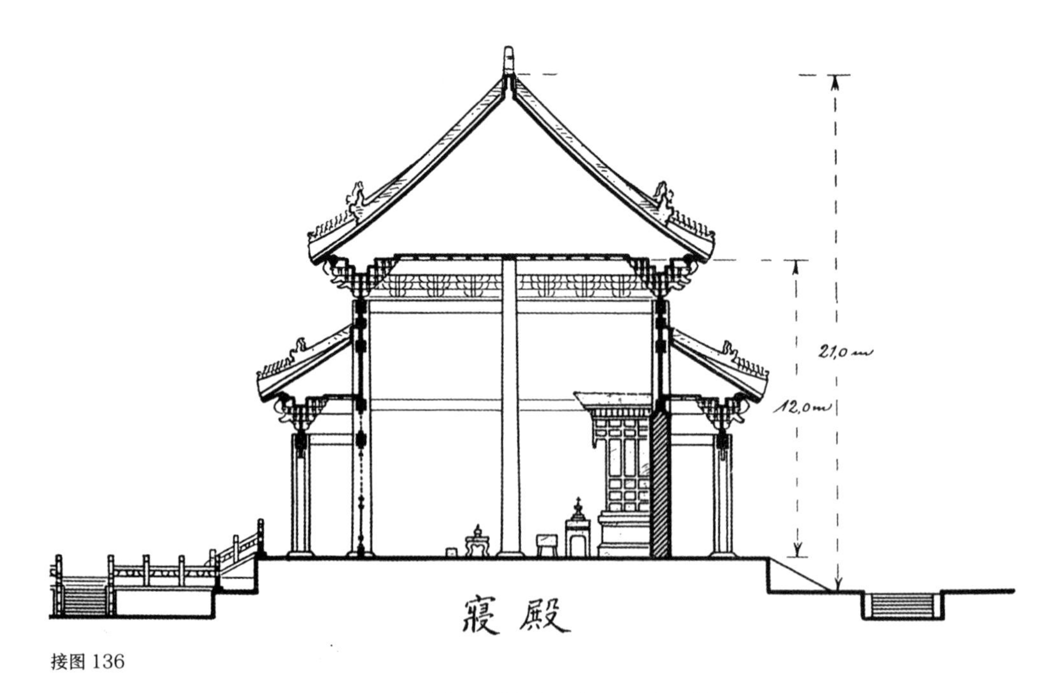

接图 136

图 137. 曲阜文庙寝殿横截面图，比例尺 1:300

过后，人们便在此奏乐、起舞、祈祷，所以这样的平台在任何一座文庙中都是不可缺少的。更有甚者，比如在我们的这座曲阜文庙中，西侧供奉孔子父亲的殿厅以及东侧宗祠这两座平行侧殿建筑之前，同样设有此类月台。大成殿月台的中间部分依着主轴向北延伸一段距离，连接起后方供奉孔子夫人的小型寝殿（参见图 137），一主一次两座建筑由此形成一个完美整体。双层月台的边缘环绕有一圈极具艺术美的大理石护栏，一直到寝殿正面。护栏望柱上雕刻着精美繁复的纹饰（参见图 139），柱间栏板呈镂空式样，护栏线条流畅连贯，只在台阶起始处出现隔断，两座主要殿厅经此相连成统一体，从中彰显出其凌驾于文庙其他建筑之上的神圣地位。以固定距离排列的滴水嘴被雕凿成龙首造型，其中位于角落的龙首尺寸较大。滴水龙首均被修建在连接月台护墙的墙檐之上，墙体下方踢脚线呈典型中式墙角样式。紧挨着杏坛北的月台正面有一道双段主阶，台阶正中的神路上斜嵌有数块壮观的石板，上面雕刻着神龙及其他具有象征意味的浮雕图案。

大殿平面布局及立体结构

如前所述，大殿平面布局可能形成于公元 1008 年至 1017 年所进行的修缮工程。建筑面阔九间，进深五间，由此一共形成四十五个空间拱。其外围环绕有一圈完整回廊，内部真正的独立祭祀区占据 21 个（7×3）空间拱，较大的空间拱跨度惊人。十字交叉拱径向尺寸达 7.50 米，轴向尺寸更是达到 9.4 米。六个宽度一致的侧边空间宽达 5.25 米，回廊跨度则仅为 3.5 米。整个建筑包含回廊及最外侧的立柱（取其半径）在内，宽 46 米，深 25 米；上层月台宽 51 米，深 30 米；殿内祭祀区宽 40 米，深 19 米。中央空间拱的宽度几乎是侧边的 1.5 倍，如此巨大的跨度更加突显出位于轴线上的大殿主入口的庄严肃穆（参见图 138）。建筑正面重檐之间挂着醒目的匾额，上书殿名，它进一步彰显其中心轴概念，同时也发挥了一种对正立面美感进行统一的功能。如若不然，开在建筑正面的那道尺寸震撼的中门或许会给访客造成一种撕裂的审美观感。

大成殿横截面上的立体构造同其宏大的平面结构相契合，其正中十字交叉顶最高点高度超过十七米（参见图 136）。为了保证空间拱跨度，并承托起必不可少的庞大出檐，大殿梁架以及斗拱的尺寸之大非同一般。不过遗憾的是，我无法对其进行测量。虽然所用木件粗硕，但建筑内外整体并未给人压抑沉闷之感。我身处殿内时，曾记录下自己对它的评价：恢弘庄严的空间感。祭祀区的木柱全部采用楠木，其中位于中间的楠木高达十五米。这种粗壮硕大的巨木并不容易获得，它们产自安南以及暹罗，由专门的队伍经过长途跋涉砍伐而得，继而被运至北方。时至今日，中国仍通过这种渠道获得这样的巨木，它们主要被用于北京大型门楼以及皇陵建筑之中。大成殿中的这些珍贵楠木或被饰以红漆，或被抹上灰浆，又或被涂上彩绘及金粉。建筑内部整个屋顶呈棋格状式样，主坛上方的中央空间拱顶点处构建出一个极深的小型藻井，其内雕绘有神龙及其他纹饰图案。华丽的斗拱拱架同样向内部大幅深入，它们虽然将棋格顶外侧区域切割成不连贯状，但也赋予了建筑内部横向视觉上一种更稳固与柔和的线条延展感。这种视觉体验极为舒适，它缓和了纯木质架

图 138. 曲阜文庙大成殿月台及西侧区域

图 139. 曲阜文庙大成殿月台及东侧区域

构的锋利尖锐感，在整体效果中增添了一分细腻之美。此外，雀替及屋顶带无数细节装饰，一些镀金或彩绘匾额雕刻精美，倾斜的姿态给人一种自两侧向中心努力攀升的感觉。还有那众多富丽豪华的供坛，它们进一步增添与彰显了大成殿的艺术表现力。所有这些建筑细节同时又同柱子及梁架构成的粗壮线条与平整平面相辅相成，交相呼应。或许正是这种和谐融洽的整体背景氛围，才会让欧洲人在面对完全陌生的中式大殿构造时，也能感知并享受其中的和谐之美。

正面石柱

主殿大成殿之所以享有盛誉，不仅是由于其内部有巨大粗壮的木制圆柱，还因为其外部矗立着的雕饰华丽的石制圆柱。它们构成了大殿的外部回廊，其年代或许可追溯至1500—1504年。建筑在大面积采用定制的木制圆柱之外，还使用了或圆或方的石制支柱，这在中国相对来说较为罕见。虽是如此，人们还是能够找到一系列带石柱的建筑。石料最常见的建筑形式为牌坊，此类建筑的石制侧柱及梁架大多尺寸巨大、打磨精细，体现了中国高超的石刻雕凿艺术以及地大物博的原料保障。山东省是首屈一指的石刻艺术之乡，这一地区的建筑大量采用原石或花岗岩（如石灰石）材质。行文至此，我们且将关注点从石柱代替木柱这一方面移开。在前文介绍山西解州关帝祠、成都诸葛庙大殿、庙台子凉亭以及灌县二郎庙的大殿前堂时，我们已接触到其中的石制圆柱与方柱，这些石柱柱身上都雕凿有大气的神龙浮雕图案。在眼前的这座曲阜孔庙内，石制圆柱与方柱早在前方入口院落的几座建筑中就已出现，而在宽敞的门厅内，石柱更是被凿刻上浮雕。在下文即将出现的供奉孔子夫人及父亲的两座大殿内，还有颜回庙以及湖南、广东两省几座宗祠之中，同样有石柱构件的存在。若将这些建筑实例与我所知的其他类似中国建筑汇总，并将其同雄伟至极、完全以木制圆柱构建起的皇家寺庙、宫殿做对比，就会发现，供奉历史英豪及神祇的祠堂

图 140. 大成殿石制圆柱局部。参见附图 18

尤其喜欢采用石柱。人们摒弃木料而选用石料，以突显建筑华美威严的效果，从而表达对祠堂主人的尊崇。而一旦石柱被凿刻上浮雕图案，这种功用便尤其明显。浮雕石柱显示出人们对祠堂所供奉的英魂怀有一种亲密的内在感情。相比之下，宏伟的大型国家级寺庙建筑中完全不见石料柱的存在。至于佛寺及道观，我也只在四川地区的该类建筑中见到了较多的石柱。蜀地的这些宗教建筑在很多方面都独具风格，建造过程中大量运用砂石便是特点之一。由此可见，只有祠堂这一特定建筑使用石柱，究其原因或许在于，中国人对这种建筑怀有一种有别于宗教建筑的内在情感，同时这类建筑本身也与其他寺庙的建筑形制大有不同。不过，至于以上推测究竟有几分正确，人们只有通过谨慎研究才能得出定论。在中式殿厅建筑极为相似的外表下，隐含着细致入微的差异，只有从心理感知角度入手进行探求，才能分辨出此间的毫厘之差。在拥有更多实例以得出更加确切的结论之前，我还是希望在此明确表达自己的猜测：石制柱子更多地被用于祠堂中，而文庙正属于此类建筑。

在迄今我所了解的石柱中，最精致华贵的当属大成殿前堂的十根大圆立柱（参见附图 18）。它们均由成块大理石雕凿而成，高约 5.3 米，下部直径约 0.75 米。柱子下粗上细，向上逐步收窄。下方圆形柱础高 0.25 米，柱础与被压嵌入地面的底板为同一石块斫凿而成。柱础呈覆盆式双层柔缓波状造型，上面雕凿有两排中式卵箭形纹饰。立于柱础上的柱身底部同样带此样式花纹。自柱脚起雕凿有一条缎带，带中有轮廓分明的山岩，岩间平刻着翻涌的波涛。山岩与浪涛上，萦绕着朵朵云彩，线条深刻有力，栩栩如生，包裹住整个柱身，一直延展至柱顶。两条四爪巨龙腾飞于云朵之间，它们一上一下，分别从柱顶及柱脚冲向中心，争夺宝珠。双龙戏珠这一常见的中式建筑题材，在此处通过如此独特的石柱雕刻呈现在世人面前。近观柱身细节，神龙四爪收紧，攫取住大团祥云，其画面之逼真呼之欲出。高浮雕刀法刚劲有力，神龙尺寸巨大，细节雕绘极具视觉冲击力。这一切同独特的立柱排列所刻意营造出的空间效果完美契合，同时又与建筑的其他部件相得益彰。面对整座大殿大跨度大范围的线条与平面，加之其恢宏的重檐屋顶设计，在石柱这一建筑细节上能有此精确的艺术表现无疑并非易事。

同这些堪称惊世之作的高浮雕石刻艺术品相反，大成殿山墙及背面的十八根立柱为八棱平雕式样。这些八面方柱几乎都为整石，只有极少数由两段柱身叠立而成，它们同样由下至上逐步收窄。光滑的柱身上遍布地毯状花纹，平刻浅雕的纹饰下方是深扎于地面下的石基。很遗憾，在如大成殿这种庄严肃穆的神圣之地，人们无法拓印下这些纹饰。不过，颜庙中也有类似方柱，从那儿我们也可以了解这些纹饰图案及其雕刻过程中所采用的工艺技法（参见附图 19）。

大成殿内的圣坛

大殿内部清晰明确的平面区域布局，使得圣坛及神像排列呈现出一种节奏韵律感（参见图 141）。正中轴线上，孔子独自一人端坐于圣坛上，该坛共占三间，其地位之尊崇显露无疑。孔子圣坛左右两侧均设圣坛，分别供奉着孔子的两位大弟子，一共四位，人称“四

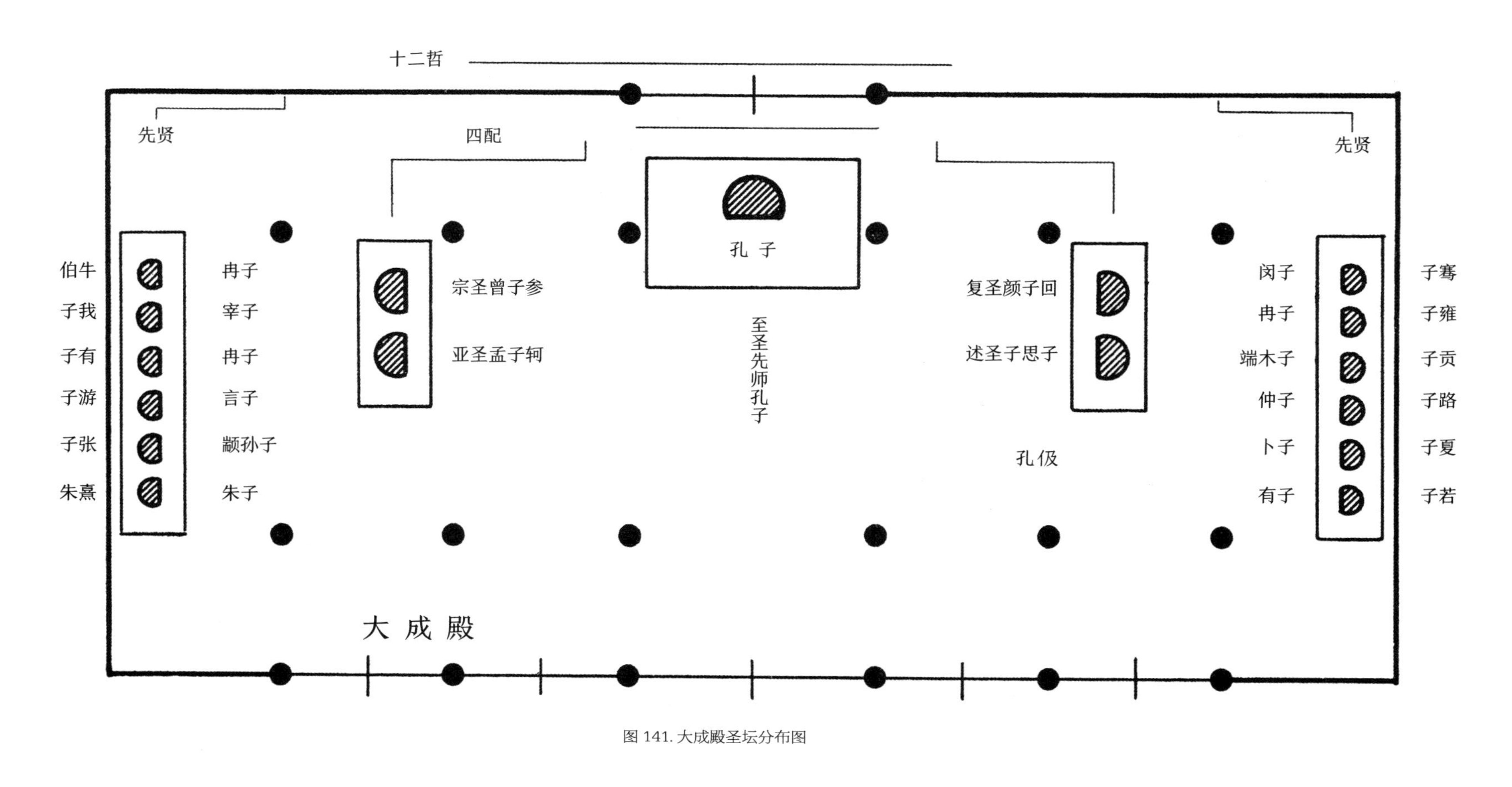

图 141. 大成殿圣坛分布图

配”。在最外侧区域靠山墙的位置上还各有一列圣坛，每列供奉六位地位稍低的孔子门徒，一共十二位，人称“十二哲”。四配与十二哲塑像均面朝中轴线。此处我们对这些具体人物及其事迹不作深入展开。在供奉孔子的大殿中，他的这些圣徒以“四”及“十二”这两个固定数字出现，这组数字已成为定制，通用于现今所有中国文庙。不过，在这些圣徒中，并不是所有人都与孔子生活于同一个时代，有一些是孔子的后世之人，他们是后来才被请进祠堂的。例如孟子生活于孔子之后的公元前372至前289年，而到了明洪武年间（1368—1398），洪武帝曾想将其塑像从位于四配雕像组西南角落的圣坛移走，不过这一计划由于遭到文人反对而未能实施。不管怎样，这一纷争表明，“四配”这个概念在当时并未完全确定。同样的，“十二哲”群体也是逐渐形成。据说直到公元720年，十位出自孔门的先贤才被允许配享主殿受人供奉，至于这十人的入选原因还有待查证。在此之后，过了很长一段时间，十二哲中的最后两人才被列入这一群体。1712年，康熙帝升朱熹入列；1738年，乾隆帝升子若入列。这两位帝王均是佛教的热衷推行者。这里便产生一个问题：在这些事情上极为看重对称与规律的中国人，在确定四配“十二哲”礼制之前，是怎样布局圣坛与圣人像的？还有：这些孔门弟子，究竟是何时、出于何种原因被请进主殿，近距离安放于孔圣身边的？这其中有一点是肯定的，即建筑对称的要求促使这些圣像发生了数字上的变化。例如孟子、朱熹这类重要人物，凭其历史成就足以位列“十二哲”。不过在此看来，这一数字概念的变化鲜明地反映出佛教所施加的影响。文庙北部主要区域的布局就已暗中说明了这一点，其围墙上的四座角楼以及正中主殿组成了数字“五”，这一概念象征同中国传统思想以及佛教思想相契合。在此处大殿中，该数字以孔圣加四大弟子的形式再次出现，而这四大门徒非常容易让人联想到与其极为相似的佛教四大菩萨。常见的四位菩萨像虽不似孔门四弟子这般排列，但其形象多以整体出现。至于十二先贤中的数字“十二”，又是中国神话及自然哲学中的一个常见概念，建筑中同样经常出现这一数字。北京天坛恢宏的圜丘坛，即被划分成十二区。此外，“四”加“十二”为“十六”，这一数字在佛法及佛教艺术中又扮演着一个重要角色。

若能知道这些孔门圣徒是在哪一个确切时间、出于何种理由配享文庙之内，从而在历史发展过程中，由一个之前规模较小的群体渐渐演变为如今“四配”“十二哲”共计16人的定制，那么人们或许可以更加准确地定义佛教在这其中产生的影响。虽然这一宗教思想或许与这些学富五车的先贤思想全然无关，但其在建筑艺术中以周期性、规律性数字得到大量体现，进而通过建筑平面布局，在潜移默化中影响虔诚儒教士的宗教观，并最终将其引入佛教信仰的方向。如果有朝一日能有文献资料公开文庙发展情况，那么人们就可以针对这一问题得出更加深入的答案。而放眼看来，此问题又只是一个宏大研究主题下的一部分，人们最终需要探索明确，中国传统宗教与哲学思想同印度宗教与哲学思想之间存在着何种关联、以何种方式存在关联，以及此关联是如何表现在艺术、尤其是建筑艺术领域的。同许多其他宗教建筑艺术一样，此处的文庙无疑对宗教思想具有一种反作用，这又是另一个印证“形式即力量”观点的体现。

殿内圣坛前方均设供桌，上面摆放着祭祀物件与器皿。桌前还有箱柜，以放置献祭的肉类。这些祭品是在文庙最北端的两个角落院子里准备的，此二院一为神庖，一为神厨。置肉柜为镀锌木制匣子。主坛前方依次摆放有三个这样的木匣，“四配”跟前各放有两个，而至于“十二哲”，只能每列六人共享两个木匣。

大成殿内部众圣坛的艺术规格并没有比普通祠堂供坛高很多（参见图 142），唯一一

图 142. 大成殿内部西北方

处美丽夺目的便是那张紧靠门后、位于主轴线上的供桌（参见图 144）。桌子雕刻精美，外涂金粉，上面有五个造型古朴的铜制祭祀器皿。1724 年建造这座大成殿时，雍正帝赐下这张桌案。木雕主圣坛神龛前方的独立角柱上盘踞有两条神龙（参见图 143），它们张开大口，朝向中轴方向，轴线便是大道完满的象征所在。建筑中门处有一道挂起的丝质帷幔，幔头大幅垂下，刚好露出完整清晰的孔子坐像（参见图 145）。雕像背后的后墙被划分成五个部分，墙上雕凿有华贵精致的纹饰图案。雕像前方立有一块带分层底座的竖匾，底座上雕凿有被护栏环绕的双层小巧平台，光滑的匾牌便立于平台上，四周围绕着华贵至极的镂空神龙及祥云雕饰，牌身上书“至圣先师”。纵观中国的寺院甚至清真寺，在其主轴线最突出的位置上，总会供奉帝王的尊位。而在曲阜文庙中，帝王将这一优先权让与孔子，由此表明至高统治者对这位圣贤的认可。他们着眼于孔子在精神及礼制领域的伟大成就，封其为公侯。据确切记载，公元 540 年前后，孔子像被请入曲阜文庙，当时旁边已有配祀像存在。及至明朝开国皇帝洪武帝时期，这位虔诚的儒家拥护者下令禁止为孔子塑像，其原因或许在于，他希望以此重振中国本土古老风俗，以对抗尤其在短命的元朝时得到广泛传播的外来佛教所产生的影响。不过，在山东曲阜，这位帝王的计划未能实现。在今日中国，人们以两种形式供奉孔子，一部分文庙内立有其塑像，但更多的是供奉其神位。人们若能对文献资料进行更深入透彻的研究，势必可以明了，古老中国本土思想与外来佛教思想发生了怎样的碰撞。

图 143. 大成殿主坛

图 144. 大成殿内 1724 年制成的供桌

图 145. 大成殿主坛内的孔子像

寝殿

大成殿北面的双层月台上矗立着供奉孔子夫人的寝殿，两处平台通过连廊相互连接。寝殿同样呈现出雄伟的中式建筑风格，但其规模同供奉孔子的大成殿相比明显小了许多，且其内部进深为罕见的两间，以此表现出这座建筑等级同至高圣殿之间的差距。颜庙正殿同样采用这一进深距离。寝殿内部上方覆盖有棋格状天花板，圣坛上单独供奉着孔子夫人牌位，牌位前方同样设有若干摆放祭品的匣子。建筑前方没有平台，其主祭祀区外围同大成殿一样，环绕有一圈全部由八棱石柱构成的完整回廊。

东西两庑

带有两侧偏门的寝殿是6号主院最北端的建筑，它被包夹于两列长廊之间。此东西两庑各有四十间，此外角落还有两个面积较大的房间。两庑通向主殿东西两侧的两处区域被修建成可供通行的过道，其他各间的前堂则相互连接，形成一道连贯走道，栅栏门背后靠着外墙一共设有超过八十二个圣坛，上面单独或以群体形式摆放着历代先贤的小型牌位。这些英杰前后涌现于数百年的历史长河之中，其地位仅次于四配"十二哲"。在这里，他们同主殿中的至圣先师及其众多大弟子一道，构成一个庞大的圣贤群体，享受后人香火供奉。出自文庙的木刻画以及文献记载表明，包括主殿供奉对象在内，孔子门徒数字为七十二人。此数据为公元72年的情况。而据切柏描述，两庑所供奉的先贤人数达到150人。可显然，现在我所看到的小型牌位明显超过了这一数字。这里并非每一个圣坛都设有专门的供桌，经常是若干个圣坛内的好几位先贤共享一张。

圣迹殿

寝殿北面坐落着自成一体的8号院。它面积较小，虽以狭长的7号横院同寝殿相隔，但仍通过一条高起的走道同前方建筑相连，由此也成为祠堂中路的一部分。8号院院末建有圣迹殿。该建筑较为低矮，面阔五间，进深三间，且每间进深距离极窄。殿内独立摆放着一众镌刻有图画及铭文的石碑，其中最为珍贵的当属镶嵌在最后一列立柱前方矮墙上的石板，上面刻有5世纪著名绘画大师顾恺之的众多画作。

东西两路侧院

整个祠堂规划一分为三，两列院落及楼宇并行延展于中路建筑两侧。这两路侧边建筑群南端入口处均立有一座三门牌坊建筑，北端则完全封闭，其各自功用在上文已有提及。

东路建筑

5 号迎宾院后立有承圣门，穿过此门，便进入 10 号院。院子中央坐落着气势宏伟的诗礼堂，它面阔五间，进深三间，代表孔子双亲及其本人的起居处所。据说，孔子和父母三人生前所居住的房屋，便正是在如今这座诗礼堂的位置。前文已经介绍过位于文庙前方及内部的三条圣水渠，而此地诗礼堂背后凿有一眼被保存至今的古井，其井水同样被奉为圣水。古井后的一块巨大铭文石碑旁立着著名的鲁壁（即古时鲁国遗留下来的墙壁），曲阜即属于当时的鲁国。据说，当年秦始皇焚百家之言时，人们将众多儒家经书藏于这段墙壁之中，从而留下一脉古老文化思想。鲁壁同时又被作为后方两个院落的影壁，人们穿过两道三门牌坊，便可进入其后的 11、12 号院。在 11 号院东南角落立有一块孔氏族谱石碑，上面镌刻着孔子及其七十五代后人的姓名。11 号院内的崇圣殿以及紧挨其后方 12 号院院末的家庙均带前部月台及前堂，看上去高大雄伟。崇圣殿内供奉有孔子的五代先祖塑像，家庙中则供奉着孔氏一门最早创立者的小型牌位。这些所谓孔氏先祖被追溯至遥远而模糊的上古时期，事实上应为伪造之产物。中国人喜欢尽力挖掘某位伟人的家族渊源，为其找出一位尽可能遥远的先祖（此种文化心理与行为我们在第三章叙述李冰的传说故事时已经有所了解，其中还添加有神话想象成分）。出于这种内心需求，人们同样为孔子构造出一位祖先，孔氏一族被认为自此繁衍生息。

西路建筑

5 号迎宾院西面的启圣门通往 13 号院，院中除了一座偏殿之外还矗立着金丝堂。该建筑面阔五间，内部放置有古制器乐。每逢祭孔仪式时，人们便会演奏这些乐器。所有大型文庙以及其他国家级祠堂寺庙中也有此类用于岁祭的乐器，因此我们可以大胆猜测，时至今日，人们仍在遵循远古时期的礼制。在进行每一个明确的仪式步骤过程中，人们需要恪守旧制，这一点十分重要，其原因在于，此地的文庙承载这种定例，两者相互呼应，严丝合缝。金丝堂前方月台几乎同祭祀完全无关，只是在必要情况下被用来排练歌舞曲乐。

14 号院中坐落着分别供奉孔子父亲及母亲的两座殿厅，二者通过一条抬高的走道连成一个整体，其形状布局类似中路大成殿及后方孔子夫人寝殿构成的建筑体。孔父殿前方有月台，建筑带前堂，堂内中部立有两根雕刻精美的石制盘龙圆柱，外形类似大成殿盘龙柱，此外两侧还立有四根八棱方柱。后方的孔母寝殿没有前堂。此二殿的圣龛中各自摆放着主人的坐像。

北面 9 号院

9 号院在文庙最北端，它同两座角楼相接。院内建有四个单独建筑，每处皆有一圈围墙环绕。位于角落的两处建筑较大，分别供奉着神庖、神厨，分别有一个入口、一个露天庭院及三座屋舍，其中侧房用于贮存及准备祭品，正中房屋则是真正的宰杀或烹制场所。

出于这一建筑功用与目的，这里同位于北京的国家祠堂及皇陵一样，也设有屠宰台、地坑、蒸煮锅具以及炉灶，只不过其形制同后者相比较为简单。每逢开工，这里人头攒动，一派热闹喧嚣景象。为了让牲口及人员可以从外部直接入内，这里的围墙上开了一扇大门（附图 33 并未对此进行标注）。

外带围墙的 8 号院坐落于 9 号院内，从建筑具体内容上看，它仍从属于中路建筑群。这个院子两侧还各建有一座带围墙的小型院落，其功用十分有意思。东院内的一处平台上设有后土祠，“后土”即大地之母，这是一个类似于“土地”的远古中国神祇。后土祠被露天建在平台上，这一情况同北京各国家级祠堂的规划一致。时至今日，人们仍会在那儿的露天平台上举行祭祀天地星辰的仪式。切柏记录道，曲阜文庙内，祭祀食品便被献祭于此处神坛上。这或许可以理解为，人们先把祭品放在这里，敬供脚下这片土地，供奉大地之母，然后才敬供孔子及一众先贤的英灵。

在我看来，西面小院的陈设所体现出的古老中国思想，与东面后土祠所表达的思想内容相互契合。西院内一处层次划分精妙、带有明显现代特征的基座上摆放有一座敞开式香炉，炉子本身看起来年代较为久远（参见图 146）。人们在香纸上写下或印下供奉经文，将它们收集整理至一块儿，并最终多将其焚于香炉内，通过这种方式对天神及其他圣灵祈愿，或向他们报告世间情况。此处的这座香炉便是此种功用。需要注意的是，在举行文祭的很多大型文庙内，其神坛前面从不陈列大型香炉，有的只是一些小型祭祀器皿，而在所有佛寺及道观中，神坛前总是摆放有香楼或者密封香坛，其材质或铁或铜，或石或砖，且大多数量庞大、造型华丽。皇家墓祠内同样设有带四面围挡的香坛。不过，北京天坛是个例外，今日天坛的祭礼仪式无疑遵循原始古制，那儿并没有香楼这一相对华丽的香器。天坛本应出现香楼的位置摆放有一尊香炉并一个香坛。香炉由镂空锻铁制成，上方开口。香坛虽被四面围起，但其上方同样完全敞开，坛中火焰便在露天之下熊熊燃烧。此处文庙香器亦是如此形制。香炉为罕见的敞开式石槽式样，其四面槽身上以浮雕工艺各装饰有一对神话传

图 146. 曲阜文庙最北端 9 号院内的香炉

说中的奇特神兽，南面为神龙，东面为狮子，北面为海马，西面为麒麟。这些浮雕图案极为小巧，人们只能凑到跟前才能瞧个仔细。而在此近距离观察的过程中，我深切感知到了器物所蕴含的核心思想。它同露天设置的后土祠、大成殿前方的露台以及前文一笔带过的众多国家级祠堂建筑细节一样，都体现了对某种古老祭神仪式的追思与尊崇。古时人们于露天进行祭神，直到后来，随着时间推移，这种仪式才逐渐有了固定的举办场所，被安排于带屋顶的殿宇内进行。下文将要介绍的情况，也能印证这一观点。

文庙内的林木布局

作为全中国规模最大的祠堂建筑之一，曲阜文庙所体现出的两大中式建筑艺术特点值得一叙，一是祠堂区域内大量树木植被的运用，一是横跨于主轴线上的建筑布局。

本卷迄今所涉及的几乎所有祠堂建筑，都体现出一种与周边自然的内在关联。中国人喜欢将宗教建筑与自然环境联系在一起，祠堂这一建筑形式亦不例外。这种理念不仅体现在建筑外部，即人们在规划布局时将建筑放进周边环境以及地貌风景这一大背景之下，还体现在建筑内部，即在建筑区域之内多栽种树木。祠堂通常坐落在占地巨大、氛围庄严肃穆的树林中，或者至少是位于一处小型密林之内。而建筑院落之内则几乎都种植有树木，更遑论点缀其中的盆栽草木与花卉。在中国此类祠堂建筑中，树木植被运用最多的当属北京的国家级祠堂以及一些文庙。这些建筑内遍植古老的苍松翠柏，它们郁郁葱葱，虬枝峥嵘，得到人们的精心维护。国家级祠堂占地面积惊人，带众多大型院落及密林。与其类似，文庙建筑除了带有楼宇屋舍的院落之外，同样规划有意义特殊的院子，并遍植柏树，且院子几乎只为栽种这些圣林服务。此种情况在我们这座曲阜文庙中体现得尤其鲜明。曲阜周边皆是宽阔平坦的耕地，并无特别旖旎风光，故人们在城内外修出两条雄伟林荫道，一条从城外延伸至南城门，另一条自北城门通向孔林，以此创造出一幅人工自然图景。虽是人工布景，但其仍同一众建筑形成一个存在内在联系的和谐整体。

中国人偏好使用树木作为建筑装饰。此倾向即使未能在诸如国家级祠堂、文庙、英烈祠以及皇陵等具有众多明确的早期建筑风格特征的祭祀建筑中得到十分明显的体现，但我们只要从中国思想观出发，着眼于中国人对于人与自然两者内在联系的理解以及他们对于自然的热爱，便可以大致明了这一风俗成因。在此基础上，人们很容易得出结论：圣林早先便是祭祀场所的一大必备前提。那个原始年代距今很遥远，或许建筑艺术在当时根本还未有明显发展。若将这一观点与其他现实情况相结合（露天月台上的祭品献祀在今日仍意义重大；神圣的祠堂区域至少其正面有水流为界，但其两侧甚至四周也经常设有沟渠；沟渠上必架有桥梁；整个建筑区域四方围建，中央是中心祭祀场或主圣殿），人们便可以勾画出一个原始岁月中祭祀自然之神的礼仪情形。这一话题此处仅点到为止，今后对于各大圣山中的祠堂寺庙（它们同样属于这一建筑群体）以及国家级祠堂的研究，将为深入剖析此话题提供更有力的材料证明。

横跨主轴之上的建筑

曲阜文庙南北轴线长达近 650 米，重重殿堂依次布局。这座建筑或许可以为本段所要描述的一大中式建筑特征提供一个最佳范例注解。这一特征乍看同中式庙宇、宫殿及楼宇的规划布局有关，但就根本而言，它反映出中国建筑艺术的一种本质特点。我们在第二章庙台子部分介绍其第一进宽敞院落内的凉亭时已稍有提及，中式房屋入口基本上均开在横侧面，相比之下，包括希腊在内其他西方文明中的几乎所有教堂、城市甚至农村建筑的入口都开在山墙上。这体现出一种根本性、原则性的差别，它表明中国建筑艺术、尤其是入口这一建筑的独特性与独立性。在一个占地面积巨大、且内部相互联系的整体建筑群中，建筑平面布局的这一差异会产生一些重要影响，此处需对此作一说明。一旦在轴线上横置一座殿厅，那么其后面便可以依次布置若干甚至许多此类殿厅建筑，而且这种布局不会影响整个宏大建筑的艺术韵律感。人们沿着巨大的轴线前行，很容易产生无聊倦怠感，但这些横置的建筑赋予此路线一种美感，同时也为访客提供了驻足休憩之所。理论上说，此轴线无论多长都不是问题，人们只需要对具体建筑在平面尺寸及高度上进行巧妙的变化，就将此线划分成若干段，赋予其多样生机。此外，人们还可以通过轴线上前后排列的建筑高低的规划，营造出相应的效果。单单想象一下此类布局，恢宏的中式建筑轴线便可跃然呈现于众人眼前。不过，试想一下，若依照希腊建筑模式，建筑整体轴线上前后仅依次坐落两座殿宇，那么这一轴线建筑布局必定不会有较大规模。而事实上，西方所有经典建筑艺术也从未进行过此类尝试。正因如此，诸如奥林匹亚、帕加马这些著名神庙及罗马的一些广场与宫殿，都始终只是以若干建筑并排而立所组成的单独建筑体，且各建筑间未体现丝毫整体概念。它们总是致力于两个侧面的高大雄伟，这对建筑整体规划而言其实是个干扰因素。在此种模式下，建筑前方的空地倒是显得极为宽阔。直到图拉真广场这个罗马建筑艺术的巅峰杰作之一出现，才填补了以上空白。该广场整体建筑长度近 300 米，其平面布局之壮观，其他西方建筑无出其右。不过，这种恢宏气势的营造主要归功于横置于广场上的乌尔比亚巴西利卡，而位于一侧的图拉真神庙则自然地将广场与外部隔离开来。这类同样注重平面布局的建筑思想的出现，无疑同形成于罗马帝国庞大疆域滋养下的思想有着密切关联。在这之后，我们要一直往下探索至意大利文艺复兴时期的宫殿以及 18 世纪的城堡这两大建筑领域时，才能找到具有类似雄伟轴线的建筑。且这些建筑之所以有较长的纵深，大多还只是因为其前后带有公园及花园。西方建筑无法通过前后依次排列这一形式，营造出雄浑的建筑效果。但或许正是这种不足，才促使我们的建筑艺术获得自由发展的巨大空间，各种大型建筑形式纷呈迭出，就这方面而言，中式建筑无法望其项背。各类建筑形式并存且同时发挥建筑效果，这被奉为西方建筑艺术之准则，广场建设尤其体现了这一点。相比之下，中国建筑艺术通过运用整齐划一的轴线，营造出整体统一感、紧凑连贯性以及均衡的艺术效果，这给了身处其中的访客一种自始至终的惊奇体验，同时也形成一个自成一体的经典建筑风格。在此建筑艺术中，一旦位于轴线前端的某个建筑类型被确定，那么后面便是无止境的重复雷同，由此形成的建筑统一体虽然会产生某种艺术疲惫感，但这种单调并不会完全消磨掉访客的热情，其原因便在于，从古至今，中国人始终将存在于山川、树木、流水之间的自然视为与建筑规划同等重要的组成部分。他们通过大量栩栩如生的纹饰，在建筑艺术中为自然主题提供广阔的表现空间，由此在人工建筑内保留与呈现灵动鲜活的自然。

中式建筑布局占地广阔，却大而不散，传达出一个强调整体性的艺术理念，这促使西方人转变观念，从另一个特定角度去理解建筑艺术效果的本质。西方秉持“建筑艺术本质即空间艺术”这一观点，明确艺术美感享受发生于建筑构造领域，将对建筑艺术创造行为的定义框定在此类具体空间内。这些建筑多以统一有机体的形式呈现，可被理解为是一个综合体、一个精神集合。西方人尤为注重对一个有限空间的布局规划，而与此相反的是，中国人在各建筑形式并列布局之外，还将前后依次布局作为一种新的美学要素引入建筑艺术之中。这种先后顺序，只能放在连贯的时间概念下加以理解，故如此一来，时间要素获得与空间要素同等重要的地位，二者在建筑中被同等对待与挖掘。一个占地广阔的建筑布局即表露出其中所蕴含的这一建筑艺术观，而此布局同脚下土地及地貌风光之间的内在关联，也同时明确反映出建筑艺术与自然之间的紧密联系，这在我们一系列的中式祠堂建筑布局中已被一再着重强调。一言概之，此种相互联系曾经存在且必定永远存在于建筑艺术发展史的所有时期、所有领域。中国人的建筑艺术天资历来享有盛誉，他们通过规划建筑平面的占地大小，将建筑与周围环境融洽结合，从建筑外部形态上建立起一种同自然的紧密联系，并将此联系有意突出呈现。在这个过程中，考虑到建筑整体的观感享受与理念传达，他们并不抗拒在空间规划之外引入时间概念，采用按时间先后依次递进的观赏呈现方式。或许正是这种独一无二的建筑理念与表现，使得中式建筑艺术傲然于其他国家的建筑艺术之上，其独有的特征通过简要描述便可跃然纸上。此类建筑实例已在前文多处反复介绍，而在这里我希望通过对曲阜文庙的观察探访，再次明确这一特征。这是一个我们在中国必会接触到的平面构建概念。这一思想从具体建筑实物的框架中拓展出去，延伸至建筑艺术范畴，又进而同土地规划布局相联系，塑造出多种建筑艺术观。而正是植根于此类艺术观，才孕育萌发出“地貌风景构建”及最为宏观的“大地构建”概念。

4 曲阜颜庙

（参见卷末附图 34）

颜回是孔子的外甥，也是其最喜爱的大弟子，所以在曲阜文庙主殿大成殿中，他的塑像列于主坛左侧第一位，占据了该殿配祀像中最尊崇的位置。如前文所述，人们在紧挨着曲阜北城门的东南位置修建起祠堂，专门供奉颜回。虽然建筑并未被称为文庙（对孔子祠堂的统称），但根据其建筑布局以及所蕴含的思想，这座祠堂仍归属于文庙类别，所以我们将它放在此处进行介绍。位于邹县的孟子祠堂同样按照类似标准而建，故也属于这一情况，不过我本人并未实地探访过。切柏在其著作中对这两座祠堂有过详细描述。

据切柏所述，直到 11 世纪，世人对于颜回的崇拜才逐渐兴起。曲阜颜庙开始时规模极小，直至明代才迎来其建筑巅峰期及香火旺盛期。与曲阜文庙一样，颜庙内各建筑的历次改建、修缮及扩建均被详细记录在案。不过，祠堂初建时期的历史信息则同其他众多建筑一样模糊不清，人们根本无法确定现有的这些建筑是新建，还是忠实仿照原有状况的重建。这意味着，有关纯建筑结构方面的问题，人们只能首先依赖现有建筑状况进行研究，只有在可能的情况下才可以从中反推出建筑的历史发展信息。以下将根据切柏的著作，简要列举有关颜庙修建工程的重要历史信息。

宋代

1068—1077 年　修建颜乐亭（现位于主院之中）。诗人苏东坡为此亭撰写铭文一篇。

元代

1295 年　重建并修饰颜乐亭，立颜回像于亭内。

1307 年　立御笔铭文碑刻一块。

1317 年　修建雄伟的五开间大殿及东西两庑。

1326—1328 年　收购周边土地，进行大规模的祠堂扩建工程。

1331 年　举行隆重仪式，将颜回像迁至已装饰一新的新建祠堂中。

明代

1382 年　洪武帝下令重建并修缮祠堂。

1440 年　进行较大规模的祠堂修建工程。

1486 年　进行较大规模的祠堂修建工程。

1500 年　弘治帝拨款白银 11200 两修缮祠堂。主殿正面立起八根浮雕石柱。

1507 年　修建三座牌坊并石栏于祠堂正前方的道路旁。

清代

1766 年　　　　乾隆帝下令进行大规模修缮工程。

1903 年　　　　发生严重倾塌，大殿亦未能幸免。

1907 年　　　　彻底重建大殿，其他殿厅也经历修缮。

颜庙的布局规划同附近的文庙有着众多重要相似点。位于道路另一侧的一道影壁为整体建筑主轴的开端，祠堂前方月台形成露天的第一进前院。除位于轴线上的入口外，两侧还各立有一座石制牌坊供人进出（参见图 147）。楼宇屋舍自下而上逐渐收窄的八棱方柱结实粗壮，过梁及花板平整光滑，中楣及屋顶线条庄严肃穆，未带过多纹饰，硕大的石制基座被打磨成敦实的圆鼓状。这一切共同赋予了这座建筑独具山东地方艺术色彩的宏伟特征。侧面牌楼入口竖有严格仿照木质栅栏的石栅栏，南侧为复圣庙坊，东侧为卓冠贤科坊，西侧为优入圣域坊。宽阔的前院布局同文庙一致，轴线主入口及两侧各立有一座入口牌坊，皆为典型的中式三门设计，其中南面主坊为复圣门，东侧为博文门，西侧为约礼门。颜井亭内竖有一块石碑，一旁有一口井眼。这种布局以文庙为范本，它提醒着人们，此处正是颜回曾经居住过的处所。自颜井亭起，整体建筑呈左中右三路并进的格局，每条轴线开端均有一门，分别为复礼门、归仁门、克己门。三座门坊之后是迎宾院，院内建有若干内置碑刻的亭台以及一座斋宿房。迎宾院最后端的主轴线位置上坐落着面阔五间的门厅仰圣门，仰圣门东西两侧还各有一座与其并排而建的小型门厅。这种三门一体及宏大主入口通往主院的设计，体现出文庙建筑的特征。两条侧轴穿过这两处形制简单的小门厅，通往东西两院。东院内坐落着退省堂，它被视为颜回的居所。退省堂背后建有家庙，供奉颜氏祖先。两面影壁表明此处为祠堂主人居所，一株云杉并一块铭文石刻立于家庙前方。西院前月台最后端矗立着供奉颜回父亲的殿厅，它通过一条走道，同位于后方的供奉颜回母亲的殿厅相连。中路主院前殿旁有一株被一圈石栏包围的古柏，据说此树正是颜回当年亲手所植。而在文庙的这个位置，同样栽种有据说是孔子亲自种下的圣树。沿着主轴线往前，来到颜乐亭。该亭位置与文庙杏坛位置一致。主殿前方修建有带石栏的宽敞月台（参见图 148），殿堂面阔五间，进深两间，殿内圣坛上供奉颜回像。建筑后方开有一门，门外修有一条高起的走道，连接起后方供奉有颜回夫人灵位的殿厅。主殿四周环立石柱，形成一圈完整回廊。位于其正面中央的四根大圆石柱上皆雕刻有三厘米高的浮雕云龙图案，两旁四根八棱方柱则与文庙大成殿方柱一样，呈平刻浅雕式样（参见附图 19）。我拓印了每根方柱的三个面，并将拓片拼接起来。通过这种处理方式，柱身上的图案被清晰重现。匠人们以精湛细腻的刀笔技法，描绘雕凿出腾飞于云团间的神龙、抽象的莲花、栩栩如生的植物纹饰和若干孔雀。根据艺术风格判断，此绘画及雕凿工艺为明代产物，具体时间想必应为公元 1500 年。因为根据记载，正是在这一年，石柱首次出现在这座主殿建筑内。主殿前方的两庑内摆放着颜回之后八代子孙的小型灵位。人们捏造出这些后人，并将其供奉于此，目的便是以此呈现类似文庙孔子后世牌位供奉的特征格局。三路建筑的北面修有一个花园，它在祠堂的最北端。

优入圣域坊

图 147. 曲阜颜庙前方平台旁的西牌坊

图 148. 曲阜颜庙大殿及立于基座上的八棱浮雕石方柱。此图为其 1903 年的状况，1907 年建筑被重建

以上我们依照屋宇及院落的排列顺序，对颜庙进行了详细描述，希望以此呈现众多同文庙相似的鲜明布局特征。人们将一些或者偶然形成、或者被文献清晰记载的建筑布局归纳为文庙建筑特征，由此形成一些明确的此类圣地建筑规制。它们以相等或者相应降低的规格，同样存在于颜庙之内。这些建筑特征分别为：成对出现的侧门、左中右三路轴线、柏树、水井、门徒群像、主殿回廊、颜回居所殿厅及供奉颜回祖先、双亲和夫人的殿厅。其中一个重要特征非常醒目：颜庙主院内的两庑独立于主殿而建，而文庙两庑则与其主殿大成殿通过回廊相连。曲阜文庙出于追求肃穆恢宏效果的考虑，其建筑形制被提升到至高规格。相比之下，颜庙则保留着古老中式建筑的质朴格局。在中国其他地区的文庙中，独立两庑或连贯回廊这两种形式均十分常见。

5　中国北方及中部的文庙

建筑实例系统介绍

（参见卷末附图 35）

雄伟的曲阜文庙是性质单一的孔子祠堂，只为纪念孔子而建，体现出很多构造特点。只有将其与一系列其他文庙加以比较，才能得出此建筑类别的重要特征，从而梳理归纳出文庙必要的规制，并对其建造过程中或恪守规制、或多样变化的具体格局有总体了解。在这一比较与梳理过程中，我们发现，包括一部分体现于曲阜文庙内的某些建筑细节为所有文庙所共有，而另有一些则是个别所有。此外，一些平面及立面布局元素相互呼应出现，而另一些则体现出较为明显的随意性。最后还有一点不容忽视，即各省因不同的建筑艺术风格，造就出具有不同建筑形制的多样文庙。为说明这一情况，下文将列举分析一众位于不同省份的文庙。因为分析对象数量众多，受限于客观条件，文中所给出的建筑平面图未能精准到与具体建筑一丝不差，它们仅可以被当作草图使用。虽是如此，这些草图却也标准统一，均采用 1:600 的比例尺。一些大型且精准的平面图同样采用此绘制标准。通过此种形式，它们在一定程度上为我们呈现出一幅包含规制所需各重要元素的精确全景图，也以此使我们能够深入分析各建筑具体表现的细节。

以下选取十五座各地文庙为研究对象，进行比较与分析。我之前曾就文庙这一建筑类别搜集了大量资料，此处仅分析呈现这些资料最核心的内容，并不对其进行全方位的直接研究。此外，分析结果并不仅仅依靠这十五座文庙得出，我曾探访过属于同一类别的其他祠堂，在一定程度上，我也将自己对这些祠堂的观察与思考纳入分析结论中。在呈现十五座文庙的影像及草图之前，我们先罗列一些重要信息，以说明各建筑地理位置及相关城市和设施所具有的影响力。

山东省

1. 泰安府。泰安是神圣泰山脚下的一座小型州府。这一地区所具有的思想信仰影响力，造就了其作为行政中心的重要地位。泰安府文庙形制简明至极，其建造年代或许非常久远，内有苍劲柏树以及众多铭文碑刻，带有山东这一古老文化之邦的鲜明特征。

2. 济宁州。济宁位于京杭大运河边上，经济富庶，贸易活跃。据说，济宁文庙现址是在明代才确定的。庙内有许多树木及石碑，此外还有一些出自汉代的浮雕，其中一幅即著名的孔子老子相遇图。

山西省

3. 太原府。太原为山西首府。据当地人民口头讲述，现在的太原文庙在明代时还是某位藩王的宫殿，清初转为佛寺，直到1881—1886年，才在时任巡抚张之洞的主持下，被改建为文庙。旧文庙位于现文庙西面很远的一段距离，现已不复存在。文庙院落内栽种有八株巨柏，树龄据说达五百年。

四川省

4. 灌县。成都平原的灌溉体系起点即位于灌县附近（请参考本卷第三章“二郎庙”）。灌县文庙内栽种有众多巨大古木。

5. 嘉定府。城市位于铜河、雅江及岷江三水交汇之处，具有重要的商业地位。

6. 叙州府。城市位于岷江与长江交汇处，具有重要的商业地位。

7. 泸州。城市位于沱江汇入长江的江口地带。

8. 万县。城市位于长江边上，整体规划精美。

湖北省

9. 巴东县。城市位于巫山峡谷东侧谷口边。

10. 宜昌府。城市位于长江峡谷东端。

江苏省

11. 苏州。苏州为江苏首府，文人之乡。苏州文庙是中国规模最大、历史最悠久的孔子祠堂之一。

湖南省

12. 长沙府。长沙为湖南首府，城内建有府级文庙。

13. 长沙府。县级文庙

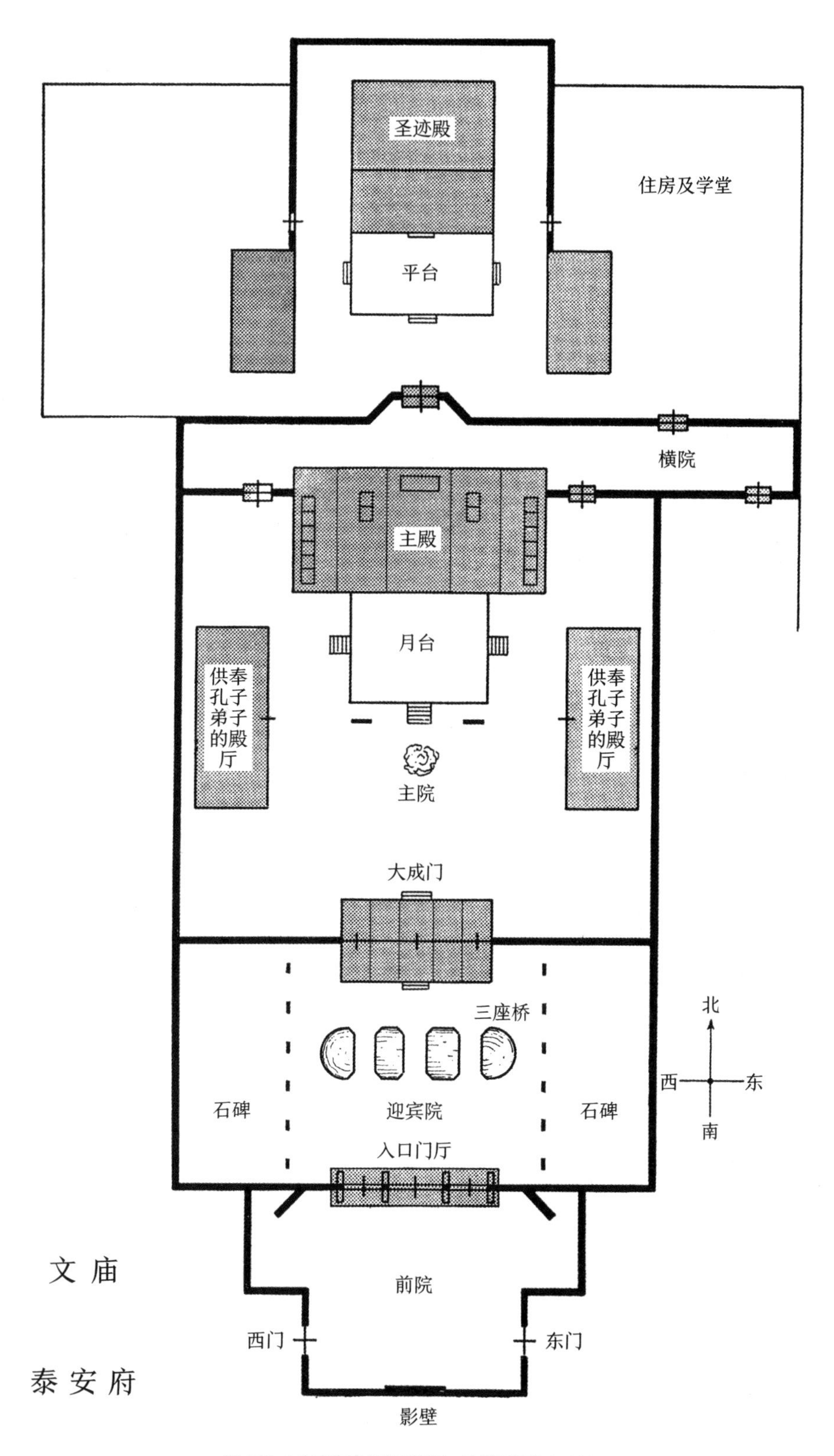

图 149. 山东泰安府文庙平面图。比例尺约为 1:600

14. 长沙府。文昌庙。

15. 醴陵县。与江西毗邻的县级市。

有关以上所列文庙的图片将遵照其地理位置依次给出，但对于建筑的描述则并不按照这一顺序进行。我们会以典型建筑要素为线索，逐个加以阐述，并根据需要引入所有其他实例，以作对比。

整体规划布局

所有文庙均展示出一个相似的三部分平面规划，即南面入口庭院、带雄伟主殿的中区主院以及带家庙等其他圣迹的北部区域。最后的这个北区通常以一个东西向的横置庭院同中区相隔，但这种布局形式灵活多样，甚至有些时候被直接省去。相比之下，前方两个区域是所有文庙中必不可少的部分，这已成为文庙布局定制，且其中的一众建筑均有各自的固定摆放位置，在任何情况下都不可或缺。严格的规制之下，人们倒也有可以作稍许灵活变化，但自由发挥空间极小。最南端的入口庭院又被一座三门牌坊分成前后两部分，其中前院两侧开有供人出入的侧门，后院大多辟有圣池，池上架有小桥（参见图 149）。泰安府及济宁州的文庙内，南部入口庭院被一道连贯墙体一分为二（参见附图 35-2），在两道斜置的侧翼墙体的包夹中，起分隔作用的入口门厅显得尤为突出。由

图 150. 2 号主院东庑

图 152. 雄伟的主殿东山墙

图 151. 1 号前院大门内侧，主入口棂星门

图 153.1 号前院内的半弧形水池及拱桥

山西太原府文庙。此处请参考附图 35

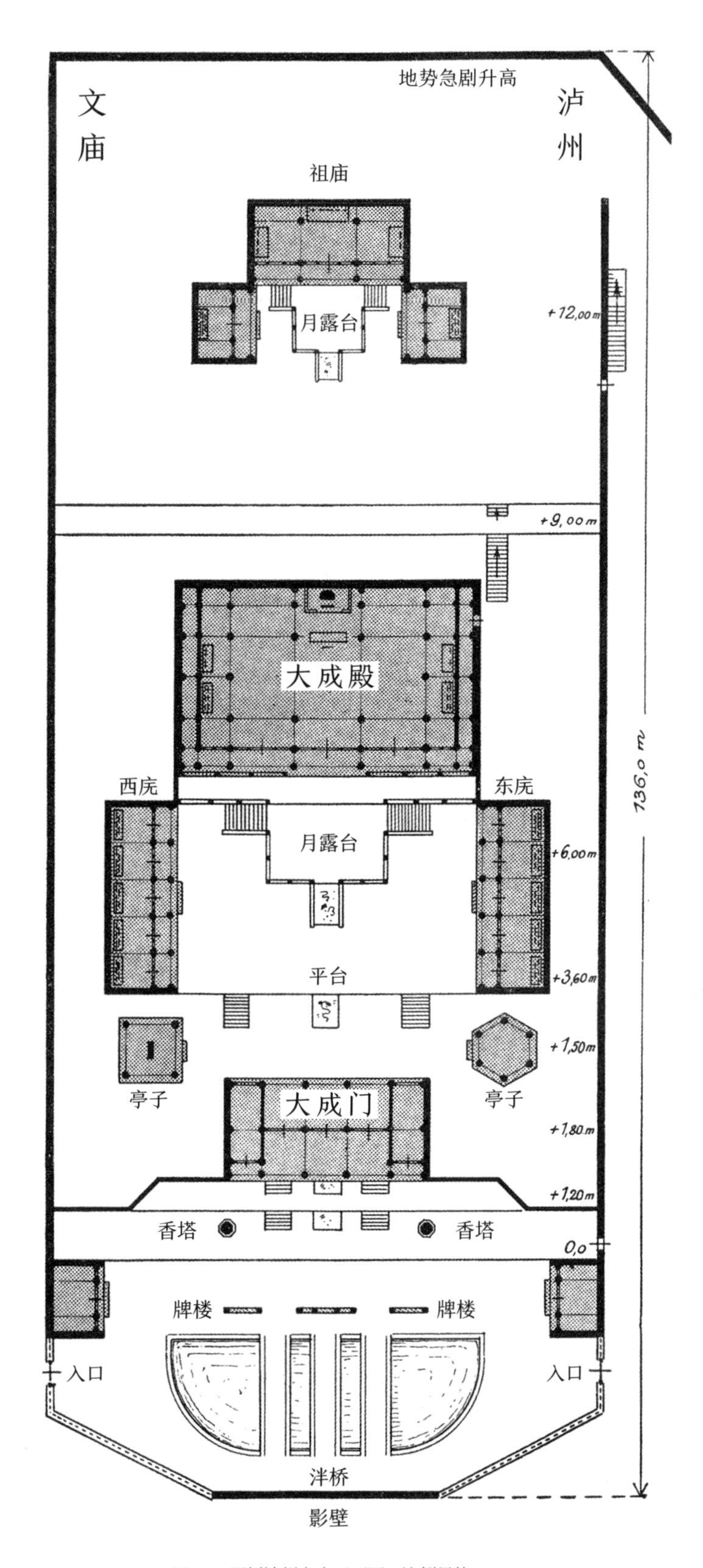

图 154. 四川泸州文庙平面图。比例尺约 1∶600

此形成的前院别具一格，其平面形状与后院截然不同。灌县及叙州府文庙的前院占地面积都极为庞大（参见图 155、图 156），里面种植着一小片茂密的圣柏林，其中灌县文庙的柏树密林尤为雄伟庄严（参见图 157）。与此相反，泸州、万县文庙的入口庭院被完整保留为一个相连的整体，前院与后院之间几乎没有边界，人们只在庭院中央立起一座牌坊，以表示象征性的分隔作用（参见图 154、图 164）。在泸州文庙中，原本应位于后院的池塘甚至被移到前方，出现在入口庭院的南侧区域。根据观察，太原府文庙的前院是随后才被修建起来的（参见附图 35-1）。它的主门保留自原有的宫殿建筑，在此基础上，人们在其南面修建了一座三门独立牌坊，东西两侧各一座样式简单的独立牌坊，前院由此形成。通过这种牌坊设置呈现的前院，其布局清晰度甚至超过了借助围墙形成的真正的前院。文庙建筑前院南墙正中大多修建有影壁，它是整个建筑的起始标志。济宁州文庙的这面影壁大幅向南推出（参见附图 35-2），一座三门牌坊形成通往前院的南入口，影壁与门坊之间还有一个方形池塘、一座牌坊并一道水渠，渠上架有桥梁。通常情况下，“桥”这一元素会同半弧状水池一道，配套出现于内院之中。济宁文庙的与众不同之处并不仅限于此。紧挨着其南面的轴线位置上坐落有雄伟的道台衙门。“道台”是济宁州的最高行政官职，其府衙位于文庙南侧，道台本人便被视为从北面而来的先圣孔子才品光辉的投射所在。从某种角度来说，他在孔子英灵的注视下统治着这方土地。中国人非常注重在生者与已逝伟人之间建立起此类联系，并努力通过建筑布局，将这一联系表达出来。

泰安及泸州文庙的宽敞主院布局极为清晰简洁（参见图 149、图 154）：南面大门、北面大殿、侧边两庑供奉孔子门徒。若布局规格提升，则殿厅规模相应扩大，数量相应增加。在至高规格下，主院内四面环建起众多建筑，它们相互连接，形成一圈连贯建筑体。这一点在万县文庙中体现得淋漓尽致（参见图 164）。显然，这种形制同带独立建筑的古制平面布局相对，它追求一种封闭完整的空间效果，致力于审美及结构方面的提升。文庙最北端建筑群大多仅以一座较大殿厅并两座侧厅构成，这种设置再现了中部主殿区的建筑格局。在诸如济宁州文庙这类较大规模的祠堂中，北区轴线上还会布置其他建筑（参见附图 35-2），甚至有时这些建筑数量之多，使得北区比中区主院面积还要大。

具体建筑部分

影壁

如上所述，整个文庙往往起始于一面影壁。有些影壁为独立设计，但更多的是从前院南面围墙上取正中一段，加以更为华丽的塑造与设计，灌县文庙影壁便是这种情况（参见图 158）。这面墙又名“黉墙”，意为“古时大学之墙”。现今的大学在汉朝即被称为“黉”。黉墙上均带有具象征意义的装饰，如浮雕、绘画及铭文，且多被刷以红漆。这种样式的影壁也多见于皇家宫殿、大型祠堂及大型佛寺之中。若黉墙北面建有一座门厅，作为通往前院的南入口，那么这座门厅通常被称为黉门，即学堂之门。泰安（参见图 149）、济宁文庙内便有此黉门（参见附图 35-2）。

棂星门

所有文庙前院的东西两侧无一例外均建有一座独段门坊，这是文庙类型建筑的一大特征。这两座门坊上通常写有相同铭文，其中东侧为“德侔天地”，西侧为“道冠古今”，曲阜义庙第一进前院中的两座偏门便是如此。相比之下，位于主轴上的通往后过渡院的三门棂星门地位最为重要。这一建筑或为三轴一体牌坊式样（灌县文庙的棂星门规格甚至华丽到带五段由两侧向中心逐级递增的巨大屋顶，参见图 160），或由三座独立小门并排组成。其正中门洞上方高悬“棂星门”三字，整座牌坊便是以此得名。其东西门洞也有各自名称，分别为礼门、义门。巴东县文庙北面有流经的长江，南面有耸立的群山，这种特殊的地理条件迫使祠堂采用与其他文庙截然相反的坐南朝北格局（参见附图 20）。虽是如此，其两座侧边门坊上的铭文并没有随着主轴相应调换，而是仍按照事实上的东西方向出现。

太原文庙的棂星门由三座上带鞍形屋顶的小型独立木制牌楼组合而成，这似乎是棂星门这一建筑类型最原始的样式。独立柱上下贯通，柱顶或呈球状，或被雕凿以其他纹饰造型，此处体现出典型的传统中国建筑特征。底部或带斜撑木条，或带高大石墩，以保障建筑的稳固性。有些地方采用石料代替木料修建棂星门，万县文庙棂星门便是其中尤为精美的一座。石门立柱柱身带雕刻有纹饰的石块连接构件（参见附图 21），立柱贯通性由此得到保证。在确保稳定性方面，下方斜撑柱消失不见，仅保留高大石墩。在中国，匠人们对石墩这一建筑部件有着极为深入的研究，创造出了形态各异、蔚为壮观的石墩式样（参见附图 25-2、图 212）。石制棂星门依靠各部分横梁连纵修建而成，建造过程中运用到精湛的石料斫凿技艺。嘉定府文庙棂星门同样为此类石门的组合式样（参见图 162）。无论是木制还是石制，若三扇小牌楼以相互连接的整体而非独立形式出现，贯通立柱这一构件式样就会保留，由此可见，它是文庙类型建筑的一个固有特征。即使是宜昌文庙五开间的大型棂星门（参见图 166），其支撑立柱也为上下贯通式样。该门高大雄伟，柱间的宽大花板上刻有华丽雕饰及众多铭文。长沙府文庙棂星门不带花板，横亘于高空的牌楼上端水平线同尖细的立柱柱顶一道，为原本就已夸张奇特的建筑更添一分古韵（参见图 165）。从这座建筑中，人们很容易就能捕捉到湖南艺术对于极致纤细的努力追求。柱顶的圆球造型在整个中国极为常见（月台围栏的一些望柱顶部同样呈此种式样），这一点可同西方经典的松果造型相比较。此外，这一式样的由来也经常被推测是否与男性生殖器崇拜有关。不过在文庙建筑中，鉴于孔子被推崇为文人典范，故此造型必是仿毛笔而来。巴东县文庙棂星门柱头位置便放置有一个独立的毛笔雕饰，这无疑印证了以上推测（参见附图 20）。然而，巴东文庙的这种装饰物虽简明易懂，但给人极为生硬的观感，这同大多数门楼建筑优美协调的外观形成了鲜明反差。牌楼外观多雄浑气派，结实的主体开有高而阔的拱形门洞，它们体现了一种对原始三门木制牌坊在结构上的延续与发展。不过，石制文庙棂星门虽仍保留贯通立柱式样，但大多没有马鞍形楼顶。带有这种顶部构件的牌楼，是常见中式门坊建筑进一步发展的产物，被视为门坊建筑的至高规格。

泮池与泮桥

棂星门背后、入口庭院的后院内有一个醒目的半圆形水池，北面直线加南面一道半弧。此外，水池上方还架有拱桥，数量一般为一座或三座。有些时候，水池东西跨度会比较长，泰安府文庙便是如此(参见图149)。曲阜文庙后院内一条长水渠替代了半圆水池，它是位于主圣殿前方的三条水体之一（参见附图33）。这种三水布局同样出现在济宁州文庙内（参见附图35-2）。在那儿，按照规制必不可少的拱桥并不位于半弧水池上，而是跨第二条水渠而建。若条件许可，人们会在文庙中大量布局水。正是这一自然物体，被孔子赋予了极高的道德含义。正因如此，在流水小桥无数、可与威尼斯相媲美的苏州，占地面积巨大的文庙内遍布水渠、池塘与飞虹（参见图170）。其位于中部的主池塘半圆轮廓袭自古时中国特定学堂院落形制。这种学堂形状与半圆类似，故得名“半”[1]。由此，此种池塘也被称为泮池，而泮池所在的整个院子则被称作泮宫。有些时候，泮宫这个名称也被用来指代文庙。在叙州府文庙，祠堂起始处被规划成半圆（至少可被称为弧形）形状（参见图155）。在嘉定府，半圆这一元素更加醒目。其露天前广场由两道弧线布局而成（参见图162、图163），而就在这块祠堂外部，便已出现一方真正的水池。宜昌文庙前端同样清晰显现出弧形轮廓（参见图166），而架有飞虹的池塘则位于后面的第一重院落中。祠堂南北两端被修建成圆弧形，这种式样对我们而言并不陌生，前文四川庞统祠及赵云祠章节已对此有过介绍（参见图13、21）。文庙泮池边缘大多围有典型的中式护栏，它们由望柱并柱间栏板构成，从池畔一直延伸，包裹住池上飞虹。在四川地区的文庙内，这些水池与飞虹护栏多采用由等长的细方石砌成的低矮围栏式样（参见图162），上端扶手上是被打磨成圆弧状的隼接水平石条。它们两列或三列一并出现，列与列之间留有一定空间，由此呈现出一种棋盘状格局。在处处精雕细琢、至臻至美的万县文庙内，匠人们巧妙地利用这一醒目的围栏建筑式样，烘托出泮桥所体现的出神入化的石料斫凿工艺（参见附图22）。这里的护栏由平滑望柱及石板组成，石板上遍布轻柔精巧的云朵浮雕，有些地方甚至镂空雕凿。扶手石条上雕凿有隆起的云团，云团周围盘踞有四条威武的神龙。龙首两两相对，朝向正中，龙尾相连，形成两个圆球造型，以此突显泮桥的中心点及泮池的弧线顶点位置。太原府文庙的泮池与泮桥形制简单质朴（参见图153），灌县文庙的这两处建筑元素形制相对复杂，泮池上架有三座泮桥（参见图160）。到了泸州文庙，它们则几乎被移建至影壁旁（参见图154），不过其功用也由此得到完美注解。从中我们可知，它们的建造根本不以往来通行为目的，甚至在献祭仪式中也几乎不扮演任何角色。

1 此处应是作者混淆了“半”“泮”两字。——译注

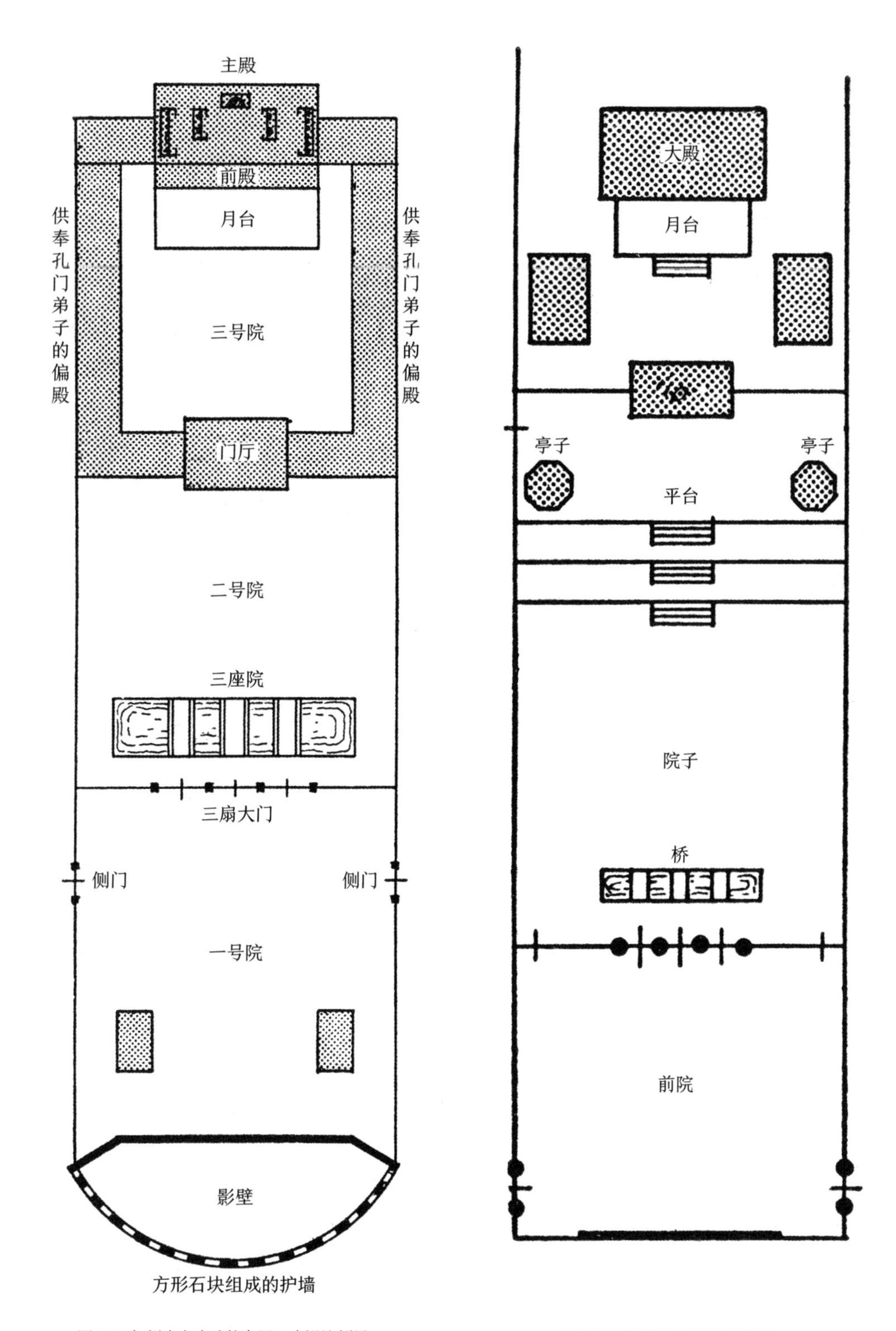

图 155. 叙州府文庙建筑布局。未设比例尺

图 156. 四川灌县文庙建筑布局。未设比例尺，请参见图 157—图 161

图 157. 前院，内有柏树及棂星门

图 159. 大成门前方月台及东侧亭台

图 158. 影壁外景

图 160. 泮池、三座泮桥及棂星门

图 161. 恢宏的主殿

四川灌县文庙。参见图 156

图 162. 四川嘉定府文庙前的半圆形广场及池塘。参见图 163

大成门

按照规制，大成门为通往主院的大门，由于有些大成门列有二十四戟，故其又被称为戟门。戟门须开三处过道门洞，故整体为三段或五段式样。作为典型的中式门楼建筑，其两侧过道被修建成开放门厅，以门作墙加以分隔，两面山墙之间通常仅覆盖有一个简洁的鞍形屋顶。只有极少数大成门为比较复杂的歇山顶构造。万县文庙为体现整体门楼建筑的高规格形制（参见附图 21），将主门中段设计为不同寻常的重檐式样，加之在正脊轴线位置上设计有具四川特色的三角状物件，从而营造出一种精美至臻的观感效果。此外，万县文庙大成门的两个偏门同样堪称建筑杰作。而在济宁州文庙，该“一中二偏”三门一体结构以三部分前堂形式清晰呈现（参见附图 35–2）。

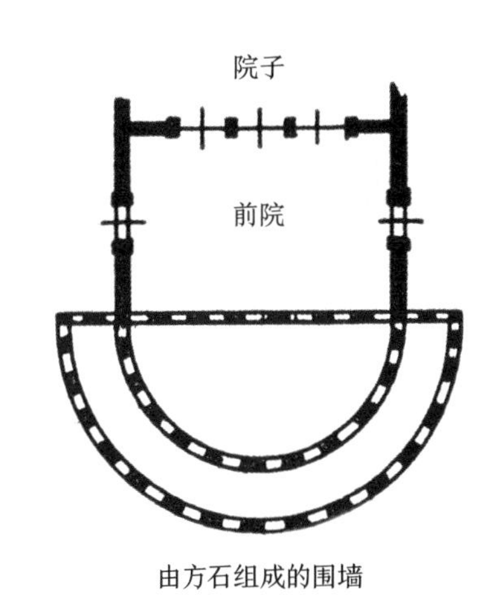

图 163. 嘉定府文庙平面图。参见图 162

丹墀

一条宽阔大道自雄伟的大成门起，通往主殿。根据周代宫殿礼制，这条道路被称为丹墀。有时，丹墀也指称整座文庙或者皇宫。该路通常铺有精心布局的石板，并高于其他路面，连接起主殿前方的月台。在皇家宫殿、祠堂以及伊斯兰清真寺中，一些丹墀两侧还有石制栏杆。不过据我所知，文庙丹墀并无此种设置。

月台

位于恢宏大殿前方的月台是一个必不可少的建筑元素。在祈祷及献祭仪式过程中，奏乐与舞蹈环节便是在此处完成。月台四周环绕有一圈石制护栏，正面三段式有可供上下通行的台阶。月台两侧也各带一处阶梯，它们大多位于内侧角落。同佛寺、道观以及其他祠堂不同，我从未在文庙主殿前方的这处月台上看到过香炉的影子。月台通过一小段台阶同主殿相连。若祠堂地势不平，那么根据地势需要，院落之间还会修建起连接作用的平台，它们在礼仪规制上并无任何意义。四川人偏爱由石料斫凿而成的露天台阶，这一点同样体现在四川境内的文庙中。泸州及万县文庙平面图上能明显看出这一建筑元素（参见图154、图164），而灌县文庙的连接台阶更是气势恢宏（参见图161）。

大成殿

平面布局及地基：大成殿至少面阔五间，内设供奉孔子及其弟子的圣坛，排列布局大多遵循曲阜文庙大成殿的定例。不过，在有些文庙的主殿内，孔子四大弟子像被移至侧墙处。如此一来，中殿在东西方向上被进一步隔出一排空间，万县及泸州文庙便是如此（参见图164、图154）。每侧最外位置各供奉八位弟子，由北至南分别为两位大弟子和六位其余门徒。在两列侧像的烘托下，先圣孔子独自一人高坐于正中，越发显得高大尊崇。这些圣坛的造型及雕凿往往显示出高超的艺术水准，主坛尤其如此。几乎所有大成殿都带开放式前堂，且多有围廊环绕。即使回廊未修至建筑北面，也至少存在于其东西两侧。不过，苏州及济宁州文庙大成殿外根本不见回廊影子，联排的门窗构成了建筑正立面（参见图169、附图35-1）。苏州大成殿殿内最靠南区域被墙体分隔，事实上，这种内墙常见于殿内东西两端及北侧。建筑内部往往呈现通透精美的震撼空间效果，大量铭文匾额的存在进一步提升了其庄严肃穆的感染力。

文庙主殿正立面即使设一众门窗，也常年紧闭，这种情况很是特殊。这充分体现出，现今大成殿这一建筑在形制方面遵循古老规制时陷入了怎样的一种窘境。四川地区的文庙尤其能说明这一点。蜀地祠堂殿厅几乎都是全开放式设计，它们以独立立柱支撑，坐北朝南而建。此地气候温和，没有强风强尘。这种天气条件使得建筑完全可以按照全开放理念的形式修建。不过，蜀地文庙殿厅正立面仍严格遵循北方建筑形式而建，呈完全封闭式样。这一点会在其他著作中进一步涉及。中国北方建筑尤其喜欢运用斗拱拱架，而同北方及其他地区相比，四川建筑明显大幅减少这一构件的运用，取而代之的是几乎清一色的由梁架及中楣组成的墙檐构件，它承托起直接位于上面的带檐口的屋顶。不过四川文庙的殿厅，几乎完全采用斗拱构架。很遗憾，这里我所拍摄的建筑实景图无法清晰呈现这一点。

石柱：在四川尤其是在湖南，人们非常喜欢使用石柱来建造回廊。若有时石柱无法由

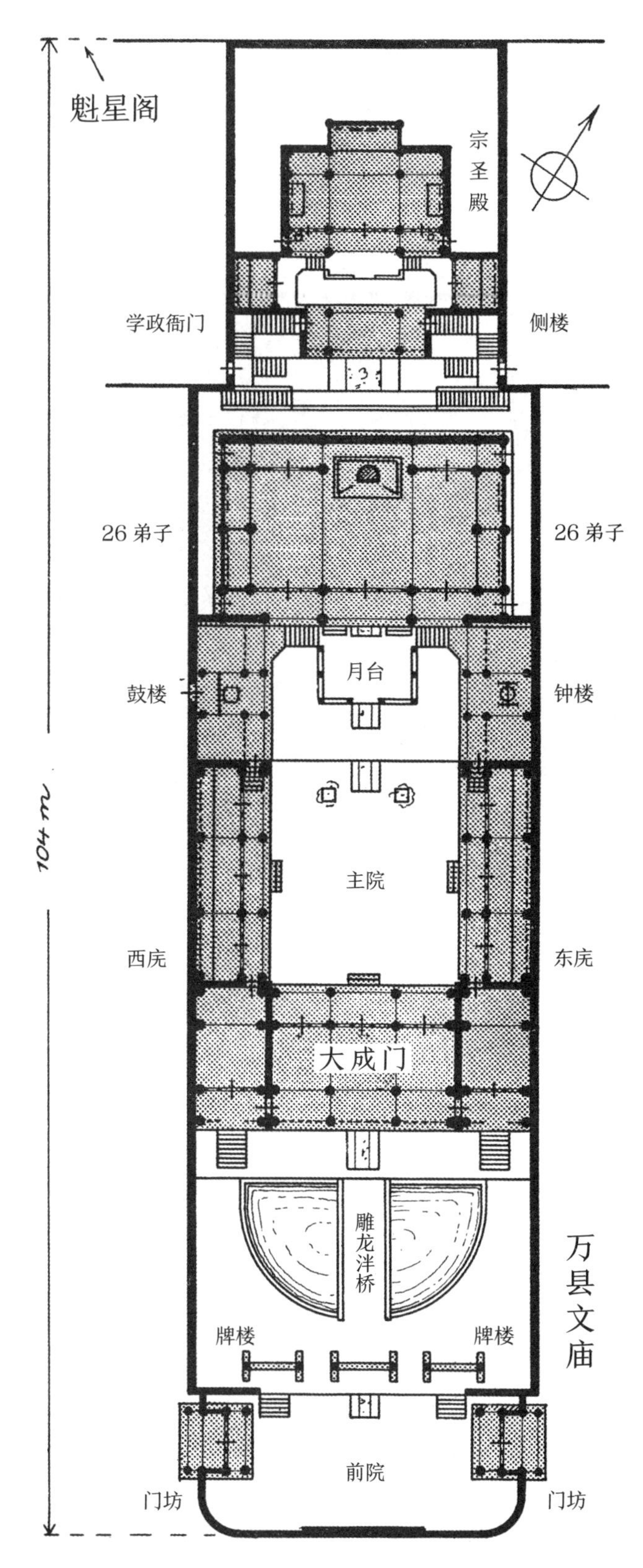

图 164. 四川万县文庙平面图。比例尺约 1:600，参见图 167、附图 22、附图 23、附图 24

图 165. 湖南长沙府文庙棂星门

整块石料制成，人们便会大胆尝试用几段石料拼接叠加，宜昌文庙内的石柱便是如此（参见图 168）。湖南盛产石灰岩、砾岩等优质石料，湘人又醉心于将这些上好原料斫凿成或圆或方的纤细立柱形态，该地区的文庙及宗祠内尤其常见这些细柱。关于这一石柱形态，本卷最后一章会选取长沙及广州两地若干相关建筑进行实例呈现，不过，那些柱身上均未见浮雕。在石料的眩目亮色中，立柱越发展露出一种垂直空间上的锐利感，这同中式审美多有相悖。不过，大量的雀替及木制花板又柔化了这种逼迫感，营造出真正的融洽和谐效果。它们形成一个个弧度平缓的拱形，如帷幕般占据了柱间上方区域，从而赋予了整个建筑正面一种艺术观感上的连贯与整体性。我们在“庙台子”及“二郎庙”中已经对这一几乎可被称为祠堂独有特征的建筑元素有所了解，灌县及万县文庙内同样有它们的存在（参见图 161、图 167）。此装饰构件在长沙府被雕琢发挥到了极致，人们可在当地的文庙及一些宗祠中观赏到它们美轮美奂的身影（参见图 172、附图 24、附图 25）。

屋顶与夹层：外形雄浑、带山墙及梯形坡面的重檐歇山顶是文庙大殿的必备形制，这种高规格建筑元素也将文庙同大多只带简单屋顶的普通祠堂或宗祠区分开来。除文庙外，重檐规格仅供皇家使用，关帝祠中也偶而出现。有些文庙大殿回廊上方的下层屋顶与上方屋顶间还建有一个高大的分隔夹层，如此一来，上下屋檐似乎不再是一个联结整体。醴陵文庙主殿便是如此，其殿身极高，但殿外回廊看起来像是随后而建，与整体并不协调（参见图 174）。这种造型体现出一种原始重檐式样，我们在平阳府尧王庙中已对此作过介绍。醴陵及灌县文庙大殿其实没有二层，只不过其正面构造给人这一错觉（参见图 161），这在其他文庙中并不少见。事实上，这种建筑构造类型同巴西利卡类似。长沙文庙布局体现出无懈可击的整体完美性以及高贵至臻的中式建筑艺术风格，其主殿堪称完美建筑典范之一（参见图 172）。正是在湖南这片土地上，矗立着一些类似的完美建筑，湘人也以此为傲。出于建筑内部采光的考虑，长沙文庙大殿夹层同样采用巴西利卡式样，但夹层极矮，上下重檐由此仍呈现一个审美完整体。

屋面瓦片：若技术工艺与资金许可，文庙主殿屋顶会铺上黄色琉璃瓦。这种瓦片原则上仅供皇家宫殿使用，但一些重要佛寺、道观等宗教建筑也会使用此种高规格瓦片。地位崇高的文庙无疑完全具备使用黄色琉璃瓦的资格。

两庑

主院东西两端供奉孔子弟子的侧殿面阔不一，有些为三间，有些为五间，有些则更多，形成长廊形态，曲阜文庙主院内的两庑便是此种形式。某些规格较高的两庑带以立柱支撑的贯通式开放前堂。建筑屋顶为简单的鞍形式样，首尾两端砌有山墙。太原府文庙两庑檐板向上飞扬，两个坡面交汇的顶点悬着一块醒目挂板（日式建筑相同位置悬有木鱼），这是中国北方典型的传统中式建筑形式（参见图 150）。这一样式同样出现在主殿建筑之中（参见图 152）。宜昌文庙两庑山墙结实厚重，顶部呈波浪弧形，下端以旋涡式收边，此样式在湖北地区极为常见（参见图 168）。而这一长廊外立面特征最明显的当属太原府两庑（参见图 150）。视线转向建筑内部，各文庙两庑内或每间设有圣坛，以单独或群组形式供奉孔子门徒的小型灵位，或依着后墙建有一开放式连贯基座，上面依次摆放灵位。

北端建筑群

文庙主殿北面坐落有一处多被墙体包围的建筑群，它通常由位于主轴线上的家庙并两座侧殿组成。家庙内供奉孔子的先人，侧殿同样纪念这位智者的先辈及其后世。泸州及万县文庙北端的这一主二侧三座建筑呈相互连接的整体式样，布局合理美观，正中有一方月台（参见图 154、图 164）。在太原府文庙内，丹墀甚至一直通到这处北端的建筑群。济宁州文庙的这片建筑规模巨大，该庙主殿大成殿后首先坐落着一座较大的殿厅，类似曲阜文庙内象征孔子居所的诗礼堂（参见附图 35-1、附图 35-2）。与曲阜文庙中位于入口前方的诗礼堂一样，济宁文庙紧挨着雄伟主殿背后的这栋建筑同样带一面影壁，以此营造出一种较为封闭私密的空间。济宁的这座殿厅名明伦堂，意为昭显自然秩序之殿。学者大家定期聚于明伦堂内，讲授亘古不变的自然准则之根本道义。这样的一座殿厅在各地文庙内十分常见。济宁文庙明伦堂后有一座两层圣迹殿，其位置与曲阜文庙圣迹殿相对应，殿内同样摆放有众多刻有铭文、图画的古老石碑。这座圣迹殿后是祖庙和两侧偏殿，最北面还有一座亭台作为祠堂终端建筑，根据它旁边的简介，该亭功用类似于曲阜杏坛。济宁文庙

图 166. 湖北宜昌府文庙棂星门

图 167. 四川万县文庙主殿及钟楼。参见图 164 及附图 23

图 168. 湖北宜昌府文庙前月台、香坛及西庑

图 169. 苏州大型文庙带前方月台的主殿

图 170. 苏州大型文庙的泮池及泮桥

图 171. 湖南长沙府文庙入口及雄伟主殿屋顶一瞥

这块占地面积巨大的北区建筑表明，但凡外部条件许可，人们便会极力遵循、复制曲阜文庙各具体建筑。相比之下，祠堂前部区域中极少出现规制之外的建筑，不过万县文庙是一例外，下文我们便将对此作一了解。

辅助建筑及具体细节

钟楼与鼓楼：在万县文庙主殿前方。东西两庑的延长线上矗立着两座六面塔楼（参见图 164）。人们从平面图上无法分辨出这两栋建筑为何种性质，但从头景图上便能一眼看出，这其实是两栋屋顶高耸入云的坊楼，它们为万县文庙增添了一种别样的元素。尖顶下的殿厅均为三间，呈开放式样。东塔楼正中殿厅有一座洪钟，西楼正中有一面大鼓。我们从前文已经了解到这两件器乐同样为文庙必备礼制，曲阜文庙内甚至多次出现它们的身影。在那里的钟鼓摆设中，最吸引人的当属杏坛凉亭内雕饰繁复的架子上的那口古朴大钟（参见图 135）。不过人们很容易就能发现，除了曲阜文庙外，其他地区的文庙通常不会将钟鼓设于专门建筑之内，但万县文庙是个例外。且除了这一情况，万县庙内的建筑单从艺术角度而言就已足够令人震撼。上文提及的那两座门楼的特殊样式便能说明这一点。此东西塔楼与位于正中的主建筑相连，营造出一个壮丽、统一的观感效果。位于建筑内的钟架极具艺术价值，根据物件上的铭文记载，大钟本身铸成于 1903 年，距今才区区几载，而木制钟架则恕我无法断定其确切制成年代（参见附图 23）。在此我对此杰作所体现出的一些艺术特征作一简要介绍。架子底座及支撑柱粗大结实，不带纹饰。悬挂大钟的圆弧形构件向上微微隆起，看起来有足够的力量吊起沉重的洪钟。最上面的横条雕刻着两条神龙及一颗宝珠。整个钟架轮廓似起伏的波浪，上方呈弧顶式样，两侧架脚为紧凑的螺旋形状，由此给人一种美感及稳定感。架子内部的托条及外部角落的小托架构件进一步确保了钟架的稳定性，这些支撑构件上雕刻的华丽纹饰（凤凰）又使架身与脚踏板相互呼应。细致入微的雕饰（狮子与编织球）布满整件作品，一直延伸至基座内侧。我不知道人们是否有足够的勇气去想象，若是掀开蒙在支撑框架上的遮盖物，或是再结合那如珍宝般被雕凿于横杆上的华丽纹饰，将会受到何等的艺术美感之冲击。

祭祀准备建筑：与大型曲阜文庙一样，其他地区的文庙内必定设有宰杀与制作三牲的神厨及神庖、官员为祭祀闭关斋戒以及在祭礼过程中更换服饰的斋宿房、放置礼乐器具的屋舍。所有这些建筑会根据具体位置及布局有所变化，有些文庙因客观条件所限，没有修建这些屋舍，为此人们会相应地搭起一些诸如茅草棚、布帐篷之类的设施，以在必要时充当临时场地。太原府文庙内的这些建筑具有极为强烈的存在感，它们被修建于前院两侧，这其实完全不符合规制要求（参见附图 35-1）。不过，这种情况有其历史根源。此处原为宫殿设施，所以相关建筑被原地保留。从其他文庙布局状况中可知，此类建筑仅具实用功能，并无礼制上的重要意义。

配祠：我们在第一章中已经了解到众多著名学者大家在苏州文庙内享有自己专门的殿厅，他们形成了一个特殊的孔子门徒群体。这些人出身苏州或江苏，被视为孔子精神在当地的传承代表。据说时至今日，中国有些文庙仍保留了著名学者单独修建配祠这一习俗。

不过，我也只在苏州文庙中实地见过这种情况。这座文庙占地面积之大极为罕见，且各部分布局生动，在无数同类建筑中显得出类拔萃。

文昌祠与魁星祠：在曲阜，作为主管文运的文昌与魁星两神祇被供奉在城市东南角的祠堂与宝塔中（参见图 126），享受世人香火。除了这个位置外，其祠堂还多见于文庙附近，该选址原因便在于，在人们眼中，被学子尊为“万世之师”的孔子自然与这两位神祇有着紧密的内在联系。不过，人们必须始终认识到文昌与魁星原本是道教思想体系下的神祇概念，而这一宗教事实上与儒家学说相互对立。虽是如此，但中国人总是会在客观且严谨明晰的学术思想与主观神秘宗教情感之间找到一个平衡点，因此他们在这两位道教神祇与孔子之间建立起联系，在文庙附近修建起文昌及魁星祠，不过这些建筑也只是邻近文庙，却从未被纳入文庙区域之内。泸州及长沙府的文昌祠挨着文庙东南角而建，济宁州两座建筑的方位情况类似，只不过数层高的魁星阁与文庙之间隔了一条街道（参见附图 35–2）。万县魁星亭位于文庙附近的东北方向（参见图 164），苏州情况亦是如此。此外，以巴东文庙棂星门为代表的该类牌坊顶部的毛笔状饰物式样（参见附图 20），同样唤起中国人对于以手执毛笔为标志的魁星的联想。无论何地，中国人都无法完全摆脱道教思想的影响，道教已成为这一民族信仰本原的根基之一。

学堂：正因为孔子被奉为学堂保护神，故文庙周边多建有学堂。学堂建筑通常位于文庙北端，且在其东西轴对称位置上还建有一座同样紧挨着文庙的地方学政衙门（参见附图 35–1）。太原府、泰安府以及万县内便因此形成了一个三部分清晰的扩大版建筑群，其中后方学堂及学政衙门仍遵循文庙主轴布局（参见图 149、图 164）。到了曲阜，庞大而美丽的学堂则坐落于文庙东南方向（参见图 126）。虽然整个曲阜城规模不大，但城市规划过程中妥善考虑到了众多学堂建筑，曲阜也因此以其深厚文化底蕴而蜚声海外。

神路：以影壁为起始点的建筑主轴已在前文被反复提起，此处我将详细阐述这条轴线的意义，并整体介绍经由该轴线被突出强调的一系列具体建筑。此中轴线被视为宇宙至高神圣准则的象征，这种神圣准则为所有中国宗教建筑设施所固有，它在文庙中便体现为孔子这一具体形象。所有其他的人与物均或东或西，围绕在孔子周边铺陈布局，表达出一种对于先圣之可望而不可即的含义。而位于中心的孔子本人，则被视为完满和谐的象征，同时也被奉为个人道义、国家道义及至宇宙道义之化身，大多数文庙所呈现的三部分布局都能清晰地体现出以上“三重化身”思想。此外该布局也以最基本的形式暗示出，阴阳两股力量是大成的另一个方面。神秘虚幻的至高准则本身难以用语言描述清楚，不能为凡人所理解，它作为宇宙最神圣之存在，无法被触及，也禁止被触及。泮池上的三座泮桥布局，即意在表现被两种准则包夹的道义象征。正中的那座泮桥即为神路，在祭祀仪式过程中，只有皇帝本人或是学识最顶级的状元方可通行。帝王与状元被视为先圣孔子精神力量的后继者，他们与孔子同质。这一寓意也体现在三门牌坊中，普通人同样被禁止从牌坊中门通行。北京天坛甚至有更严苛的规制，即便是帝王，也只能从东门而非中门进入圣坛。文庙棂星门还通过刻于上面的坊名，明确表达出了这种含义。正中的“棂星”表示，凡人于苍茫群星中追索那颗最璀璨的至高真理之星。[1] 两侧的“义”与“礼”二字，一表正直、忠诚这些内在品性美德，一表教化、礼制这些外在举止言行。这种命名方式说明，代表内容的“义”与代表形式的“礼”相辅相成，互为补充，两者相结合，构成一个不可分割的整体。并且只有在这个整体之中，我们才能感知到完满。孔子像前方两侧的神龛立柱上各盘踞有一条神龙（参见图 143），万县文庙泮池上也雕凿着一对神龙（参见附图 22），它们标明并守卫着正中的神路。这条路是神圣禁区，无法描述、无法解释。这是中国人极为熟悉的一个信仰概念，它让人联想到相应的宗教，每一位宗教主神均神圣到不可宣于凡人之口。正因如此不可言说、不容触犯的威严，人们打破神路的连贯性，在某些位置上斜置云龙浮雕石板，以无言的形式表达象征含义，这在中国的宗教建筑中比比皆是。石板被镶嵌于台阶正中的主轴线上，上面雕饰多为宇宙天地、山石、流水、云朵以及象征统治力量的神龙（或凤凰）并宝珠图案。这种主路中断设计更多的只是在形式上体现一种象征含义，而非完全将道路拦腰截断。但在万县文庙，神路在入口门厅及通往主殿月台的上行坡道处都出现了真正意义上的断点（参见附图 22、图 164、图 167）。这两个地方都只放置着坡度极陡的浮雕石板，上端是一排木制栅栏，没有继续通行的道路。人们若要瞻仰先圣，必须从遥远的侧边台阶绕路而上才行。醴陵文庙神路上的一块石板造型尤为意义独特（参见图 175），上面并非常见的双龙戏珠造型，而是以苍健有力的刀笔雕凿出一条巨大的正面神龙像，图案气势磅礴，表现出登峰造极的艺术水准。其中神龙头部恰好位于正中，立体的设计使其高高扬起于其他浮雕图案上。整面浮雕四周镶有平滑石条，板面由 9 块大小一致的正方形石板组成，正中那块石板上龙首高昂。若意识到“九”这个数字对中国人而言有着何等重要的宗教及哲学含义，那么我们便能明白，此数字恰恰被艺术运用于位于孔子圣像前方如此突出位置上的石板浮雕中，表明中国人习惯在建筑艺术中以象征手法流露自身最深沉的思想。浮雕的四个角上各雕凿有一尊带基座的小巧狮子，以作神龙护卫。

香炉：我们根据曲阜文庙情况可推断，按照中国古老的礼制，人们开始是使用敞开式香炉，或是直接在露天平台上焚烧香烛、祭纸。随着历史发展，或许是在佛教影响下，具备此功用的器皿在艺术外形上发生变化，玲珑小巧的封闭式神坛、宝塔、宝炉等各类形状焚香器具纷纷出现于中国传统寺庙以及文庙中，且多在建筑入口位置。地处四川的万县及泸州文庙内便有一些此类物件（参见图 164、图 154）。山西式样的香炉釉瓷及陶饰的大量使用而独具魅力，太原府文庙弘大主院内的精美香炉便带此类装饰（参见附图 35-1）。宜昌文庙的香坛则靠着建筑西墙（参见图 168）。但是不管怎样，任何焚香器皿绝不会被放置在主殿前方月台，这一点在上文也有提及。

石刻：铭文石刻是文庙建筑的一大特征。曲阜文庙的石刻几乎都按一定顺序布局，其中许多被摆放在众多华丽的亭阁内。其他诸如泸州、灌县等地文庙同样建有专门的亭台以安置石刻（参见图 154、图 156）。这些碑亭样式多种，四方、八边、六边或圆形均有。但最常见的安放石刻的室内建筑并非碑亭，而是明伦堂、尊经阁、圣思殿及杏坛凉亭（济

1　此处仅为作者对“棂星”二字的理解。——译注

宁文庙杏坛凉亭内便安放有铭文石碑，参见附图 35-2）这四处。这些石碑或被嵌入建筑墙壁，或单独矗立。所有主殿几乎没有石刻，只有木制横匾，竖匾对子也极少见。这些横匾的摆放位置遵循一定规律，文字内容较为固定，所有文庙位于同一具体建筑内的匾文几乎完全一致。独立石碑大多立于龟趺之上，这是中国北方碑刻艺术的一大特征。即使在极少使用龟趺基座的四川及其他南方地区，这里的文庙内仍随处可见此式样的基座，这种做法严格遵循孔子家乡山东的建筑规制，表达了对先圣故里的敬畏。在鲁地，人们尤其喜欢运用石制龟趺。石碑碑头均带大量雕饰，碑身上镌刻有简短的经典文句或篇幅较长的文章，有时还会有一些具象征含义的抽象文字。除文字外，碑刻内容还包括孔子、孔门弟子及其他学者像、相应文庙平面图、文庙所在城市地图、祭礼流程及说明、中国全境地图以及天宫图。苏州文庙内便有大量此类石刻。

水井与柏树：在介绍曲阜文庙时我们已经得知，祠堂内孔子起居处凿有一口水井，此外还有一株柏树，据说为孔子亲手所植。这两个元素同样常见于其他文庙中。

总体印象

本章最后将对文庙本质及建造目的作一阐述，正是这两者让文庙这一建筑归于祠堂类别，但同时又使其地位凌驾于普通祠堂之上，跻身国家级祠堂行列。与其他众多祠堂相比，文庙不仅没有供民众休憩娱乐或至少偶尔供官员举行庆祝活动的殿厅及花园设施，还不见任何戏台的存在。而在民间祠堂甚至许多专门的纪念祠中，人们经常会布置一处戏台，这一点已在前文反复提及。文庙通常禁止普通大众入内，只有学者、官员方可进入。这一规定将孔子崇拜上升到国家崇拜层面，但也因此使其脱离了广泛的民众群体。学者与官员被视为孔子思想的唯一传承者，他们认为，只有自己才能在先圣精神笼罩下，肩负起统治这片土地的使命。为体现官员—文人这一特权等级的崇高威严，整个祠堂处处流露出一种高贵肃穆的气息，丝毫不见任何外界日常生活、市井喧嚣、战争、商贸、各行业工种等带来的痕迹。不过从另一方面看，这些特权阶级内的具体人士，又始终来自普罗大众，他们通过极为民主的选拔考核方式，从下层社会跻身高等阶层行列。北京文庙内立有六块大型石碑，铭文讴歌了 17、18 世纪三位伟大的清朝皇帝康熙、雍正、乾隆的赫赫战功，以此希望将文治圣人、文宣王孔子同样奉为武功之保护神，这其实是将孔子直接推向社会公共生活的一种尝试。不过，这种尝试几乎没有第二例，至少我从未在其他文庙中见过类似情景。文庙更多的是呈现与推崇孔子倡导的“仁义礼智”这一纯粹思想学说，将其奉为国家的生活基石。自然崇拜同样表现在文庙之中，密林、流水元素的布置以及宰杀三牲献祭的礼仪便能说明这一点。各具体建筑雕饰繁复且多精美迷人，这体现了人们对先圣怀有一种亲密的内在感情。在后人眼中，孔子是真实的历史人物，也是与自己同根同源的同胞手足。但无论如何，这里始终笼罩着因尊崇而产生的距离感，神圣而不可亵渎的孔子英魂高高凌驾于众生之上，接受后世膜拜。

图 172. 长沙府文庙雄伟的主殿

图 173. 长沙府文庙旁文昌庙内的雄伟主殿

图 174. 醴陵县文庙雄伟主殿

图 175. 醴陵县文庙殿前方神路中轴线上的雕龙石板

第五章　宗祠

目　录

1 概况

在上一章介绍国家级文庙时，我们已经接触了不属于道教、佛教等宗教范畴的祖先崇拜。若英雄人物的丰功伟绩造福了大部分国民甚至是整个国家，其伟业为全国上下所认可，那么朝廷便会出面，下令为其建造祠堂，使其享有国家范围内的高规格荣誉，这类祠堂即“敕建祠堂”。不过，在中国人的精神世界中，最独具一格的还是他们在或大或小的家族范围内的祖先崇拜。家族后人将祖先奉为参与其日常生活的魂灵，而非神形俱灭的死者。正是这种思想根基，才孕育塑造出国家级别的民族祖先崇拜。目前有大批比我更专业的学者正在研究中华民族这一祖先崇拜行为的思想根源以及与其相关的习俗规制，高延[1]先生当属其中的佼佼者。他在《宗教系统》一书中，详尽阐述了最核心的相关问题，或者说他仍在探索答案的道路上潜心钻研。正因如此，我在此处不再对这一问题作进一步探讨。另一方面，这个领域又有极为庞大的中式建筑资源作为研究印证，各式相关建筑数量大、范围广。穷苦民众选择最简易的方式，直接在自己家中供起祖坛；稍微宽裕一些的人家单独辟出几间屋子，供奉祖先；小康家庭则为此单独建造殿厅与庭院；更有大富大贵之家斥资修建占地巨大的华丽宗祠，供奉家族内享有声望的前代祖先；及至帝王，他们建起太庙，形成一个独特的宗祠类别，并将祭太庙归入国家祭祀仪制体系。若对所有这些规模等级各异的宗祠进行实地拍摄测绘，难度可想而知，这几乎是不可能完成的任务，所以本书暂且不对各类宗祠进行实例具体介绍及发展历程梳理，而是选取个别宗祠作具体阐述。机缘巧合之下，我得以幸运地以影像手段记录下这些宗祠的样貌。它们在某些方面同纪念祠堂存在着一种内在关联。这两类建筑就构造布局而言具有本质上的相似点，故二者事实上确实可被归为同一建筑类别。基于以上考虑，本章一方面对前文所得观点进行简短补充，另一方面则旨在激发读者开拓新思维、提出新设想、展开新研究。

中国的小城镇以及平原地区拥有数量最为庞大的宗祠，这符合中国人农耕民族的特性。大多数宗族正是起源于田间地头，只有一些几代为官的富裕人家或是世代经商的家族（对商贾世家而言，子弟走上仕途是最光耀门楣的事情），才能从乡间迁往城市定居，并在城中购置地产。他们在这些较大的城市甚至省城中，同样建起众多宗祠。不过相比于乡间，这里的宗祠都极为华丽雄伟。此外也有一个宗族的若干分支合力共建宗祠的情况，这样一来事情就相对简单了。各房族人或住在一地，或相隔不远。他们在城中购得地皮，建起宗祠，供奉共同的先人。每逢节日或家族其他重要活动，族人也会聚于此地。所以，宗祠兼具祭祀与集会功能。再没有其他活动能如此可以把庞大的家族调动、凝聚在一起了。人们认为已逝祖先仍参与到日常生活之中，给在世者降下福赐或灾祸。他们向祖先报告日常情况，供上祭品香火，并以类似占卜的方式从祖先处求得意见。这些都表明，此类在宗教肃穆色彩笼罩下将所有在世者凝聚在一起的家族性祠堂，享有极高的地位，其构造装饰饱含

1 高延（J. J. m. de Groot，1854—1921），荷兰汉学家。——译注

着人们对先人的尊崇敬仰之情。即使是家徒四壁、勉强度日的穷苦家族，也会倾尽所有，出钱出力，只为尽可能地将自己的家族祠堂建造得精美华丽。人们同时也认为，对先祖的虔诚敬畏能最有力地庇护家族兴旺昌盛，也最能体现家族的家风声望。人们在族内专门委派一户人家，负责维护宗祠。这家人以相关工作为交换条件，得以免费居住于宗祠之内，有时一年下来还会获得一些酬劳。对于这户人家而言，他们也十分需要这种以劳动换住所的方式。位于城市中的宗祠外表看起来大多极为普通，它们同其他建筑一样，以围墙及大门同外部街道相隔。只有当人们走进这些建筑中，才能领略到那令人惊叹的完美细节。在众多神坛上供奉历代祖先牌位（从未出现过雕像！）的主殿、匾额、花园还有那专门的聚会间，处处都透露着后人的虔诚用心。与城市宗祠相比，位于平原地带的乡间宗祠建筑群大多一下子就能辨认出来，这种情况尤其体现在位于中国中南部的四川地区。这里的村镇规划不像中国北方那般村庄边界分明，更多的是无数农舍分散遍布，这样的川式农舍建筑在本卷中已被反复介绍。长江上游岸边建有宗祠，它们的存在为这段江畔景色平添了独一无二的迷人魅力。它们从茂密的小树林中探出身来，于婆娑林海之上或是在辽阔天空中划出优美的顶部弧线轮廓，于摇曳树影间闪现或纯白或缤纷的立面色彩。出于内心对自然的喜爱，中国人同样将宗祠选址定在风景最为旖旎之地，他们以更大的热情与更多的投入，精心而虔诚地建造起家族祠堂。平原地带及开阔谷地中的祠堂亦是如此。这些宗祠或位于主路边上，或矗立在远离主路的农田中央（参见图 176、图 177），后者与墓地选址类似，传达了一种人与土地、自然的相融统一。人们同样偏爱将坟丘建在田地中间，四季播撒、耕种与收获便围绕着这方坟丘进行。这里体现出中国建筑的一个二位一体理念，值得我们始终强调说明。中国人一方面考虑客观条件，将建筑置于风景秀美之地，让建筑与美景相互映衬、相互提升，另一方面表达主观内心情感，借助建筑布局突出表达人与人工产物植根于土地、依赖于土地的思想。这个二位一体理念或许对纯建筑构造领域造成了某些短板，建筑高度因此受限。纵观中国建筑，确实也只有少数特例拥有惊人的高度。但另一方面，建筑外形及装饰也正是从这一根本性理念中汲取养分，才得以获得深邃而富有灵魂、细腻完美的表现。

2　湖南地区宗祠

湖南地区宗祠的外部形态独具一格（参见图 176—图 179），人们可仅凭建筑外形就能判定其出自湘地。它是一个独立的建筑群组，带前堂、东西山墙及正立面侧墙，主殿高于其他屋舍，主殿正脊或山墙的样式较其他建筑的相同部位更为华丽，一切体现出一种内敛的雄浑之势。两侧山墙顶部的阶梯状马头墙略微带着弧度，这在长江中下游地区建筑中非常普遍，但其中又以湖南地区为甚。庞大墙体由平滑的砖石叠砌而成，较为宽阔的斜撑构件打破了这种大面积的单调感，使墙面变得生动起来。墙面边缘带镶边，中楣由石料斫凿而成，外抹条纹状灰浆，阶梯状马头墙覆以瓦片。以上这些充满魅力的元素组合，同样是这一地区的建筑特色。一些建筑外立面式样极为考究，其正面左右两部分墙体作为前殿的一部分，同中间的鞍形屋顶及入口大门上方高耸的顶饰一道，构成一个整体。再加上位于偏门上方、与正中屋顶平行的前檐，就使整体显得错落有致、生动丰富（参见图178）。这种建筑正立面如此精致奇巧，在细节上做到了至臻至美，这一方面虽然并不符合我们目前流行的宏伟建筑艺术理念，另一方面却体现出隐藏于此类构造中的杰出建筑核心观，它完全不受制于具体建筑的规模大小，更多的是追求纯粹的艺术价值。此类宗祠两侧山墙上开有偏门，这在中国建筑中极为罕见。究其原因，或许只能猜测为，它们是侧间内部前殿的后门，作为侧门供长住祠堂内的居民出入（参见图179）。建筑外立面仅仅是一道阔大门的墙体，弧线柔美的门檐突出于屋顶檐口，这又是另一个少有的建筑表现。与此相对，正立面流畅的长檐口呈略微上扬的弧度，侧面平直稳重的墙顶雕饰带同灵动跳跃的马头墙线条相互映衬，显得无限迷人。在这些华丽的祠堂旁边几乎总有若干简易棚屋，里面居住的小农受家族的委派，进行宗祠的日常维护工作。

自流井地区是四川境内富庶盐区的重点区域，当地一个富裕宗族的宗祠极具代表性，其过道门厅及主殿称得上此类建筑构造的杰出代表（参见图181）。主殿前方月台带精美护栏（参见图180），两座建筑顶部的华丽正脊为川地常见的石膏及釉瓷材质，五彩斑斓，正中装饰有三角状凸起物。主殿屋顶为鞍形，式样简单。主殿前方月台有露天台阶，主轴穿过上方悬挂匾额的主殿的宽阔中门。这一切共同营造出一种建筑的高贵肃穆感。

3　长沙府左文襄公祠堂

左宗棠（1812—1885），谥号文襄，清代著名政治家、军事家、文学家，本卷第一章已对其位于西湖边的祠堂有过简单介绍。作为中国近代最杰出的人物之一，他于闽浙总督任内成功击败太平军，后赴西北镇压回民起义，将清帝国的旗帜一直向西插到喀什地区。清廷授予了他至高的荣誉，中国许多地方都建有敕造左公祠，这其中形制最精美、规模最宏大的一座位于长沙府。该祠堂同时也可算作宗祠，但其只供奉左宗棠一人的牌位，他被视为整个左氏家族最杰出的子弟。左公出身湘阴县，其南面紧挨着位于湘江下游的湖南首府长沙。不过，左氏家族现在也被视为统辖湘阴的长沙府的望族，他们在首府拥有宗族地产。此外，宗族还从政府、或者直接从皇帝处获得田地，以建造一些左公祠。

长沙府左公祠位于城市北城墙附近。从平面布局上看，建筑被划分为平行的三路（参见图183）。作为主建筑区的中路内坐落有雄伟的主殿；东路建筑供起居、集会使用，此外还有一个戏台；西路为占地巨大的花园。中路布局结构清晰，大型入口门厅与主殿隔出

图 176. 湖南南部地区宗祠

图 177. 湘江左岸同湖南长沙府隔江而望的宗祠

图 178. 湖南南部地区宗祠

图 179. 湖南醴陵县宗祠

图 180. 带月台的主殿及其由石膏及瓷片构成的华丽正脊

图 181. 站在入口门厅前方望向主殿

四川自流井地区宗祠

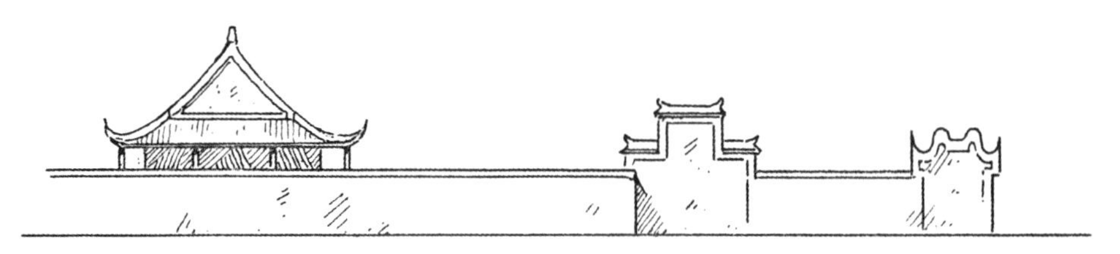
图 182. 长沙左公祠侧视图。祠堂整体采用山墙逐步提升的建筑规制

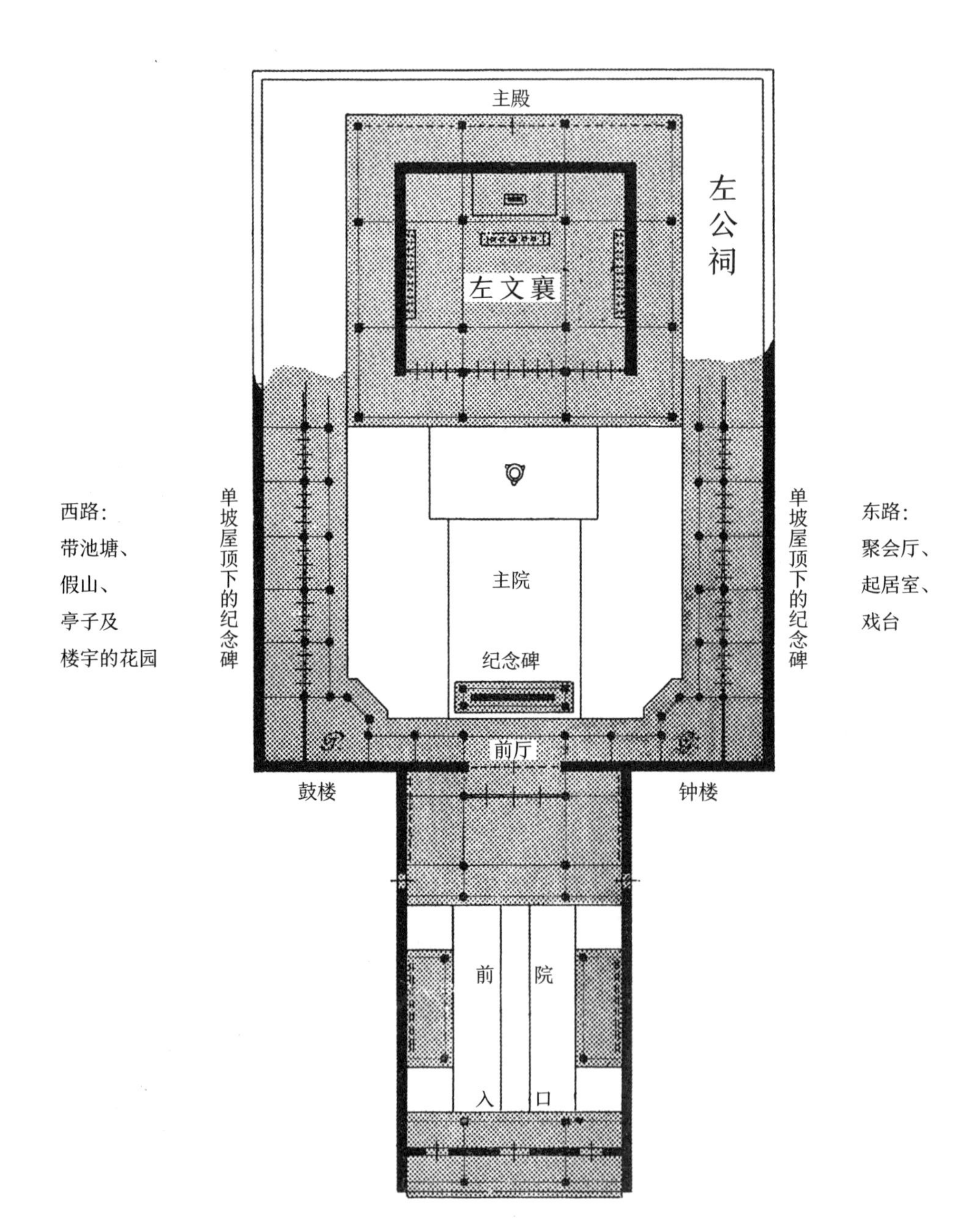

图 183. 长沙左公祠中路建筑平面图。主院两庑为开放式设计，仅上覆斜坡屋顶，内供奉纪念牌位。
参见图 186

一前一后两个庭院（参见图 184）。门厅共分三间，完全敞开式的中厅内砌有一面开有门洞的独立墙。这里只在举行某些重要活动时才对外开放，平时人们都从两侧绕行。作为祭祀的巨大主殿被桁架分成九个相等区域，外部包围有一圈完整的回廊。屋顶呈带斜坡的简式歇山式样。人们从侧面观看整个祠堂可以发现，其入口建筑、门厅以及主殿的山墙形制依次递增（参见图 182）。主院入口轴线上修有一座亭状建筑，它由方形石柱支撑，顶部雕饰华丽。内立一块状如墙壁的巨大石碑，人称"御碑"，它堪称整座祠堂的一件耀眼珍宝（参见图 185）。石碑南面镌刻有记载左公丰功伟绩的铭文，北面充当影壁，上面雕刻着具象征寓意的图案。附近回廊东西转角处各矗立着一座小型塔楼，其平面基座与攒尖顶皆为四方形，但内部对角呈倾斜构造，故整体看起来似八边式样。裸露的立柱撑起上下两层塔檐，双檐中间有一个封闭夹层，其中东塔夹层内置一口洪钟，西塔夹层内置一面大鼓。我们在灌县二郎庙以及万县文庙中，已经接触过此类巧妙地从回廊中拔地而起的钟鼓

图 184. 长沙左公祠前院，望向入口门厅的景色

图 185. 长沙左公祠主院里的石制御碑（影壁）及鼓楼

楼建筑（参见图 106、图 167）。相比之下，长沙左公祠中的这一建筑直接布局在院子角落，显得较为与众不同。这座祠堂运用了大量纤细石制圆柱与方柱，具有此外观的柱子也会出现在下文其他几座祠堂内。此处主殿内的细方柱高达 5.5 米。主殿前方月台之上摆放着一尊香炉，殿内雕饰繁复的主坛设有一段小型阶梯，台阶尽头供奉着左公牌位（参见图 188）。靠两侧墙壁摆放的武器架上陈列着众多戟（参见图 187），这一物件是王侯将相荣誉的象征，同时也被理解为可用来震慑驱散邪祟恶魔，保护这方圣地纯净无染。

主院内还有几处带斜屋檐遮蔽的开放式建筑，其内架子上陈列的匾牌展现了左公所取得的文功及所获御封（参见图 186）。此外，祠堂还有大量各种形式的铭文石刻及匾额，此处摘录其中一二，以体现其中思想精髓。

一为：

气作山河　　忠德之碑　　世功保蜀

一为：

封晋二等恪靖侯　　统属文武　　赏戴双眼花翎　　紫禁城骑马　　赏穿黄马褂

又有：

湘水拜祠堂前后贾[1]曾[2]异世并称三太傅

1　贾谊，公元 2 世纪人士，逝于湖南。——译注

2　曾国藩，湖南人士。——译注

图 186. 主院内的荣誉匾牌

图 187. 主殿内兵器架上的戟

图 188. 大殿内主坛

楚材推柱石伯仲伊[1]吕[2]大名不独一武乡[3]

相业挽一代河山当年运启兴朝万里金汤资巩固

禋祀永千秋俎豆此日神楼广厦九重圭瓒荐馨香

1　伊尹，公元前 18 世纪人士。——译注

2　吕尚，即姜子牙。——译注

3　武乡侯，即诸葛亮。——译注

对联引用的历史素材，上自远古，下至近代。人们把文字镌刻于湘地特有的精美细石柱上，以诗赋歌颂怀念这些出身湖南、彪炳千古的著名军事家。伟人强劲有力，石柱纤细却坚韧，两种力量碰撞交融，甚是有趣。其他祠堂中亦有此类铭文。

东路的一间偏房中挂有一幅著名拓画，它常见于无数屋宅、祠堂之中，据说其成画年代可追溯至汉朝。图画描述了四方天穹及各自的代表神兽，其中东为青龙，西为白虎，北为玄武，南为朱雀。四灵兽中间还写有八个汉字：“千秋万岁，长乐未央”[1]。东路主要建筑为一个大型戏台，其露天舞台被长长的观众席包围。西路是一座面积巨大的花园（参见图 189）。水池中与走道边遍布大量巨型假山岩洞，其间又有飞虹、凉亭、茶舍、回廊，甚至还有一座三层高的欧式雄伟建筑，它与其他建筑一道供左氏家族举行家祭等仪式时使用。不过鉴于整个宗祠已具有半国家性质，故除左氏族人外，其他人员、尤其是高级官员也可进入这处花园，在此聚会或处理政务。

图 189. 从一处凉亭望向西路花园及中路建筑的景色

1 “千秋万岁，长乐未央”为根据原文的意译。——译注

4 长沙府陈家祠堂

陈是一个大姓，在中国各地多有分布。陈氏家族是长沙当地的一个古老宗族，族内有大量子弟入朝为官。如今，这一家族人丁兴旺、繁荣昌盛。我在耶鲁大学时有幸通过一位热情好客、真诚慷慨的传教士，结识了小友陈，他便来自这个家族。他告诉我，自己的祖父几年前已经去世，当时送葬队伍走了将近一天，才将其葬入位于长沙西面的祖坟中。在他祖父的十八个儿子中，出了十二位道台、四位知州。精美的陈家祠堂便是由其中一位官居高位的儿子倡议修建，并最终由长沙当地的建筑大师完成。这座祠堂同陈家大宅紧挨着，小友陈的父亲和几位叔伯一道，现在还居住在这个规模庞大的建筑群中。建筑整体分为三部分，分别是众多庭院及殿厅、一座花园及祠堂。在一众待客室中，有一间面积较大，装饰肃穆，另有一间面积较小，装饰温馨。这两间屋子内都摆放有从广州、苏州精心搜罗而得的名品家具，这两地即以精美家居饰品闻名。花园紧邻住宅区，里面水渠纵横，假山林立，奇石古玩世所罕见，草木花卉步步生景。处处可见廊腰缦回（参见图 192），或封闭或开放的亭台散落其间，院墙上镶嵌有无数铭文石刻，房内挂着众多对联、横匾以及欧式装裱的先祖画像。长椅招呼着人们稍坐片刻，悠闲享受此种美景。整个花园充盈着艺术之美、自然之美、恬静生活之美，让人们陶醉其间，流连忘返。中国各地的此类中式园林皆有这般迷人魅力。家具、桌椅上镶嵌着精心搜集来的珍贵大理石雕花插片。这些石材大多产自位于广州上面的西江下游，其自然纹理赋予人若干想象空间，可被联想到自然风光、神话情景，又或神龙、凤凰、人物造型等。这种好似自然神作的石料被称为“山水石”，价格十分昂贵。在众多铭文中，有几幅出自近代一位赫赫有名的四川学者之手。一处殿厅内陈设有两件下带底座、雕花繁复的广式器件，此外还摆放着一些道光年间的三彩，上画精心拼接出几头在自然中悠然自得的麋鹿。在这众多物件摆设中，最为瞩目的杰作当属陈姓小友的祖父像。这幅肖像出自长沙当

图 190. 长沙府陈家祠堂花园内的回廊、方石柱及花窗

图 191. 透过一处墙上花窗窗棂望见的景色

图 192. 游廊与假山石
长沙府陈家祠花园

地一位著名艺术家之手，画上老者内着黄马褂，外披红氅，头戴红帽。该画像被精心保护于一道幕帘后，待我观看完毕，幕帘又被立刻拉上。墙上开有用石膏或石条拼成的花窗，人们透过形状各异的小格望向外部花园，总能收获全新的旖旎风景，这种体验美妙至极（参见图 190、图 191）。花窗是中式园林的常见元素，但此处的花窗在构建形式上稍显严肃规整，相比之下，其他地方的花窗窗格多采用栩栩如生的叶状或花状。在这座陈家祠堂花园内，看似随意布局的各建筑群及建筑元素中都出现了石制护栏、矮墙、梁柱、细方柱，它们带来了一种令人安心的稳定感，同时也为毗邻的宗祠营造出一种相应的肃穆感。宗祠紧挨着花园另一侧，两个区域中间有一处专门的入口。

四张陈家祠堂照片清晰地反映出，该建筑最明显的特征便在于极度纤细的圆柱或方柱的运用。这些细柱为石灰石材质，高度最高可达 5.5 米。在狭小封闭的主院内出现此类大规模整石立柱，这在一定程度上看上去较为突兀，略微显得肃穆刻板。或许这会让人联想到前文中出现的同样位于长沙的文庙牌楼。那处建筑同样克服了技术上的局限，采用长而细的石梁与石方柱，在审美上营造出类似的肃穆之感。湖南地区的许多寺院祠堂也多采用巨大石柱代替常见的木柱，衡山的相关建筑尤其能够体现这一点。但若论起此类石柱的排布形式及给整体建筑带去了何种观感效果，那么最鲜明的一处实例还当属陈家祠堂。石柱这一建筑元素正是为祠堂及宗祠所特有。在一些殿厅及小型塔楼内，立柱上端同梁架相连位置构建有波形雀替。这一设计使原本横平竖直的锐利感有所柔和，也充当了真正意义上的花板功用。同左公祠一致（参见图 183），陈家祠堂同样有一座前院、一座主院。在这

图 193. 长沙府陈家祠

从主殿望向钟楼与入口大门的景色

些外观质朴无华的建筑元素中，入口大门又高又阔，煞是醒目（参见附图 25-2），其轮廓肃穆威严，同建筑整体气质相契合。主院内部南面位于过道门厅附近的两个角落建有钟楼、鼓楼各一（参见图 193、图 194），这一布局也与左公祠一致。这两座建筑呈六边形式样，下部由裸露在外的立柱支撑，仿佛踩高跷一般，为完全开放式设计。其上层为封闭设计，内部放置有洪钟或大鼓。在湖南地区的祠堂及宗祠中，钟与鼓被视为必不可少的物件，出现于每一处相关建筑中。主殿带前堂，前堂外扩，形成殿前月台（参见附图 25-1）。主殿屋顶为样式简单的鞍形式样，内部及神坛并无特别的华丽装饰，只有一些楠木匾牌上刻有若干纹饰，并镀有少量金粉。神坛上用通至屋顶的高大墙体砌出一个壁龛，基座上是祭坊。两侧小神堂中挂有大约二十四副木制对联匾额，大多为纹理精美的樟木质地。

总体而言，人们在这座祠堂内运用了大量装饰性元素，努力体现出肃穆庄严的线条感与平面感。建筑整体呈现出如此一种偏严肃的气质，其所有具体细节的雕琢必定具有此类统一风格。人们步出生机勃勃、充满自然气息的花园，进入先祖魂灵安息的净地，凝重威严感扑面而来。

图 194. 长沙府陈家祠主院内的鼓楼

5　长沙府席家祠堂[1]

长沙是中国最古老、最繁华的城市之一，城内有大量宗族祠堂，显赫的席家祠堂便是其中一座。我在小友陈的陪同下，有幸对席家祠堂进行了一番短暂探访。该宗祠并未与住宅区形成一个建筑整体，但同陈家祠堂一样，宗祠连接有一个花园。且与陈家花园相比，席家花园占地明显更为广阔，也会对民众开放。事实上，其功用也反映出了这一点。与中国许多大富大贵之家一样（此处最值得一提的便是巨贾盛宫保[2]名下的苏州留园），席式家族也在每年特定时间对外开放自己的私家园林，普通大众可以在那儿游览、品茗。

图 195. 长沙府席家祠堂的主殿

1　应指席少保祠堂。席家田（1829—1889），清末湘军名将，官至布政使，追赠太子太保。——译注

2　即盛宣怀（1844—1916）。——译注

图 196. 从主殿月台望向主院及钟楼的景色

园内巨大的莲花池上架有飞虹，池边绕有回廊，五步一楼，十步一阁，各式古木花卉遍布四周。一段长回廊的墙壁上嵌着许多石板，上面刻有长江及湘江景致。不过，即使花园常年开放，但与其相邻的宗祠仍基本禁止外人进入。这座祠堂同样壮观雅致，纤细石柱、钟鼓角楼、开放式回廊、通往大殿的丹墀这些建筑元素也在这里再次出现（参见图 196）。丹墀上有一座香楼，道路两侧是被石栏围起的成列小树。陈家祠堂中同样存在着这种幼小树木。主殿前方辟有月台，边缘处设石制护栏。作为四川及湖南地区常见而突出的建筑元素，这方月台被修建成凉亭式样，亭子下方由方形石柱支撑，亭顶与主殿屋顶相连（参见图 195）。主殿的正立面装饰有雕凿繁复的雀替（参见附图 24-1）。与前文的陈家祠堂相比，席家祠堂的建筑雕饰明显更为华丽精美，这一点在一些包括正脊在内的屋顶脊线中体现得尤为醒目。

6 广州陈家祠堂

陈姓家族的其中一支世代居住于广州，是这座富庶城市的显赫家族之一。据说，广州陈氏靠经营多家药铺起家。时至今日，药铺仍是其一大营生。当然，家族也文人与高官辈出。陈家祠堂位于广州西郊，吸引着众多欧洲人前去探访。其建筑形制之豪华，超出了所有普通宗祠。这种至臻至美的雕琢，同时也是中国南方建筑的典型风格。此处对这座祠堂的介绍，可以视为我们本卷所述经历的漫长旅途的完美收官。我们从中国北方出发，起始于远古混沌年代，其间穿越中部各省，感受中世纪的岁月积淀，现在来到最南边，直面风格上一脉传承的近代艺术。广州陈家祠堂建于 1890 年，据说造价为白银十万两。子弟遍布四方的陈氏家族全族动员，各家各户纷纷出资，以使得本家直系先人的牌位能进入宗祠殿厅供奉。由于祠堂位于人口稠密的城市中心，所以周边并无旖旎自然景致。但有一个亮点值得注意：它正好坐落在一处水塘北岸（参见图 199），水是中国南方建筑中必不可少的一个表现元素。祠堂院落内部的草木植被均为新栽，树龄较小，无甚亮点。在这种幼木衬托下，祠堂外观越发显露出其恢弘的艺术气息。

祠堂南面前广场被一道高大的栅栏篱笆隔开（参见图 198），其两侧各开有一扇偏门。这处前广场外侧还矗立着两根带斗的旗杆，这是一位身居高位、文采斐然的陈氏子弟为家族挣得的巨大荣耀。入口门厅前依主轴对称摆放有一对石狮子，它们造型夸张，带高大底座（参见图 211）。祠堂建筑群结构明确，其南北分为平行的三个建筑区，分别为前部入口殿厅群、中部聚会厅群、后部祖先殿群；东西分为五路。如此三横五纵的布局，一共交织形成六个主院。在五路区域内，中路建筑面阔五间，其左右两路建筑面阔三间，最外围两路建筑面阔一间，整体呈现 1-3-5-3-1 的空间布局模式。东西占地一间的最外侧建筑并未依南北轴线展开，而是侧殿式样，门朝向院子，呈坐西向东或坐东向西布局。最外路东南及西南角各设成一间小客室，它们与位于东北及西北角的两个宗祠殿厅遥相呼应。较大的殿厅之间还被一个个窄小的天井隔开。各个天井构成了祠堂内部的次级通行系统。为满足这一功用，天井之间以敞开式带顶走廊相互连接（参见图 202、图 203）。这些偏道南面均开有小门。祠堂所有建筑侧墙皆高大结实、笔直矗立，如此一来，夹在中间的天井完全没有遮蔽，各个殿厅也都相互独立，自成一体。从建筑构造角度看，人们只能在平面图上辨认出这些殿厅属于一个整体。建筑的相互割裂感在屋顶构造方面体现得尤其强烈。各脊线呈近乎水平式样，鲜少出现弧度。但为了突出呈现华丽的正脊雕饰，直线形山墙轮廓并不与坡面处于同一平面，而是被建造成高峻耸立的三角式样（参见图 197），屋顶正脊同山墙尖顶之间出现显著的高度落差，超出屋面的山墙部分因此不得不呈现出并不美观的楔形。这种纯粹只为突显华丽装饰细节的构造，并不属于中国建筑艺术起源地的北方建筑样式，甚至根本不属于中国中部建筑的表现形式，而是带有鲜明的东南亚建筑色彩。这种艺术风格通常表现为缺乏稳定结构、沉迷于大面积的装饰铺陈。尽管我们眼前这座陈家祠堂已经全方位融合了中国艺术家倡导的清晰建筑理念，但中和之下仍无法逃脱以上建筑烙印。

图 197. 南侧正立面

图 198. 池塘、木制栅栏及南侧正立面

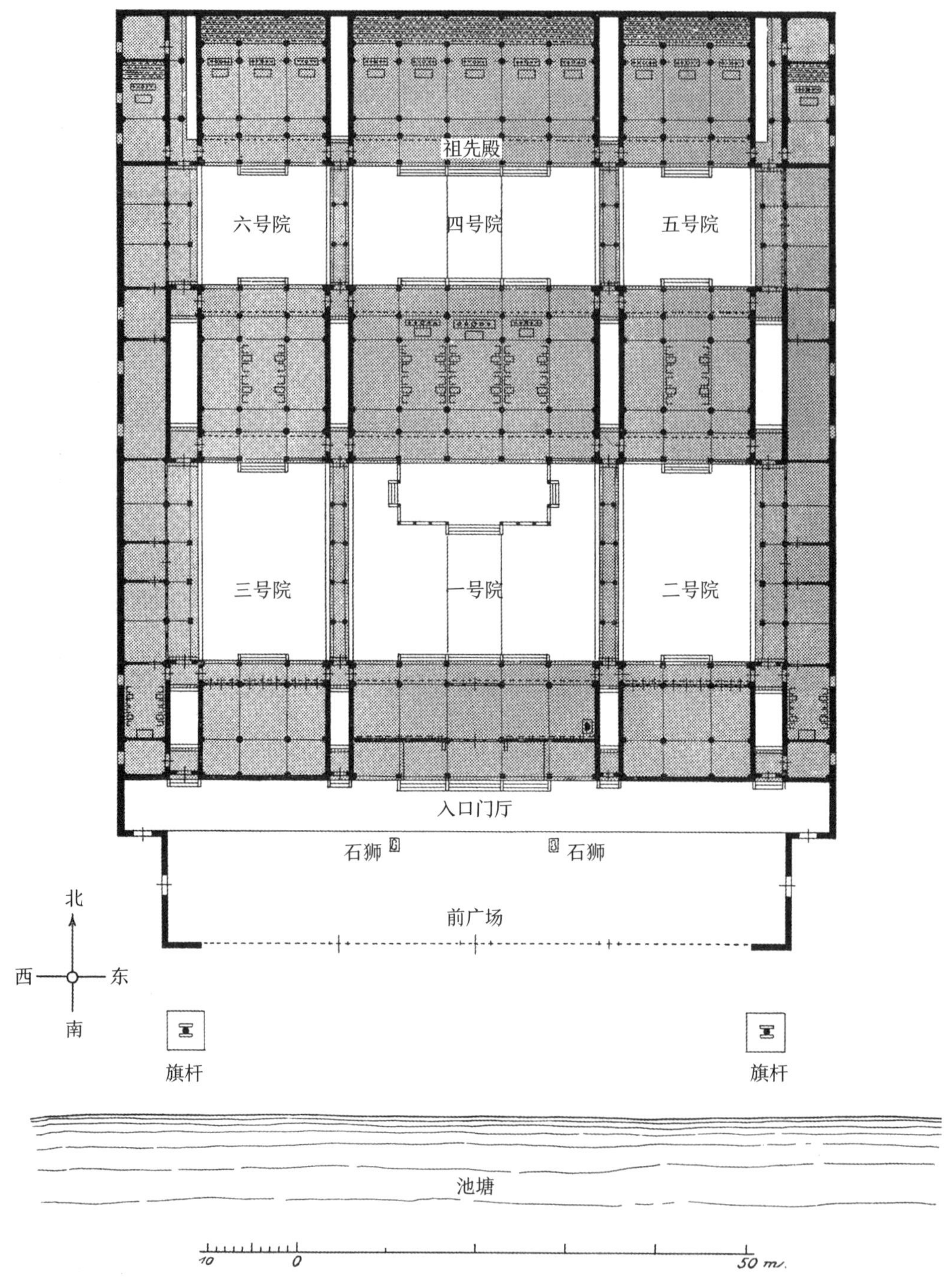

图 199. 广州陈家祠堂平面图。比例尺 1:600

位于中路的主入口殿厅面阔五间，紧挨中间的左右两间其正面架有独立水平石梁，屋顶抬高，带两面贯通式中段山墙（参见图198），正中三间尤其吸引人的眼球。此外，正中一间不带独立梁，正脊两个鱼尾状物件（其轮廓线条带鲜明的暹罗风格）中央雕凿有精美饰品，它们共同突出了主轴的存在。门厅被一面隔墙分成内外两个开放空间，这与中式入口设计相似（参见图199）。不过这面隔墙并不位于正中，而是靠后修建，门厅外区因此近乎是一个前堂，只不过与普通前堂相比多了一扇门。门厅内区建有一面独立影壁，人们能辨认出这一中国传统大门建筑元素，只不过它在此地发生了若干变动。第一排的侧面建筑不再是门厅，而是住房，人们可以从院子进入这些地方。围墙上因此开有极为雅致的小门，通往各天井及游廊（参见附图26）。

中间一排建筑包括三座聚会厅，其中正中一座面阔五间，两侧殿厅面阔三间。每一座建筑后方都坐落着各自的附属祖先殿。聚会厅南北通透，整体华丽至极（参见附图28）。面积最大的正中聚会厅尤其豪华壮丽，其内雀替及横梁雕凿繁复，柱础极具艺术价值，室内家具分量沉且价值高，巨大的铭文匾额色彩丰富。它们共同塑造出这座建筑富丽堂皇的巴洛克式艺术风格。站在此处望向院中那些梦幻建筑，这种奢华观感尤其突显。这三座聚会厅内都按照规制，摆放着四桌八椅。不过，屋子北面并未如常规摆放象征尊位的炕，其原因便在于，在先祖面前，所有聚集在此的家族成员地位都相互平等，没有尊卑之分。况且论及尊贵，被供奉于北面殿堂中的祖先牌位享有无上的尊崇，其地位凌驾于所有在世的家族子弟之上。通常放炕的位置边上，放置着几张名贵的雕花桌，用以进膳或摆放祭器。厅内悬挂着几盏欧式树冠状吊灯，它们看起来同周围陈设稍有格格不入。只要足够吸引眼球，中国人还是会倾向选择此类外观新奇的器具。在广东、广西两地的祠堂寺院、商铺住宅中悬挂有众多这种欧式灯具，而整个陈设背景又是传统的中式风格。正因如此，即使是欧洲人也逐渐对这种怪异的中西结合运用习以为常，这一点尤其耐人寻味。

月台是祠堂及宗祠内一个必不可少的部分，即使建筑并不特别起眼，但也总是存在这一建筑元素。不过，广州陈家祠堂的祖先殿前恰恰未设月台。相反，第一排正中聚会厅前方不仅带有月台，且其跨度达到三间。月台除了中央主台阶之外，东西两侧还各有一处侧阶。主阶中轴线上未设浮雕神龙石板，因为只有帝王或圣贤才有资格享用这种装饰元素，普通宗祠达不到如此尊崇等级。月台的护栏雕饰华丽，下文中还会对此略作介绍。

聚会厅后方的祖先殿群在形制气势上呈现出一种自然而然的擢升。它们正面同样为完全开放式设计，但后部封闭，内部装饰华美，悬挂有大量匾额，立柱及裸露在外的梁架皆带大量雕凿纹饰。这里建有供坛墙（参见附图29），它是中国此类建筑最为显眼的元素之一。一个个供龛占据了墙壁的每一处区域，木制龛笼雕凿之繁复令人叹为观止。龛头轮廓线条流畅，呈悬垂叶片状；细节巧夺天工，图案层叠涌现；各造型栩栩如生，细腻精巧。这种木雕工艺体现出鲜明的中国南方风格，其严谨的图案编排也展现出高超的艺术水准，同单独壁龛相比，此类五龛并置的格局极大地提升了观感的震撼度。五处雕凿奢华的龛头正中均挂有一片银色圆盘，这一元素广泛出现在广州附近的无数墓地建筑中，只不过大多为红色。毫无疑问，圆片在这里象征太阳的倒影，同时也与指代至高无上的神圣宝珠有异曲同工之妙。每一张供桌上都放置有常规的五供器，不过此处的器皿均为蓝色釉彩。每一个供龛内部的阶梯式供坛上都供奉着已逝先人的牌位。我从人们口中得知，陈氏宗族每一个支脉的先人牌位具体摆放于哪个位置，取决于其后人对祠堂的捐资金额高低。出资数额最高者，其先人被供奉于正中；数额较低者，则被供奉于侧位；数额最低，则被供奉于最外侧的偏堂。据说这里可以容纳 4000 块牌位，目前还只使用了一半的位置。

位于主轴线上的主路由石板精心铺成，作为神道从入口一直通往北面的祖先殿（参见图 202、图 203）。院中的树木对称栽种在院子内，连接起各院落的开放式窄长游廊的立柱由铸铁浇成。

最后，我想在这里就两点做进一步说明，其一为建筑的砖石原料，其二为以纹饰为代表的若干艺术细节。

高高耸立的墙体由砖石砌成，其外立面被打磨到完全平滑（参见附图 27），这是常见的中式墙体营造技艺。但运用在陈家祠堂建筑正立面上的同等材质的黄泥砖尺寸更大，上面带众多纹饰。若想在砖块上雕凿图案，人们必须要借助火烧，但这一技艺对火的把控要求非常严格，匠人只有在微火之下方可对砖块作进一步细致雕琢。精美砖块纹饰的代价是物体抗风化能力的降低，这类陶土雕刻品的寿命极短。即便如此，中国的建筑仍喜欢运用这一物件。在祠堂寺院内得以大量运用的石膏，情况亦是如此。虽然经过某些特殊处理，石膏这一材质可以在工艺上得到完美呈现，但仍十分容易受损，这一点在屋顶体现得尤其明显，这便要求人们定期对建筑进行最严苛细致的维护。

相比之下，在祠堂中大量出现的花岗岩石件显得更为恢宏壮观。广州陈家祠堂主要使用细长的方柱以及长达近六米的独立梁构件，它们显然是参照相关木制构件而建的。只有在跨度超过六米的中门上方，人们才未设任何构件。檐柱上架有水平枋，其稳定性借助雀替得到进一步巩固。挑尖随梁穿插过檐柱的部位外侧有雕饰精美的护板遮挡（参见图 204、图 206）。人们还在每个纤细的正面额枋上方建有一个衬垫，以承托屋顶构件。在中国中部及南方常见的石制柱础，到了这里被呈现出各种不同式样，它们大多结构分明、雕凿灵动（参见图 210）。柱础呈明显收窄造型，收口线一直延伸到方形柱面背后，这与欧洲的审美观截然相反，但也丝毫未削弱构件的稳定性。正中入口殿厅及祖先殿的台阶自每一处檐柱位置向外修有波浪状起伏的垂带，其最外侧被雕凿成蹲坐的狮子，整个台阶因此被分为若干段（参见图 209、图 210）。主入口大门两侧各有一个精巧基座，上面立有光滑的圆形抱鼓石（参见图 212）。这一构件最早起源于从两侧支撑独立方柱或圆柱的石制基座，这在牌坊中尤其常见。此类夹杆石便是抱鼓石的前身。陈家祠堂的这两处抱鼓石同样具有类似功用。在中国中部及南部，与此形状一致或相似的抱鼓石是高等级建筑的一个必不可少的鲜明特征。这一圆片显然模拟了一面鼓被挤压之后的样貌，该造型传承自北方地区常见的拉长状石基。人们或许可以说，南方地区特有的这种极度追求外形纤薄的病态审美，使得此处的抱鼓石形态最终异化成一片平滑石片。这种式样让人联想到出现于广州地区建筑艺术中的日轮造型，我们这座祠堂的主坛中同样运用到了此造型元素。透过日轮样式的抱鼓石，我们可以探得中国人内心的一种思想大观。他们一方面将鼓这一物件视为祠堂寺庙的专属器乐，赋予了其极大的神圣性，另一方面又将太阳奉为生命的至高源泉。对此类看似由随机杂乱的不同观点汇合而成的思想进行剖析十分有必要，因为这正契合了中国人的思想观，体现出其深信不疑的一个理念：生命的所有组成部分相互转化嬗变，最终构成一个整体。建筑艺术中的此类意象表达，从构建及审美角度而言完全为自发出现并逐渐发展，但正是在这种自然演变过程中，精神及宗教理念得到越来越鲜明的体现，具象建筑元素的发展过程变成抽象理念的突显过程，并最终表达出类似上文“万物相生、共为一体”的概念。

各殿前方石制护栏的栏板及隼接水平扶手上均分区分块地布满精美的浮雕（参见图208、图209），而与此截然不同的是，宽敞的中部区域月台上的护栏浮雕刀笔锐利，具有更鲜明逼人的立体感（参见图201、图203、图205、图207）。在充分发挥石制原材的特殊处理技法的同时，通过模仿华丽繁复的木雕工艺，粤地石材斫凿艺术在这里得到了淋漓尽致的展现。以下方斜刻或完全镂空式样呈现的藤蔓卷须、多姿花卉、神龙猛狮及人物造型布满栏板、方形望柱、水平扶手、下方水平饰带以及望柱球状柱首，这与西方最奢华繁复的巴洛克风格如出一辙。正面栏板上还雕有一圈四瓣花边框，框内图饰由此得到突显。不过，这些额外添加的边框倒显得画蛇添足，它使得本就由屋檐与立柱组成的横平竖直的简单线条框架内的其他图饰，产生较为混乱的观感效果。

相较于已足够华丽的栏杆，建筑屋顶及正立面的浮雕之奢华更是达到了登峰造极的程度，雕饰形状千姿百态，用色五彩斑斓，各造型重重交错、层叠出现，给人以震撼无比的视觉感受（参见附图27）。恣意不羁的南亚装饰风格在这里得到尽情释放，只有在必要时才会考虑到中式建筑及轴线布局的严谨体系。为避免牵涉过广，这里便不再对具体雕饰细节作深入描述。此处所出现的雕饰元素几乎涵盖了所有类别：华盖下的人物、神话故事、凤凰、游鱼、狮子，还有点缀其中的锦簇花团。这些造型的叠加造成了某种程度上的表达意象混乱。虽是如此，若抛开堆砌混杂的细节放眼全局，便会发现正脊石板与水平饰带构成分区，外带精巧明确的轮廓镶边，雕饰线条沉稳，宽阔石板下方的坡面线条起伏有序，石板本身又与中门上方的灵动石制水平枋相互呼应。这些为整体架构注入一种恢弘大气又庄严稳重的气质，进而营造出华贵雅致感。

图 200. 4 号院北侧的祖先殿

图 201. 1 号院北侧的聚会厅及其前月台

图 202. 4 号院北侧的宗祠殿与长廊

图 203. 1 号院北侧的聚会厅及其前月台

图 204. 侧殿局部图

图 205. 1 号院月台护栏局部图

图 206. 1 号院北侧主殿正立面局部图

图 207. 1 号院月台护栏局部图

图 208. 主殿护栏

图 209. 一处偏殿的护栏

图 210. 入口门厅正面局部图

图 211. 入口前方东侧的狮子

图 212. 入口门厅的抱鼓石

结语

从时间、地理、风格等诸多角度而言，广州陈家祠堂这一标志性建筑的中式建筑艺术风格得到弱化，但同时体现出它受到了南亚艺术思想的影响。不过也正是在这座建筑中，人们可以清晰地辨认并明确定义出中国艺术思想之本真精粹。在想象之光的蓬勃跃动下，充满神秘色彩的思维路径通过以装饰物为代表的各种形式得到体现。而诞生于最质朴无华的设计理念及简洁建筑构思之下的清晰布局，则对这种不羁的想象力进行限制，使其遵从建筑构造要求。匠人们娴熟地掌握所有原材料的加工技艺，从而在营建过程中能够游刃有余地塑造出最为多姿多彩的造型。带有宗教信仰烙印的传统模式，恰恰在建筑艺术这一领域受到较大限制，并未取得较大规模的全新创造形式。可也是在这些限制中，中国人的艺术创造得到尽情发挥，从而形成一个清晰明确的统一风格，中国艺术由此成为一个耀眼且自成一格的独立王国。这种指向限制也正是在局限的框架内达到了艺术的完美。这种崇拜文化也必然使得相应的建筑艺术与逝的历史甚至是最为遥远的时光始终紧密相关。传统这一因素在中国建筑艺术中具有如此重要的意义，这同时也证明了，掌握中国建筑的整体图景知识，对于研究某一类型的建筑有着何等重大的意义。本卷关于祠堂的研究，便充分说明了这一点。

附图 1. 庙台子花园

附图 2-1：莲池，东南向景色

附图 2-2：莲池，东北向景色

成都府武侯祠

附图 3. 忠勇之神关帝

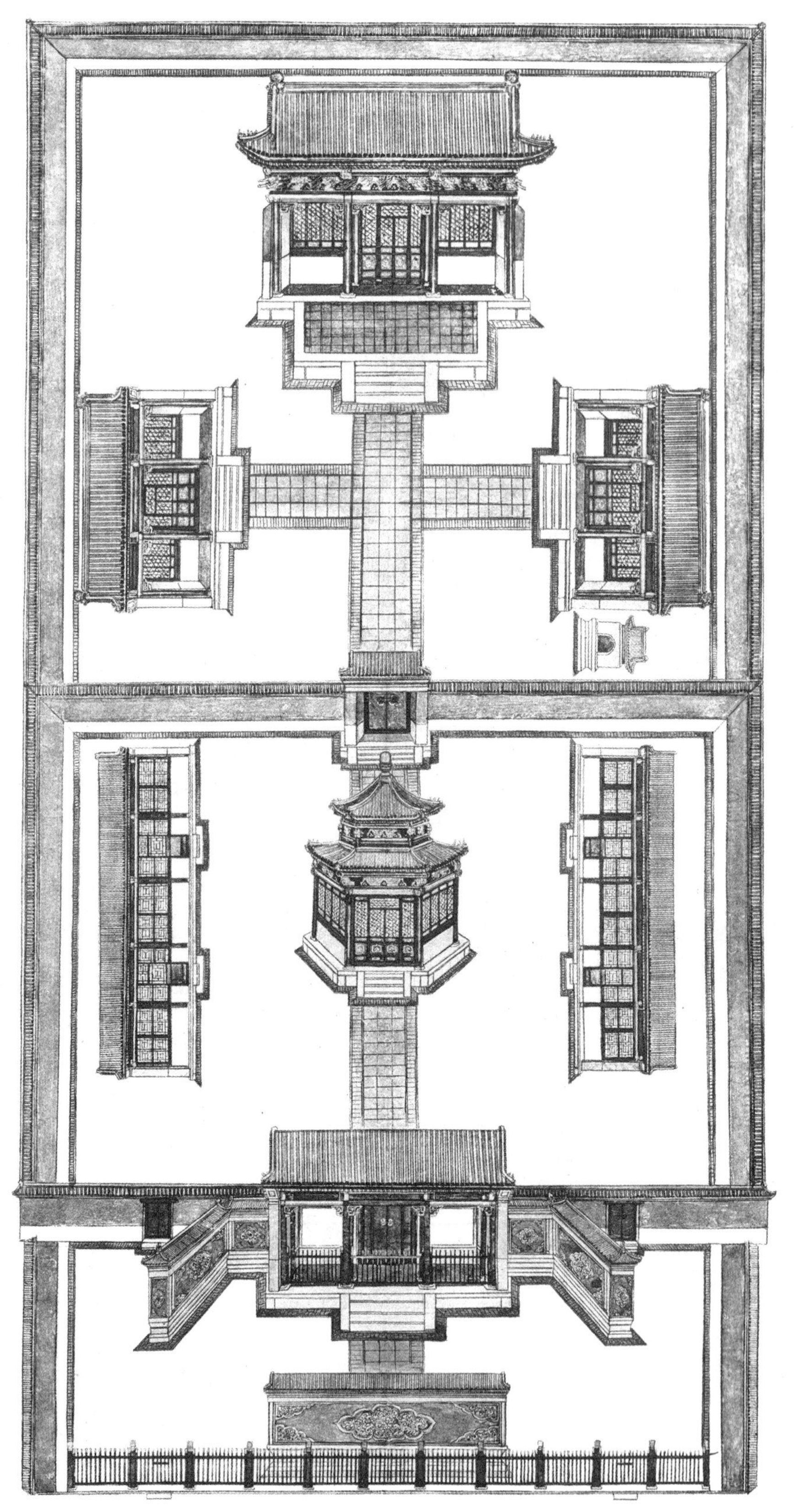

附图 4. 天津李鸿章祠堂草图。摹绘自中国彩色原图

附图 5. 山东济南府大明湖，南向景色

附图 6. 少年张良读书图。选自《芥子园画传》

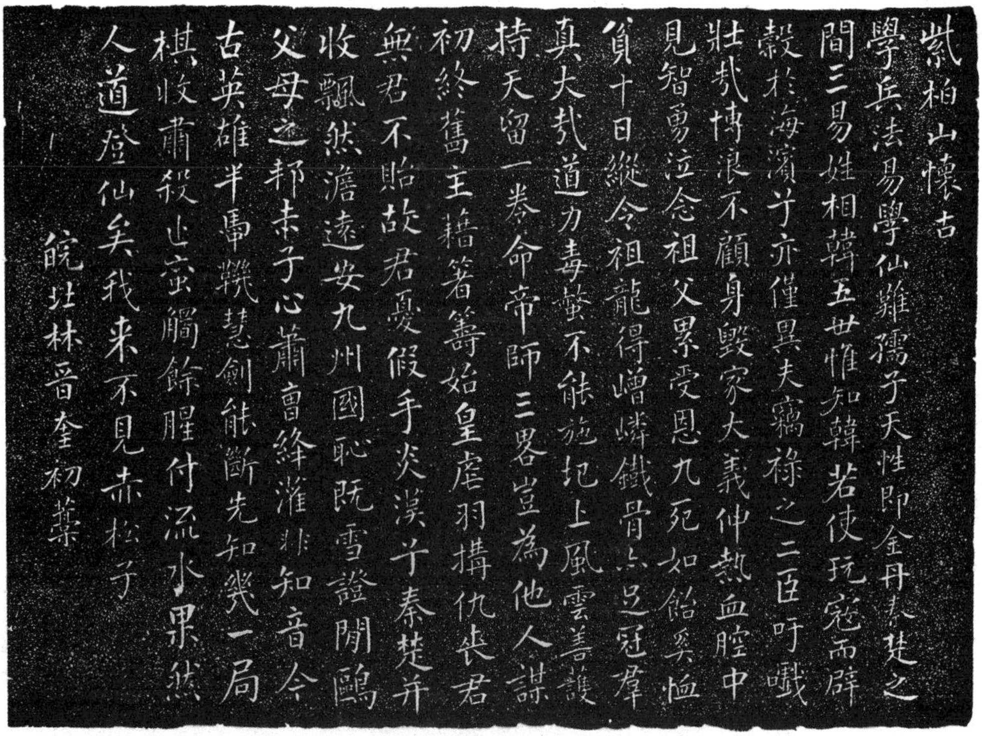

紫柏山懷古

學兵法易學仙難孺子天性即金丹秦楚之間三易姓相韓五世惟知韓若使玩寇而辟穀於海濱乎亦僅異夫竊祿之二臣吁嚱壯哉搏浪不顧身毀家大義伸熱血腔中見智勇泣念祖父累受恩九死如飴奚恤貧十日縱令祖龍得嶒嶙鐵骨亦足冠群真大哉道力毒螫不能施圯上風雲善護持天留一卷命帝師三畧豈為他人謀初終舊主借箸籌始皇虐羽搆仇喪君無君不貽故君憂假手炎漢乎秦楚并收飄然遠安九州國恥既雪證閒鷗父母之邦赤子心蕭曹絳灌非知音今古英雄半畢戮慧劍能斷先知幾一局棋收肅殺氣蠻觸餘腥付流水果然人道登仙矣我来不見赤松子

皖壯林晉奎初稿

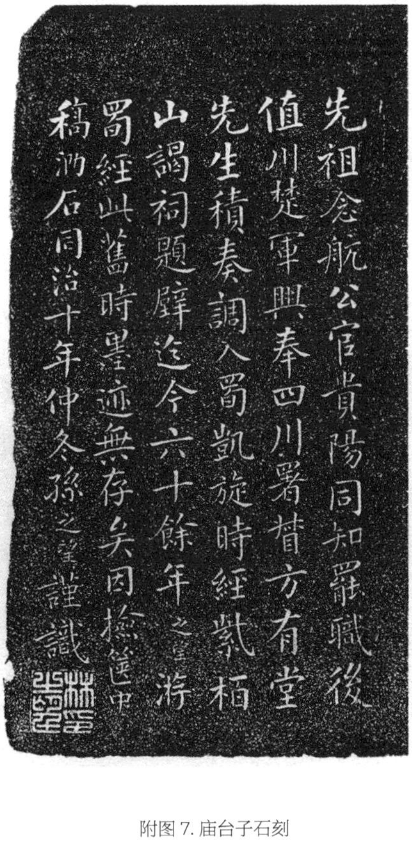

先祖念航公官貴陽同知罷職後值川楚軍興奉四川署督方有堂先生積奏調入蜀凱旋時經紫柏山謁祠題壁迄今六十餘年之望游蜀經此舊時墨迹無存矣因撿篋中稿泐石同治十年仲冬孫之望謹識

附图 7. 庙台子石刻

附图 8-1：西侧门楼，自授书楼朝西望向柴关岭

附图 8-2：东侧门楼。自授书楼朝东北望向祠堂入口

附图 8. 紫柏山庙台子张良祠堂

附图 8-3：自授书楼望向西南山谷

附图 8-4：自东北群山望向祠堂及西南山谷

附图 9. 紫柏山庙台子张良祠堂。取中国原图一半尺寸

附图 10. 二山门，灵官及财神殿，鼓楼。庙台子第一进主院（参见附图 31-18、31-9、31-7）

附图 11-1：自玉垒关朝西南望向岷江南侧支流及青城山
吊桥、江水分流处、二郎庙

附图 11-2：自玉垒关望向西北

附图 11. 四川灌县附近的岷江河谷及二郎庙

附图 11-3: 自城市西部望向西南
玉垒关

附图 11-4: 自西城门望向西北

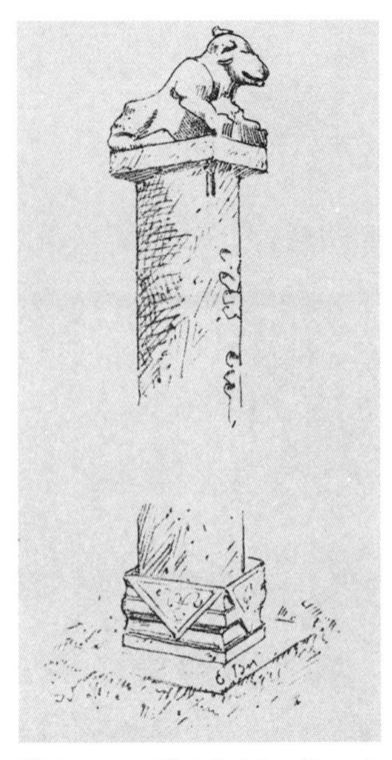

附图 12-1：石柱上的公牛，高 4.5 米

附图 12-2：铜制公牛，长 1.3 米

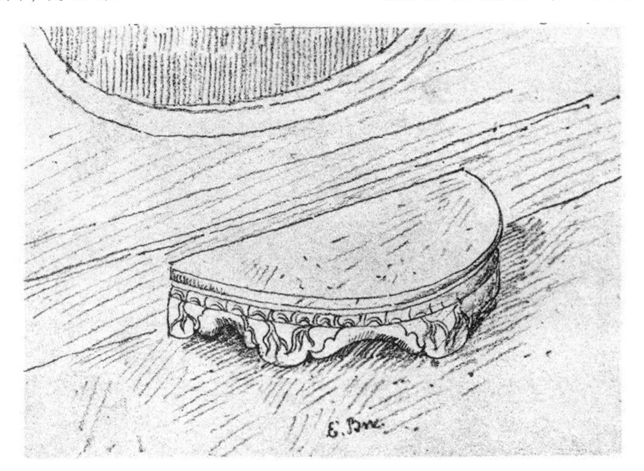

附图 12-3：带莲叶纹饰的石阶

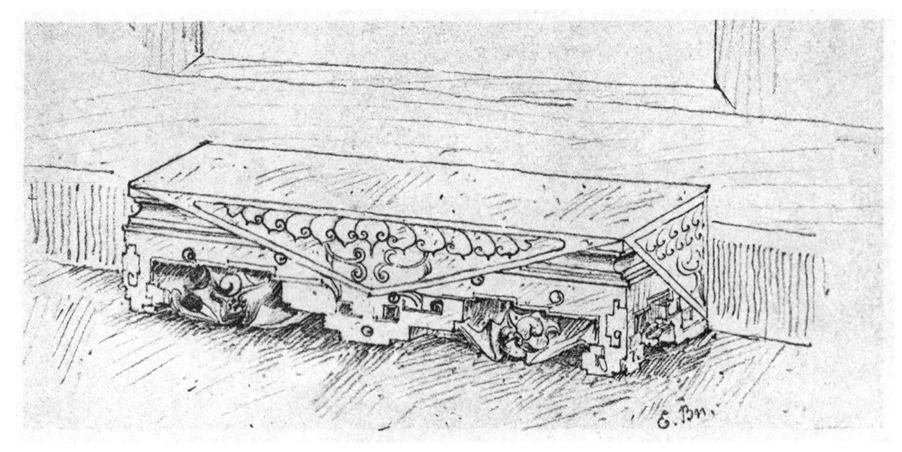

附图 12-4：带蝙蝠造型的石阶

附图 12. 灌县伏龙观李冰祠堂

附图 13.灌县附近二郎庙的前月台及东山门（参见附图 32-3）

附图 14. 灌县二郎庙二号前院的灵官亭及前月台旁的影壁（参见附图 32-9）

附图 15. 灌县二郎庙雄伟主殿前方的东侧烧纸楼（参见附图 32-16）

附图 16. 灌县二郎庙雄伟主殿前方的西侧烧纸楼（参见附图 32-16）

附图 17. 自左至右为阶梯、圣母殿、老君殿、21 号小神堂
自送生堂边的第一处阶梯平台望向二郎庙高处的景色

附图 18. 山东曲阜文庙大成殿正面大石圆柱

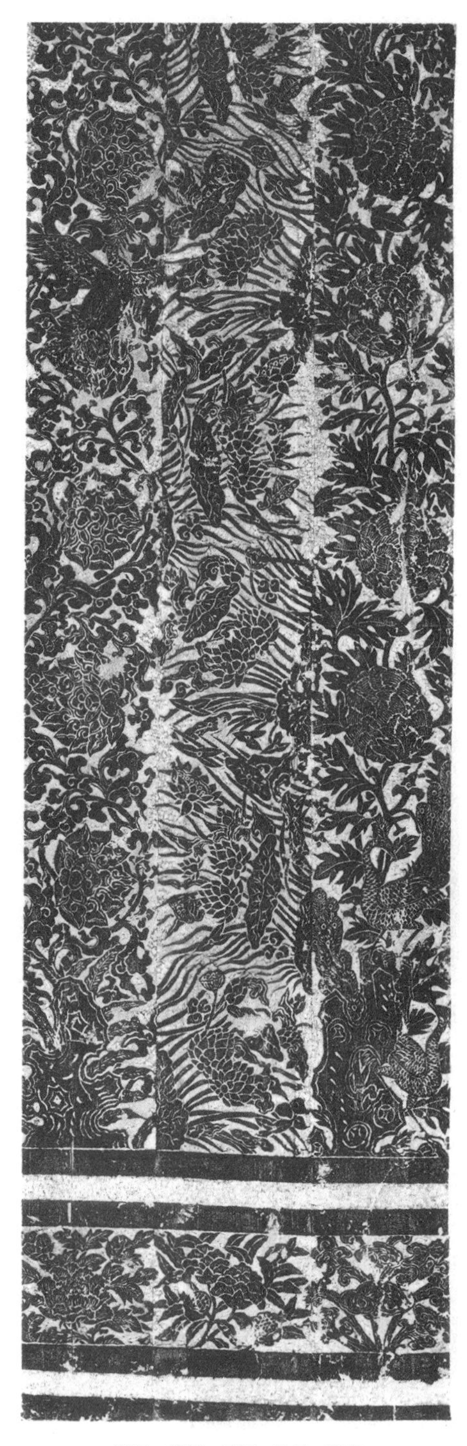

岩石、莲花、凤凰、牡丹、孔雀

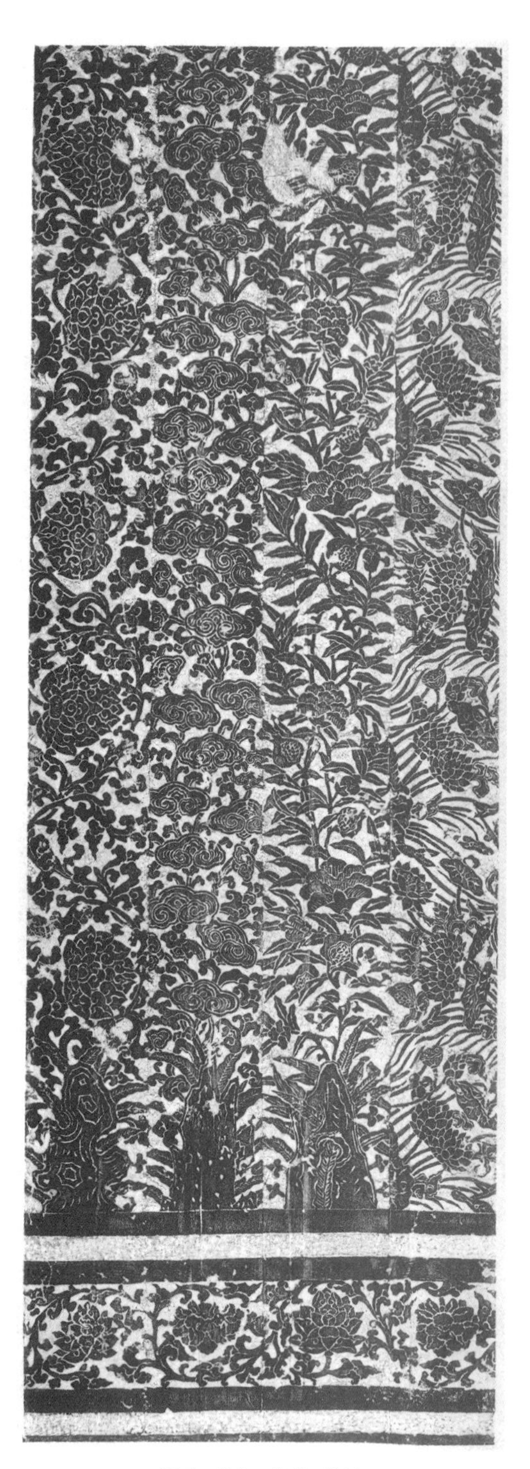

岩石、莲花、藤蔓、牡丹

附图 19. 山东曲阜颜庙主殿八棱方柱浮雕图案。立柱每三面图案拓片展开图

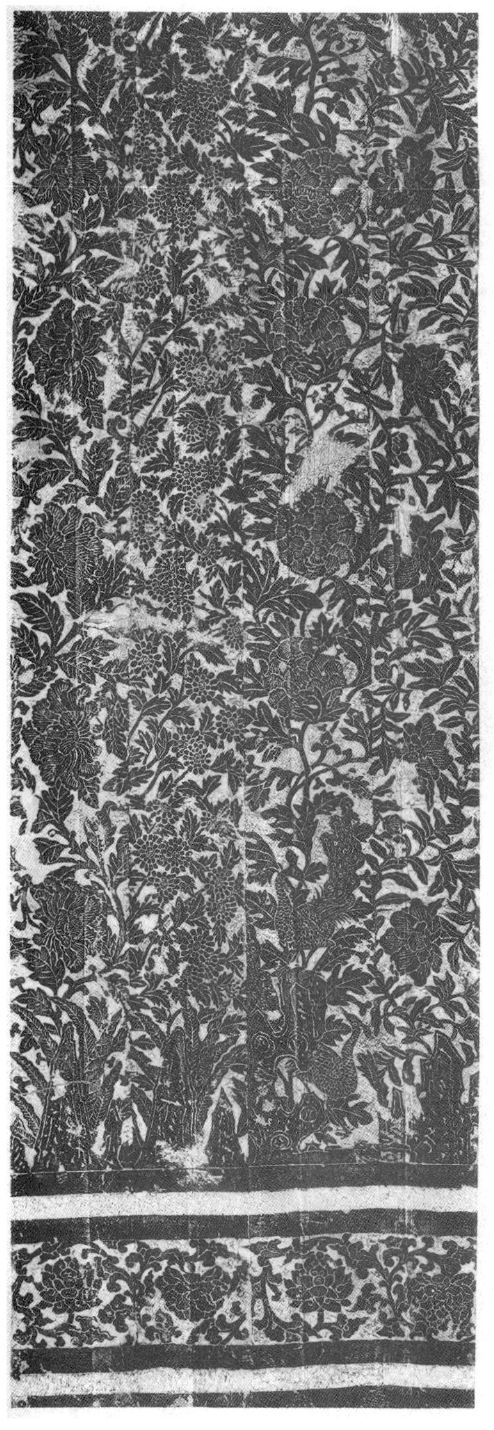
岩石、孔雀、牡丹、菊花

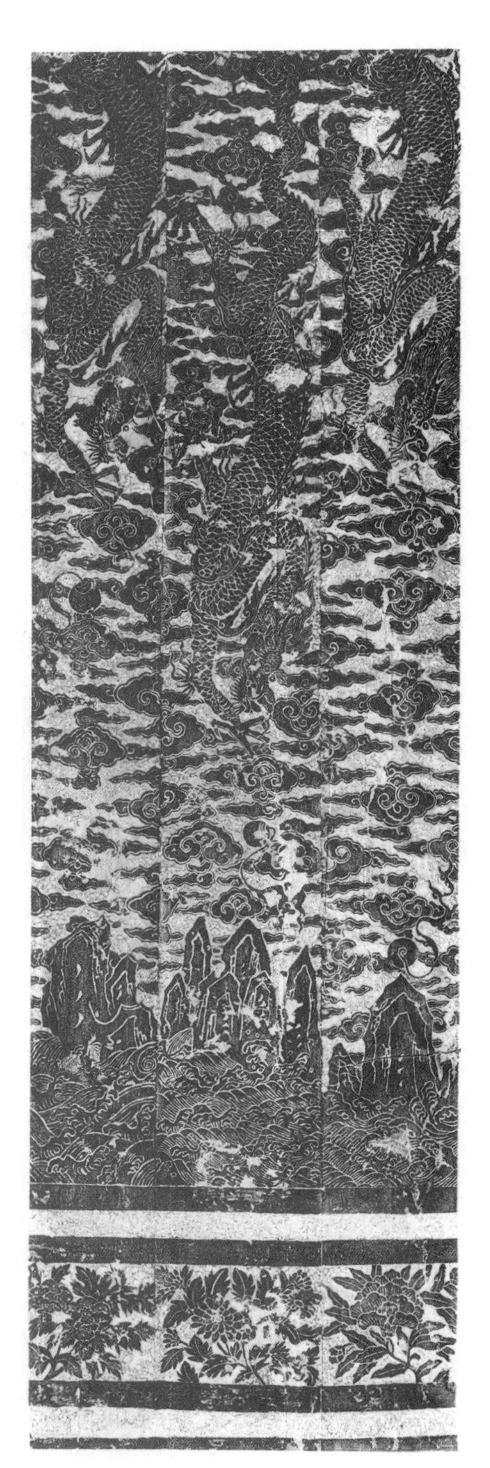
流水、岩石、流云、神龙、宝石（珍珠）

附图20. 从左至右为义门、棂星门、礼门

湖北巴东县文庙棂星门，上带毛笔形状凸起装饰

附图 21. 从左至右为义门、棂星门、礼门

四川万县文庙棂星门及透过棂星门望向大成殿门厅的景象（参见图 164，文庙平面图）

附图 22. 四川万县文庙主轴线上的雕龙泮桥及大成殿门厅前方斜置雕龙石板

附图 23. 四川万县文庙大钟及钟架

附图 24-1：石制方柱与雀替、木制雕花牛腿

附图 24-2：石方柱与木制雕花牛腿、木梁、门及水平花板

附图 24. 湖南长沙府席家祠堂主殿正面

附图 25-1：主殿门前，家族中的小孩

附图 25-2：入口大门

附图 25.湖南长沙府陈家祠堂

附图 26. 广州陈家祠堂南侧正立面的偏门

附图 27. 广州陈家祠堂南侧正立面东区及入口门厅

附图 28. 广州陈家祠堂，朝东望向大型聚会厅内部

附图 29. 广州陈家祠堂，朝东北望向带大量供龛的祖先殿内部

参考文献

Anderson, Catalogue of Japanese and Chinese Paintings in the British Museum. London 1886.

J. Dyer Ball, Rhythms and Rhymes in Chinese Climes. Hongkong 1907.

Bd. I – Boerschmann, Die Baukunst und religiöse Kultur der Chinesen. Band I Pútóshan. Berlin 1911.

Bretschneider, Mediaeval Researches from Eastern Asiatic Sources. London 1910.

Bushell, Chinese Art. London 1906.

Ed. Chavannes, Les Mémoires historiques de Szema Tsíen.

Ed. Chavannes, M. Arch. – Mission Archéologique dans la Chine Septentrionale. Paris 1909. Großes Tafelwerk mit Bildern aus China.

Cloud, Hangchou, The City of Heaven. Shanghai 1906.

Couvreur, Dict. – Dictionnaire classique de la langue chinoise. Paris.

Faber, Hist. of Ch. – Chronological Handbook of the History of China. Shanghai 1902.

v. Fries, Abriß der Geschichte Chinas. Wien 1884.

Giles, Ch. B. D. – A Chinese Biographical Dictionary. London-Shanghai 1898.

de Groot, Rel. Syst. – The religious System of China. Leyden 1892—1910.

de Groot, Les fêtes annuellement célébrées à Amoy. Annales du Musée Guimet. Tome XI, XII.

Grosier, Description de la Chine 1785.

Wilhelm Grube, Feng shen yen yi, die Metamorphosen der Götter. Herausgegeben von Herbert Müller. Leiden 1912.

Wilhelm Grube, R. u. K. d. Ch. – Religion und Kultus der Chinesen. Leipzig 1910.

Ch. de Harlez, Shen Sien Shu, Le Livre des Esprits et des Immortels. 1892.

M. Huc, Das Chinesische Reich. Deutsche Ausgabe. Leipzig 1856.

J. Ch. Br. – Journal of the China Branch of the Royal Asiatic Society.

Joly, Legend in Japanese Art.

Mayers, Chinese Readers Manual. Shanghai 1910. Nachdruck der Ausgabe von 1874.

Pétillon, Allus. Litt. – Allusions littéraires. Variétés Sinologiques Nr. 8. Shanghai 1909.

Playfair, Geogr. Dict. of China. – The cities and towns of China, a geographical Dictionary 1879. (Reprinted by the Kyoyeki Shosha, Tokyo.)

v. Richthofen, China. I, II, III und Atlas.

Ernst Tiessen, China, das Reich der achtzehn Provinzen. Berlin 1902.

P. A. Tschepe, S. J., Heiligtümer des Konfuzianismus in Kűfu und Tschouhien. Yentschoufu 1906.

Williams, The Middle Kingdom. Edition New York 1900.

Williamson, Journeys in North China, London 1870.

A. Wylie, Notes on Chinese Literature. Edition Shanghai 1902.

Zeitschrift für Ethnologie, Berlin 1910, 1911.

Zeitschrift der Gesellschaft für Erdkunde, Berlin 1912, 1913.

第三章《二郎庙》中，结合大量最新文献资料，综合参考了 *Richthofen, China, Band III, S.*228—234 中源于 Tiessen 对位于灌县附近岷江江段以及成都平原灌溉情况的详细介绍。

第四章《文庙》中，参考了 *Cordier, Bibliotheca Sinica* 一书所给出的关于孔子及孔庙的大量文献。孔庙照片来源于众多最新的游记及杂志，若干照片还直接选取自 Chavannes 著作 *Mission Archéologique 1909* 一书，具体如下：

Nr. 837−891: 曲阜孔庙及孔林

Nr. 836: 曲阜颜庙

Nr. 897−901, 904: 邹县孟子祠堂

Nr. 927: 开封孔庙泮池

Nr. 907: 济宁孔庙带拱桥的入口